Ulf Bosch, Stefan Hentschel, Steffen Kramer

# Digital Offroad

Erfolgsstrategien für die digitale Transformation

1. Auflage

Haufe Group
Freiburg · München · Stuttgart

**Bibliografische Information der Deutschen Nationalbibliothek**
Die Deutsche Nationalbibliothek verzeichnet diese Publikation in der Deutschen Nationalbibliografie; detaillierte bibliografische Daten sind im Internet über http://dnb.dnb.de abrufbar.

| | | |
|---|---|---|
| **Print:** | ISBN 978-3-648-10931-1 | Bestell-Nr. 10263-0001 |
| **ePub:** | ISBN 978-3-648-10932-8 | Bestell-Nr. 10263-0100 |
| **ePDF:** | ISBN 978-3-648-10933-5 | Bestell-Nr. 10263-0150 |

Ulf Bosch, Stefan Hentschel, Steffen Kramer
**Digital Offroad**
1. Auflage 2018

© 2018 Haufe-Lexware GmbH & Co. KG, Freiburg
www.haufe.de
info@haufe.de
Produktmanagement: Anne Rathgeber

Lektorat: Nicole Jähnichen, München
Satz: kühn & weyh Software GmbH, Satz und Medien, Freiburg
Umschlag: RED GmbH, Krailling

Alle Angaben/Daten nach bestem Wissen, jedoch ohne Gewähr für Vollständigkeit und Richtigkeit. Alle Rechte, auch die des auszugsweisen Nachdrucks, der fotomechanischen Wiedergabe (einschließlich Mikrokopie) sowie der Auswertung durch Datenbanken oder ähnliche Einrichtungen, vorbehalten.

# Inhaltsverzeichnis

Vorwort .................................................... 9

1 Forget the Valley! ...................................... 13
  The Magic Three ....................................... 13
  The Big One ........................................... 16

2 Gesunde Paranoia: Neue Konkurrenten lauern hinter jeder Ecke .... 29
  Schockstarre oder Aktionismus? Weder noch! ............ 32
  Vom Innovator's Dilemma zur beidhändigen Führung ...... 34
  Paranoia und Psychologie .............................. 37
  Wir leben in einer VUCA-Welt .......................... 39
  Die Mischung macht's: Motivierte, heterogene Teams unterstützen eine gesunde Paranoia .................. 40
  Stolpersteine auf dem Weg zu einer gesunden Paranoia-Haltung .... 41
  Be paranoid, now! ..................................... 43
  Augen und Ohren auf: Was passiert im Markt? ........... 45
  Die Gedanken sind frei – gesunde Paranoia beginnt in den Köpfen der Mitarbeiter ......................... 45
  Eine Paranoia ist nur gesund, wenn das Unternehmen auch nach ihr handelt .............................. 47

3 Goin' Offroad: Setz die Karre in den Dreck! ............ 49
  Wettbewerbsdifferenzierung durch Kultur ............... 50
  Konformität oder Charakter? ........................... 52
  Andersartigkeit als Erfolgsfaktor: von genialen Tüftlern und legendären Unternehmern ........................ 56
  Junge Wilde – Millennials als digitale Reifeprüfung und kultureller Richtwert für Unternehmen ........... 59

4 Mach dich schmutzig und krempel die Ärmel hoch! ....... 67
  Die Magie des beidhändigen Unternehmens ............... 70
  Gibt es Sicherheit außerhalb der Komfortzone? ......... 72
  Abstieg aus dem Olymp ................................. 73
  Kultur vorleben ....................................... 76

Resilienz ... 77
Weg von den Schwächen – sondern: Stärken stärken ... 79

## 5 Rollenspiele: Wer macht was? ... 81
Digital Leadership als geeignetes Führungskonzept ... 85
Sabotage in der Führungsriege ... 87
Wer in der Führungsetage hat das Zeug zum Digital Leader? ... 92
Wie digital ist der Vertrieb? ... 95
Welche Rolle übernimmt die Finanzabteilung? ... 97
Der CIO: der einzig wahre Digital Leader im Unternehmen? ... 99
Marketing übernimmt häufig die digitale Führungsrolle ... 100
(Digitales) Wissen ist Macht! ... 101

## 6 Lost in Navigation? Wer die Straße verlässt, braucht einen klaren Orientierungspunkt ... 105
Phänomen Nr. 1: Soziale Einbettung führt zu Konformität ... 106
Phänomen Nr. 2: Pfadabhängigkeit ... 107
Phänomen Nr. 3: Kultur als „Durchwursteln mit einer Bestimmung" . 108
Weniger ist mehr ... 110
Über Stock und Stein – mit Orientierungssinn und Bodenhaftung ... 112
Kundenorientierung als „Nordstern" der Kulturausrichtung ... 114

## 7 Need for Speed! ... 119
Reagenzglas-Ökonomie hilft gegen Flops ... 121
Fake Door ... 124
Der mechanische Schachroboter ... 125
Die „Pretend to own"-Methode ... 126
Die Pinocchio-Methode – Bau einer nicht funktionalen, „leblosen" Version des Produktes ... 126
Wie der französische Schnellzug TGV zur digitalen Plattform wurde . 127

## 8 Fehler sind famos – Reifenwechsel leicht gemacht ... 131
Andere Länder, andere Fehlertoleranzen ... 133
Nicht alle Fehler sind gleich ... 137
Der Einfluss der Organisationsstruktur auf die Fehlerkultur ... 142
360-Grad-Feedback: überschätzter Trend oder sinnvolles HR-Instrument? ... 143

Gebt dem Scheitern eine Bühne! ... 144
Jedem Fehler wohnt ein Wert inne ... 147
Und wenn sich dann doch wieder ein Fehler einschleicht? ... 148
Die wichtige Rolle der Personalabteilung ... 149
Je größer das Unternehmen, desto beschwerlicher der Weg zur Fehlerkultur ... 149
Fail fast, fail cheap! ... 150

## 9 Road to Hāna: Auch Umwege führen zum Ziel ... 153
#vanlife – das ortsunabhängige Leben im Hippie-Bus ... 154
Digital Nomads – zu 100% remote ... 156
Zwischen Kunst und Kommerz ... 158
Kooperation statt Konkurrenz ... 161
Im Dienste der Nachhaltigkeit ... 163
Lost Horizon – die Digitalisierung hat symbolischen Charakter ... 165

## 10 All terrain, all the time: mit dem neuen wandlungsfähigen Unternehmen durchstarten ... 171
Beständigkeit und Anpassungsfähigkeit: ein erfolgreiches Duo ... 176
Leuchtturmprojekte und konstanter Kundenfokus ... 178
Auswirkungen der digitalen Transformation auf die Unternehmensplanung ... 180

## 11 Kohle durch Kultur: Wandel ist kein Selbstzweck ... 183
Kultur als Geldvernichtungsmaschine ... 184
Marktmacht und Kultur ... 186
Kultur als Investitionskriterium ... 187
Digitalisierung als Nemesis dysfunktionaler Kultur ... 188
Kultur auf dem Prüfstand – Kultur ohne Ziel ≠ Kultur ... 189
Strukturelle Hebel zur Realisierung der Kulturrendite ... 190
Verhaltensbezogene Hebel zur Realisierung der Kulturrendite ... 193

## 12 Niveauregelung – zurück auf den Highway! ... 197
Zuverlässigkeit und Purpose zählen ... 198
Software und Daten-Know-how als Schlüssel ... 201
Ein Leben in der Wolke ... 202
Künstliche Intelligenz verändert viel ... 204

Danke ............................................................ 208
Autoren .......................................................... 209
Stichwortverzeichnis .............................................. 211
Fußnotenverzeichnis ............................................... 215
Literaturverzeichnis  .............................................. 223
Firmenverzeichnis ................................................. 225

# Vorwort

Menschen und Unternehmen befinden sich in einer der größten Veränderungen seit Erfindung der Dampfmaschine. Nach der neolithischen Revolution, welche die Menschen sesshaft werden ließ, und der industriellen folgt nun die digitale Revolution. Viele Regeln des Zusammenlebens, der Arbeit und Produktion werden sich für immer verändern.

Diese Entwicklung trifft auch und gerade die deutsche Wirtschaft. Sie steckt inmitten ihrer größten Bewährungsprobe seit dem Ende des Zweiten Weltkrieges und der Wiedervereinigung. Für 98% aller deutschen Unternehmen wird eine erfolgreiche digitale Transformation zu der strategischen Weichenstellung der nächsten Jahre.

Früher reichte es, wenn Firmen kosmetische Anpassungen an der Oberfläche vornahmen, um am Markt erfolgreich zu sein. Heute braucht es mehr. Die Digitalisierung stellt die Märkte radikal und mit rasanter Geschwindigkeit auf den Kopf. Big Data, Machine Learning, Virtual Reality – neue Technologien dieser Art werden in immer kürzeren Abständen entwickelt. Die Halbwertszeit von Wissen verkürzt sich erheblich. Erfolge der Vergangenheit zählen plötzlich nicht mehr.

Viele Unternehmen haben die Chancen der Digitalisierung zwar erkannt, läuten den Wandel jedoch nicht energisch genug ein. Dabei klaffen Anspruch und Wirklichkeit häufig weit auseinander: 62% der deutschen Unternehmen glauben, beim Entwicklungsstand der digitalen Transformation auf Augenhöhe mit der Konkurrenz zu sein. Doch tatsächlich wird in nur 16% aller befragten Unternehmen die Digitalisierung konsequent angegangen und umgesetzt.[1] Der „Sense of Urgency", also die Überzeugung, etwas sofort verändern zu müssen, ist noch nicht auf jeder Vorstandsagenda angekommen. Das „Warum" scheint mittlerweile immer klarer zu werden, aber das „Wie" gibt vielen noch Rätsel auf – und so fragt sich so mancher Manager ratlos: „Wie kann ich mein Unternehmen schnell und nachhaltig auf Disruptionen und Umwälzungen im Markt vorbereiten? Wie kann ich den digitalen Wandel selbst gestalten und als Gewinner aus der Digitalisierung hervorgehen?"

Eines ist klar: Die digitale Transformation ist weniger eine Frage der Technologie, sie ist eine Frage der Führung. Leadership und Management zählen. Nicht nur Prozessabläufe oder die Produktentwicklung, sondern komplette Lern- und Veränderungsregeln der Organisation müssen angepasst werden. Längst sind Paradigmenwechsel eingetreten: Gehirn statt Muskelkraft, Schnelligkeit statt Größe, Testen statt Planen, Eigenverantwortung statt Macht, Unternehmertum statt Befehlsgewalt bestimmen heute und in Zukunft die Spielregeln der Wirtschaft.

Es reicht schon lange nicht mehr, einen Digital-Experten im Unternehmen zu benennen oder ein Start-up zu gründen und auszulagern. Wenn ein Besuch bei digitalen Playern im Silicon Valley nur zu der Erkenntnis führt, dass ab sofort die Krawattenpflicht im eigenen Unternehmen abgeschafft werden sollte, verpuffen solche gutgemeinten Exkursionen ohne Wirkung. Auch bunte Sitzsäcke und Kicker-Tische machen aus einem in die Jahre gekommenen, behäbigen Unternehmen noch lange kein blitzschnelles, schlankes Start-up. Die digitalen Anstrengungen allein auf das Thema „Big Data" zu reduzieren, wie es derzeit häufig zu beobachten ist, greift ebenfalls zu kurz.

Die Unternehmenskultur wird zum entscheidenden Erfolgsfaktor. Smarte, flexible Unternehmen, die sich an die neue Welt anpassen, besitzen überragende Wettbewerbsvorteile. Die Konzentration auf das Wesentliche, nämlich auf den Kunden, den Markt und den Wettbewerb, steht dabei an erster Stelle. Mitarbeiter lernen aus Fehlern und haben stets den Markt und die Kundenwünsche im Blick. Nur wenn die gesamte Organisation vom Einkauf bis zum Marketing mit allen Mitarbeitern auf die digitale Reise mitgenommen wird, kann die digitale Transformation gelingen.

Wie könnte eine Unternehmenskultur aussehen, die es einer Firma ermöglicht, für sich das Beste aus der Digitalisierung herauszuholen? Auf welche Werte im Kulturkanon müssen Führungskräfte und Mitarbeiter besonders achten? Antworten auf diese fundamentalen Fragen finden Sie in diesem Buch.

Wenn sich Unternehmen hierzulande auf den Weg machen, die dringenden Themen der digitalen Transformation anzugehen, ist das Buch ein wertvoller Begleiter. Es schlägt die Brücke zwischen extremer Kundenfokussierung und atemberaubender Schnelligkeit der Silicon-Valley-Kultur auf der einen Seite und der detailgetreuen, durchdachten Qualität der deutschen Wirtschaft auf der anderen Seite. Wir haben in vielen hunderten Treffen und Gesprächen mit deutschen und amerikanischen Unternehmen aus den unterschiedlichsten Branchen die analoge und digitale Welt in vielen Facetten gut kennengelernt. Nun gilt es, das Beste aus beiden Welten miteinander zu kombinieren. Unsere Offroad-Strategie bietet dafür in zwölf Thesen Inspiration und neue Ideen, um diese gewaltigen Herausforderungen anzugehen. Auf Basis zahlreicher Fallbeispiele zeigen wir, wie sich Unternehmen erfolgreich ihre eigenen individuellen Wege ins digitale Ökosystem bahnen können.

Digitale Transformation gelingt nicht mit Einmal-Strategien oder Hauruck-Aktionen. Offroad steht für eine Denkhaltung, die dauerhaft und nachhaltig Flexibilität und Anpassungsfähigkeit etabliert – zuerst im Mindset der Mitarbeiter und dann im gesamten Unternehmen.

Lassen Sie sich ein auf das Abenteuer der innovativen Offroad-Strategie! Kommen Sie mit auf die spannende Reise abseits des Management-Mainstreams. Steigen Sie ein und schnallen Sie sich an. Let's go offroad. Wir wünschen Ihnen eine gute Fahrt!

# 1 Forget the Valley!

*Deutschland braucht kein eigenes Valley, sondern ein neues Mindset*

## The Magic Three

18. September 1875, Cork, 150 Seemeilen südwestlich vor der irischen Küste. „Mehr Kabel, wir brauchen mehr Kabel!", schreit der ölverschmierte Matrose über achtern. Die riesige Holztrommel versenkt das beindicke Unterseekabel in die unruhige See. Sechs Männer leiten das tonnenschwere Band über eine ausgefeilte Rollentechnik in die 1.200 Meter tiefe Nordsee. Stechender Gummigestank legt sich über das Schiffsdeck. Dichter, pechschwarzer Qualm strömt unaufhörlich aus den Schornsteinen. Die „Faraday", so der Name des Siemens-Kabelschiffs, schwankt in rauer See. Starker Regen peitscht gnadenlos auf die Besatzung. Seit neun Tagen schuftet die 42 Mann starke Crew, um Historisches für die Menschheit zu vollbringen.

Christoph Columbus hatte zwar 383 Jahre vorher Amerika entdeckt, verlässlich und dauerhaft telegrafisch verbunden mit Europa hat es jedoch ein Start-up namens Siemens & Halske. Zwei Jahre zuvor verlegte die amerikanische Atlantic Telegraph Company ähnliche Kabel. Doch ohne Erfolg: Aggressives Salzwasser zersetzte die minderwertig isolierten Kabel und machte sie nach kurzer Zeit unbrauchbar. Bis 1884 hat die Faraday alleine sechs transatlantische Kabel mit einer Länge von insgesamt rund 20.000 Kilometern verlegt. Eine Herkulesaufgabe.

Genauso wie die junge Firma Siemens in Berlin gegründet wurde, hatte auch ein gewisser Otto Lilienthal seinen „Firmensitz" in der deutschen Hauptstadt. Damals wie heute zog die preußische Metropole die hellsten Köpfe an. In Hochzeiten rund um das Jahr 1883 beschäftigte Lilienthal in der Dampfkessel- und Maschinenfabrik Otto Lilienthal schon 60 Mitarbeiter. Sie waren mit 25% am Reingewinn des Unternehmens beteiligt – zur damaligen Zeit ein überaus progressives Vergütungskonzept, das die Leistungsfähigkeit des jungen Unternehmens förmlich explodieren ließ. Dieses innovative Beteiligungsmodell empfand die Belegschaft als große Wertschätzung für ihre geleistete Arbeit. Es wirkte sich positiv auf Leistung und Teamgedanken aus.

Lilienthals eigentliche Passion war jedoch das Fliegen. Damals steckte dieser Traum nicht nur in den Kinderschuhen, sondern er galt als schier unmöglich. Gerade so, als wenn man in den 1940er-Jahren auf den Mond hätte fliegen wollen. Man hätte denjenigen für verrückt erklärt.

Seit 1874 tüftelte der Flugpionier in nächtelangen Experimenten an Luftwiderstand- und Auftriebsmodellen, studierte exakt den Vogelflug. Unzählige Storchen- und Gänsefedern wurden akribisch vermessen und deren Beitrag zum Flugverhalten festgehalten. Jahrelang notierte „der erste Pilot der Welt" seine Messreihen Meter für Meter auf Papierrollen. „Die Nachahmung des Segelflugs muss auch dem Menschen möglich sein, da er nur ein geschicktes Steuern erfordert, wozu die Kraft des Menschen völlig ausreicht", sagte Lilienthal damals und entwickelte etwas, das sich als die Innovation in der Luftfahrt herausstellen sollte: gewölbte Tragflächen, die einen größeren Auftrieb liefern als gerade geformte. Der Durchbruch der harten Entwicklungsjahre war geschafft. Das charakteristische Flügelprofil der Vögel war auch anderen Flugtechnikern nicht entgangen, aber Otto Lilienthal hatte sie gemeinsam mit seinem Bruder Gustav erstmals mit exakten Messungen verbunden. Ohne diese Aufzeichnungen hätten die Gebrüder Wright vermutlich Jahre länger für den ersten Motorflug gebraucht.

Im Frühjahr 1891 sollte schließlich Geschichte geschrieben werden. Die Lilienthals trugen stolz das erste Fluggerät aus dem Schuppen ihrer Firma. Strahlender Sonnenschein lag über der Gemeinde Derwitz bei Berlin. Die Luft war schon am Morgen auf 23 Grad erwärmt. Das Zwitschern der Vögel und Summen der Bienen begleitete beide auf dem Weg zum Windmühlenberg. „Stell die Flügel parallel auf den Boden", rief Gustav seinem Bruder zu. Otto nahm Position im „Drewitzer Apparat" ein, schaute vom 25 Meter hohen Berg hinab und trat langsam an die Abrisskante. Mit einem langen Schritt ließ er sich nach vorne fallen. Die Flügel breiteten sich zu ihrer vollen Spannweite von 10 Metern aus. Luft umströmte den gewachsten Baumwollstoff. Gerade wie ein Strich flog der 43-Jährige den kleinen Grashügel hinunter. Unten angekommen, nahm ihn freudestrah-

# Forget the Valley!

lend Bruder Gustav in die Arme: „Otto, es hat funktioniert!" Gemeinsam hatten die beiden Brüder in diesem Moment Epochales vollbracht: die wissenschaftlichen Grundlagen der modernen Flugindustrie gelegt und eine Jahrhundert-Erfindung geleistet. Kaum jemand hat einen so großen Anteil an der Vernetzung der Welt wie die Gebrüder Lilienthal.

Im Silicon Valley nennt man solche Innovationen heutzutage vollmundig einen sogenannten Moonshot. Ein Moonshot im technologischen Kontext ist ein ehrgeiziges, exploratives und bahnbrechendes Projekt – ohne jegliche Erwartung an kurzfristige Profitabilität oder erkennbaren Nutzen und teilweise auch ohne eine vollständige Untersuchung von potenziellen Risiken. Was die Lilienthals abgeliefert haben, war ein Moonshot „at its best", bevor das Valley überhaupt nur Erwähnung fand.

640 Kilometer südwestlich von Berlin, fast zeitgleich in einer kleinen Werkstatt der Benz & Cie. Rheinischen Gasmotorenfabrik in Mannheim. Seit Jahren forschte hier der junge Maschinenbauer Carl Benz an einem Verbrennungsmotor und einer elektrischen Zündung. Dieser Geniestreich stand zunächst unter keinem guten Stern. Carls Ehefrau Bertha Ringer boxte den in eine finanzielle Schieflage geratenen Ingenieur jedoch aus der Krise. Ihre Mitgift erlaubte 1871 die Eröffnung einer Eisengießerei und mechanischen Werkstätte. Benz schuf damit quasi die erste „Autofabrik" der Welt. Das junge Unternehmen verschlang viele Tausend Reichsmark an Entwicklungskosten. Um den Geldfluss nicht zu stoppen, wurde Benz schließlich 1882 von seiner Hausbank gezwungen, das Unternehmen in eine AG umzuwandeln. Die harte Arbeit und die enorme finanzielle Belastung zahlten sich aus: Unter der Patentnummer 37435 schrieb Benz Industriegeschichte, als er im Januar 1886 das erste Fahrzeug beim Reichspatentamt anmeldete.

Siemens, Lilienthal und Benz stehen stellvertretend für eine Generation von Visionären, die mit ihrem Mut, Willen und ihrer Weitsicht das Fundament einer vernetzten Welt geschaffen haben. Glasfaserkabel, Flugzeuge und das Automobil haben in Deutschland das Licht der Welt erblickt. Diese Kerntechnologien bilden heute die Basis für die Vernetzung der Welt.

## The Big One

Das Silicon Valley zwischen San Francisco und San José ist in der Ära Lilienthal, Benz und Siemens noch ein sonnenverwöhntes, idyllisches Obstanbaugebiet, das damals mehrheitlich durch die Ernte süßer Pflaumen, Aprikosen und Birnen zu überzeugen wusste.

Warum etablierte sich das Silicon Valley an der amerikanischen Westküste? Technologisch gesehen spielt die Musik zu dieser Zeit nämlich zunächst an der US-Ostküste. Tech-Giganten wie General Electric oder IBM gehen 1892 in Boston und 1911 in New York an den Start. Mit dem kometenhaften Aufstieg dieser Konzerne in den 1940ern halten aber gleichzeitig Hierarchieebenen, Trägheit und politische Machtspiele Einzug in den Unternehmen. Einst als Vorzeigefirmen angetreten, lähmen sie durch statische und bürokratische Strukturen Agilität und Kreativität ihrer ambitionierten Mitarbeiter. Eine erste Abwanderungswelle beginnt: Genervt und zermürbt verlassen die ersten Querdenker und Talente die prestigeträchtigen Hightech-Tempel und ziehen gen Westen. Zu ihnen gesellen sich honorige Forscher von der Westküste wie Bill Shockley und John Bardeen, Nobelpreisträger und Erfinder des Transistors. Später kommt Gordon Moore dazu, der mit dem Moore'schen Gesetz grandiose Grundlagenforschung kreiert. Er entdeckt das Phänomen, dass sich die Prozessorleistung für Computer alle zwei Jahre verdoppelt, während sich der Preis gleichzeitig halbiert.

Ironie des Schicksals: IBM & Co. bilden damals die jungen Talente aus, die sich lossagen, um mit Mut radikal einen Neustart im Westen der USA zu wagen. Diese Jungen Wilden legen den Grundstein für das spätere Silicon Valley. Diese „Ausreißer" schaffen durch ihren „New Way of Working" schon damals die Basis für die bis heute gültige einzigartige Unternehmenskultur. Jahrzehnte später gründen sich ab 1995 die innovativen Tech-Riesen wie Amazon, Facebook, Google oder Salesforce und machen ihren „Ausbildern" gewaltig Konkurrenz.

Ein weiterer Erfolgsfaktor könnte auch darin liegen, dass sich bei der Erschließung der USA nur die neugierigsten, mutigsten und risikobereitesten Männer und Frauen auf den langen Weg gemacht haben. Unerschrocken zogen sie bei der Besiedlung der Vereinigten Staaten von der Ost- zur West-

# Forget the Valley! 1

küste, um sich schließlich in Kalifornien niederzulassen. Sie bildeten so die Basis für das spätere Valley-Ökosystem. Mittlerweile ist aus dem 70 Kilometer langen und 30 Kilometer breiten, fruchtbaren Tal binnen Jahrzehnten das größte, innovativste und am dynamischsten wachsende Hightech-Mekka der Welt geworden. Der Name Silicon Valley feierte übrigens 1971 Weltpremiere durch die Erwähnung in der Wochenzeitung „Electronic News".

Von den rund 3 Mio. Einwohnern arbeiten heute allein 2 Mio. in der Technologie-Branche. Das Bruttoinlandsprodukt der gesamten Bay Area betrug 2016 über 800 Mrd. US-Dollar, das Durchschnittseinkommen 78.000 US-Dollar.[2] Das Einkommen ist damit rund doppelt so hoch wie in Deutschland. Als einzelner Staat wäre Kalifornien mit über 2 Billionen US-Dollar Bruttoinlandsprodukt weltweit die achtgrößte Wirtschaftsmacht.

Der steile Valley-Aufstieg lässt sich im Wesentlichen symbiotisch an vier Elementen festmachen. Wie Lebensadern versorgen sie das Tal mit frischen Ideen, Kreativität und Mut, sich ständig neu zu erfinden:
1. **Bildung:** Den intellektuellen Nukleus liefert die Stanford University, die das Valley jährlich mit Tausenden hochqualifizierten Ökonomen, Ingenieuren und Programmierern versorgt. Die Eliteuniversität verfügt über einen Jahresetat von über 4 Mrd. US-Dollar.[3] Die Universität Mannheim als eine der führenden Top-Universitäten in Deutschland kam dagegen 2012 gerade einmal auf 115 Mio. Euro.[4]
2. **Finanzielle Ressourcen:** 2015 pumpten Risikokapitalgeber beeindruckende 34 Mrd. US-Dollar ins Valley. Die gut 2,5 Mrd. US-Dollar, die 2016 in Deutschland investiert wurden, wirken im Vergleich dazu ziemlich mickrig.
3. **Entrepreneurship:** Ein Glanzstück des Valleys ist die Gründung des Online-Bezahldienstes PayPal, der 1998 in San José durch sechs junge Unternehmer ans Netz gebracht wurde. Zu den „Magic 6", wie sie heute gerne genannt werden, zählten unter anderem auch Elon Musk und Peter Thiel. Beide sind heute globale Unternehmergrößen. Elon Musk lehrt mit der Gründung von Tesla den etablierten Autoherstellern das Fürchten; Peter Thiel ist heute Mitgründer und Vorstandsvorsitzender von Palantir und war einer der ersten Investoren von Facebook.
4. **Qualifizierte Mitarbeiter:** Die Region zwischen San Francisco und San José zieht exzellent ausgebildete, hochmotivierte Mitarbeiter wie ein Magnet an. Im Kern sind es junge Frauen und Männer zwischen Mitte und

Ende 20. Sie alle träumen den amerikanischen Traum: vom armen Studenten zum Multimillionär. Weder Stechuhr noch Regelarbeitszeit hindern die jungen Gipfelstürmer an der Umsetzung ihrer beruflichen Visionen.

Superlative oder Kennziffern erklären die Valley-DNA aber nur lückenhaft. Es ist die Leichtigkeit, unkompliziert und ohne viel Brimborium ins Gespräch zu kommen. Die Kunst, Inhalte zu teilen und dadurch als Ganzes zu wachsen. All dies ist fokussiert auf ein Ziel: stets besser zu werden und zu lernen. Die Arbeitskultur setzt auf Agilität, Flexibilität. Sie macht es möglich, Produkte schnell zu schaffen, aber, wenn notwendig, auch radikal wieder zu verwerfen und neu zu starten. Das Motto lautet: „Fail fast, test, learn and iterate" – Fehler schnell machen, testen, lernen und besser machen. So schallt es mittlerweile als Mantra durch das Technologie-Tal. „Wer kein Risiko eingeht, macht keine Fortschritte", sagt Dave Packman vom Venture-Capital-Unternehmen Venrock. Schnelligkeit und 80%-Lösungen sind die Erfolgsrezepte in der rasanten, volatilen Jagd nach neuen, profitablen Geschäftsmodellen.

Diese Faktoren sind keine Manager-Schönwetter-Floskeln, sondern überlebensnotwendig. Warum? Seit 2001 sind gut die Hälfte der Fortune-500-Firmen verschwunden, unter ihnen beispielsweise Nokia und Kodak. Und diese Entwicklung wird anhalten. Eine Studie der School of Business der Universität Washington prophezeit sogar, dass bis zu 40% der heutigen Fortune-500-Firmen in den nächsten sieben Jahren vom Markt verschwinden werden. Hauptgrund dafür ist die Digitalisierung. Von den zehn weltweit wertvollsten Marken 2017 kamen allein acht aus dem Technologiesektor. 2007 waren es gerade einmal drei: Google, IBM und Microsoft.[5] Die Marktkapitalisierung der „Big 5" (Amazon, Apple, eBay, Facebook und Google) übersteigt mit über 3 Billionen US-Dollar mittlerweile den Börsenwert des gesamten DAX 30. Dieser kam gerade einmal auf 2 Billionen US-Dollar (Stand: Ende 2017). Das ist erstaunlich, denn viele der „Big 5" waren vor 20 Jahren noch nicht einmal gegründet.

Als „Patient Number One" gilt die Musikindustrie. Sie war die erste Branche, welche die Auswirkungen der Digitalisierung auf das eigene Geschäftsmodell zu spüren bekam. Als 1999 die Musiktauschbörse Napster ans Netz ging, spielte die Musik noch bei den großen Labels: Universal, Sony Music und Warner waren damals die Platzhirsche, die zusammengenommen 80% Marktanteil auf sich vereinten. Aufgerüttelt durch den neuen Wettbewerber über-

Forget the Valley!

zogen die Labels ihn mit Klagen, ohne selbst ein zukunftsfähiges Geschäftsmodell parat zu haben. Die Napster-Attacke schlug damals große Wellen und ist sicher ein Paradebeispiel für die Disruption tradierter Branchen.

Die alteingesessenen Tonträgerunternehmen wickelten sich durch fehlende Innovationskraft, Arroganz und Selbstverliebtheit im Schallplatten- und CD-Markt Jahre später selber ab. Der Markt hat sich seitdem kolossal verändert. Die Langspielplatte wurde vom MP3-Format abgelöst und MP3 wiederum später von Streaming-Diensten. Global haben 2017 über 100 Mio. Kunden bezahlte Musikstreaming-Dienste abonniert. Die Nase vorn mit einem Marktanteil von über 40% hat das 2006 in Stockholm gegründete Unternehmen Spotify. In diesem hart umkämpften Musikmarkt werden in der Zukunft vermutlich maximal drei Player den Ton angeben. Für die späteren Einsteiger bleiben nur noch die Brotkrumen übrig. Mehr noch als in früheren Zeiten sorgt die digitale Umwälzung für einen deutlichen „The Winner takes it all"-Effekt.

Die Digitalisierung wird Unternehmen, Mitarbeiter, Zulieferer und Kunden nachhaltig verändern. Fast alle Unternehmen jedoch agieren immer noch in der 1. Ordnung. Dieser Wandel umfasst Anpassungen an der „Oberflächenstruktur" der Organisation, wie beispielsweise Änderungen in den Prozessabläufen oder den Produkten, die das Unternehmen entwickelt. Der Markt veränderte sich nur langsam. Diese Anpassungen herrschten ungefähr in den 1960er-Jahren bis in das Jahr 1995, also in der Zeit, wo das Internet noch kein Massenmedium war.

98% aller deutschen und globalen Unternehmen sind mitten im Wandel der 2. Ordnung. Dabei verändert sich der Markt komplett. Gleichzeitig greifen Paradigmenwechsel, d.h., eine bestehende Technologie, ein Produkt oder eine Dienstleistung wird teilweise oder vollständig von anderen verdrängt. Dieser Wandel betrifft die „Tiefenstruktur" der Organisation. Hierzu gehören die (teilweise) unbewussten Lern- und Veränderungsregeln der Organisation ebenso wie die kollektiven mentalen Modelle, so unter anderem die intelligente Nutzung des Wissens aller Mitarbeiter, Changemanagement und vieles mehr. Ohne ganzheitliche Strategie, aber vor allem ohne eine Änderung der Mentalität werden Unternehmen über kurz oder lang vom Markt gedrängt. Die Idee der lernenden Organisation ist nicht nur eine Lehrbuch-Phrase, sondern ein Überlebensticket für die nächsten fünf Jahre. Die Transformation muss dabei auf jede Tiefe der Veränderung eine Antwort wissen, die gerade notwendig ist: von der Anpassung über die radikale Strukturveränderung bis hin zur Veränderung der mentalen Modelle.

Step by step werden alle Branchen in unterschiedlicher Intensität den massiven Wandel zu spüren bekommen – ob Banken, Medienkonzerne, der Einzelhandel, Speditionen, die Logistikbranche oder Automobilhersteller. 98% aller Branchen und Unternehmen brauchen eine nachhaltige und durchdachte Digitalstrategie. Schon heute fürchten 43% der globalen Firmen in Industrieländern ein Ende ihres Geschäftsmodells binnen der nächsten drei bis fünf Jahre.[6]

*Unternehmen müssen akzeptieren, dass sich das wirtschaftliche Umfeld nie mehr so langsam verändern wird wie heute.*

Was bedeutet diese Entwicklung nun für deutsche Unternehmen? Ist der Zug schon abgefahren? Winkt die deutsche Wirtschaftselite den übermächtigen US-Digital-Giganten nur noch hektisch auf dem Bahnsteig hinterher? Ist das „Good Old German Engineering" ein Auslaufmodell und steht es wie eine ausgediente Dampflok bald auf dem Rangierbahnhof der Industrieromantik? Eines ist sicher: Der deutsche Mittelstand sowie die Industrie über alle Branchen hinweg müssen ordentlich Innovationskohle in den Dampfkessel schaufeln, den Highspeed-Express auf ein neues Digitalgleis setzen und die Zukunftsweichen richtig stellen.

Oder wie drückte es Frank Riemensperger, Geschäftsführer von Accenture, aus: „Die Zukunft der deutschen Industrie hängt von der Digitalisierung ab. Es geht nicht um kleine Korrekturen – es geht um alles." Das Zünglein an der Waage wird dabei der deutsche Mittelstand sein. Ein ehemaliger deutscher Bundeskanzler nannte ihn einst die „Herzkammer der deutschen Wirtschaft". Obwohl Deutschlands Wirtschaft stark mit Unternehmen wie Deutsche Telekom, Daimler, E.ON, SAP und Siemens assoziiert wird, ist der Mittelstand der wahre Platzhirsch. Über 99% der 3,5 Mio. Unternehmen gehören dem Mittelstand an und steuern damit einen Anteil von fast 55% zur gesamten deutschen Wirtschaftsleistung bei.[7] Gerade im internationalen Vergleich punkten die „Hidden Champions". Während hierzulande über 1.300 heimliche oder unbekannte Weltmarktführer famoses Wachstum pro-

Forget the Valley! 1

duzieren, bringen es die USA auf nur 370 und Großbritannien gerade einmal auf 70 mittelständische Unternehmen.[8] Trotz guter Konjunktur und Exportwachstum ist aber nicht alles Gold, was glänzt. Zwar setzen 70 bis 80% der mittleren und kleinen Unternehmen Digitalisierungsprojekte auf. Aber nur 28% von ihnen haben eine durchgehende Digitalstrategie. Deutlich zu wenig, denn das Thema Digitalisierung rangiert zu 66% ganz oben auf der Liste der strategischen Agenda amerikanischer Unternehmen.[9] Wenn es gelingt, den Mittelstand als Fundament der deutschen Wirtschaft digital zu transformieren, käme das dem Zertrümmern des gordischen Knotens gleich. Die große Mehrheit dieser Unternehmen verkauft ihre Produkte und Dienstleistungen an andere Unternehmen (Business to Business, B2B). Im B2B-Bereich laufen bereits über 70% des Informationsprozesses online, bevor potenzielle Kunden den ersten Kontakt via Telefon oder persönlich aufnehmen.[10] B2B-Einkäufer werden immer jünger, erwarten exzellente Internetauftritte, bei denen Preise und Ansprechpartner durch eine einfache Navigation intuitiv auffindbar sind.

Aber nicht nur der Mittelstand muss digital aufrüsten, auch deutsche Großkonzerne haben noch diverse Hausaufgaben zu erledigen. Ein Paradebeispiel dafür ist die deutsche Autoindustrie. Über die letzten Jahrzehnte galt stets das Motto: breiter, stärker, schneller, größer. Die Konzerne aalten sich bis dato in einer Welt mit V6, V8, W12, Biturbo, PDK-Getriebe und Doppelzündspulen. Alles Technik-Features aus der Ära des Verbrennungsmotors. Noch 2017 kündigte Daimler eine 3-Milliarden-Euro-Investition in eine neue Dieselmotoren-Familie an.

Spätestens seit 2011, als Google die ersten autonomen Autos auf ihre Testfahrten im sonnigen Kalifornien schickte, hätten sich in deutschen Auto-Chefetagen erste Sorgenfalten bilden müssen. Denn in Zukunft wird nicht derjenige Hersteller gewinnen, der aus 250 PS mit Turbolader-Tamtam noch 59 PS mehr herauskitzelt und das als Sportkick-Adrenalin-Paket verkauft, sondern das Unternehmen, das die smartesten Business-Modelle rund um die „Hardware Automobil" anbietet. BMW machte schon 2007 die Investitions-Schatulle weit auf. Aber statt zu skalieren, erstickten die Münchner den Erfolg mit Eigenrichtlinien: „Wir bringen größere Elektroautos erst auf den Markt, wenn wir sicherstellen können, dass deren $CO_2$-Bilanz substanziell besser ist als die eines traditionellen BMW-Antriebs".[11] Tesla kann sich hingegen vor Bestellungen für das Model 3 kaum retten.

In Zukunft wird ein Auto wie ein Smartphone genutzt: Der wirkliche Wert liegt dann in Zusatznutzen wie individueller Verkehrssteuerung, autonomem Fahren, Anlieferungsservices im Auto, Carsharing und Mobilitätspaketen. Das eigentliche Geschäftsmodell besteht nicht mehr wie heute im Verkauf von Autos, sondern in den exakt auf den Kunden zugeschnittenen skalierbaren Services in der Cloud. Die Wertschöpfung startet eigentlich erst nach dem Verkauf und sie endet nicht wie heute mit der Schlüsselübergabe in pompösen Autohäusern. 85% der Automanager gaben an, dass das digitale Ökosystem – digitale Angebote für Fahrzeuge – mehr Umsätze generieren wird als die Fahrzeugverkäufe selbst.[12]

Fragt man heute die großen Autohersteller: „Was ist euer eigenes Ecosystem?", oder anders ausgedrückt: „Wie verhindert ihr als Hersteller, dass der Kunde ein Auto der Konkurrenz kauft?", sieht man in ratlose Gesichter. Kein Hersteller verfügt derzeit über ein eigenes Ecosystem. Das momentan einzige Ecosystem ist die eigene Marke, die mit millionenschweren Marketing-Etats Jahr für Jahr teuer erkauft werden muss. Doch selbst das üppige Werbefeuerwerk hält Kunden nicht mehr von einem Herstellerwechsel ab.

> Als Apple im Jahr 2007 mit dem ersten iPhone die Technikwelt entzückte, entstand plötzlich eine völlig neue Dimension der Kundenbindung. Mit dem Apple IOS wurden ein Betriebssystem, eine Plattform geschaffen, die eine neue, kaum dagewesene Kundeninteraktion ermöglichten. Fortan speicherten die Apple-Kunden ihre Fotos, Filme, Mail-Kontakte etc. auf den Servern der Tech-Firma aus Cuppertino. Die Begeisterung und Passion für Apple wurde in dieser Zeit neu entfacht. Eingefleischte „Apfel-Fans" würden nie auf die Idee kommen, ihre persönlichen Smartphone-Daten einem anderen Anbieter anzuvertrauen.

An diesem Beispiel wird klar, vor welchen immensen Herausforderungen, aber auch riesigen Chancen sowohl die Autohersteller als auch andere Industrien und Branchen stehen.

Die fundamentale Art der Kundenansprache entwickelt sich immer stärker von einer Pipeline- hin zu einer Plattform-Ökonomie. Deutschlands Wirtschaft basiert zu 90 % auf einer Pipeline-Wirtschaft. Einfach ausgedrückt funktioniert diese seit über 100 Jahren immer gleich: effizient Produkte und Dienstleistungen herstellen und diese über traditionelle Wertschöpfungsmodelle unter Reduzierung von Stückkosten in möglichst großer Anzahl an den Kunden verkaufen.

Plattformen dagegen bringen Kunden und Anbieter zusammen. Sie erleichtern so im besten Fall die Beschaffung und den Wareneinkauf für den Kunden und liefern dem Anbieter quasi Kunden frei Haus. Der Plattform-Betreiber wiederum kann von den Anbietern, den Kunden oder von beiden Parteien eine Gebühr für jede Transaktion oder ein Entgelt für den Zugang zur Plattform verlangen. Er muss selbst keine Waren herstellen oder Dienstleistungen anbieten, sondern stellt nur das Forum dafür zur Verfügung. Er betreibt nur einen digitalen Marktplatz. Allerdings muss er möglichst schnell bekannt werden und eine große Masse ansprechen. Mittlerweile sind vier der zehn weltweit wertvollsten Unternehmen schon Plattform-Anbieter (Amazon, Facebook, Google und Tecent).

Die Herausforderung besteht darin, dass die deutsche Wirtschaft nicht wie in der Musikindustrie einfach als „Megastreaming-Dienst" vernetzt und skaliert werden kann. Die Herkunft der Unternehmen ist analog und die jeweilige DNA sehr individuell.

Womit aber Unternehmen strategisch ad hoc starten müssen, ist, ihr Business-Modell und ihre Wertschöpfungskette auf den digitalen Prüfstand zu stellen. Und das gelingt nicht, wenn ausschließlich ins Horn des Internet of Things (IOT) geblasen wird, wie es verschiedene Industrieverbände in den vergangenen Jahren mit Hingabe vorgemacht haben. IOT als alleinige Antwort auf die immensen globalen digitalen Herausforderungen greift zu kurz. Denn oberstes Ziel des IOT ist es, die Effizienz von Geschäftsprozessen zu verbessern.

*Deutschland braucht ein neues digitales Wirtschaftswunder.*

Wir müssen schleunigst anfangen, die DNA der Millionen Unternehmen auf die Digital-Ära anzupassen.

So paradox es klingt: Einer der größten Feinde von Unternehmen ist der Erfolg von heute und gestern. Da tönt es aus deutschen Chefetagen selbstsicher: „Es läuft doch. Wir wachsen im Verhältnis zum Vorjahr um 4%. Was wollt ihr denn, ihr Digital Hipster?" Doch die Vergangenheit linear fortzuschreiben, das Gleiche in der Zukunft zu machen (nur effizienter) sowie hier und da ein bisschen mit digitalen Buzzwords um sich zu werfen, greift deutlich zu kurz. Auf die neue digitale Herausforderung wurde viel zu oft mit kurzfristigen Effizienz- und Sparmaßnahmen geantwortet. Fast alle Unternehmen stehen jedoch vor der Herausforderung der sogenannten Dual Innovation. Es geht also darum, das vorhandene Geschäftsmodell (mit dem Unternehmen ihren Hauptumsatz erzielen) weiter zu monetarisieren und in die Digitalisierung zu überführen. Gleichzeitig aber gilt es, radikal digitale neue Geschäftsmodelle zu entwickeln, um damit neue Umsatzquellen zu erschließen. Der Bankensektor ist ein gutes Beispiel dafür.

> Zum klassischen Filialgeschäft der Banken kam das Online Banking hinzu. Nutzten 1998 gerade einmal 8% der Kunden die Online-Filiale, erledigten 2017 bereits rund 53% der Kunden ihre Bankgeschäfte über PC oder Smartphone. Das Bankfilialen-Sterben macht diesen Trend deutlich sichtbar.
> Sogenannte Robo Advisor versprechen, die nächste Generation der Geldanlage zu werden. Systematische, automatisierte Prozesse steuern autark den Geldanlageprozess. Dabei kommen Algorithmen zum Einsatz, die Kunden vor Emotionen oder irrationalen Anlageentscheidungen schützen sollen. Das hat auch eines der ältesten Bankhäuser Deutschlands erkannt. Die 1798 gegründete Hamburger Traditionsbank M.M.Warburg & CO läutet mit dem eigenen Robo Advisor die digitale Zukunft ein. Jahrelang tüftelten die Banker gemeinsam mit dem Berliner Start-up Elinvar an dem Konzept, einen rein digitalen Anlageberater auf den Markt zu bringen. Warburg steuerte sein über Jahrhunderte aufgebautes Know-

# Forget the Valley! 1

how in der Geldanlage bei, während die Berliner die digitale Plattform lieferten.

Das alles diente einem Ziel: die traditionelle Geldanlage mit digitalem Know-how zu verheiraten und dadurch komplett neue Zielgruppen zu erschließen. Liegt die Mindestanlagesumme für „klassische" Vermögensverwaltungen im Privatkundengeschäft eher im Bereich von 1 Mio. Euro, öffnet Warburg die digitalen Pforten mit dem Warburg Navigator hingegen schon ab 20.000 Euro. Kunden profitieren mit dem Robo Advisor aus dem Hause Warburg also schon bei einem verhältnismäßig überschaubaren Kapitaleinsatz. Die Anlagevirtuosen wurden bislang nur bei sehr vermögenden Kunden aktiv.

Ein cleverer Schachzug, denn damit soll es gelingen, ein skalierbares, innovatives Geschäftsmodell mit neuen Umsatzpotenzialen für die Bank zu erschließen. Strategisch sinnvoll ist das neue Angebot allemal, weil es den momentanen Zeitgeist trifft. Aber die genauso spannende Frage lautet: Wie wird sich das neue Navigator-Konzept kulturell in der traditionell geprägten, konservativen Bank durchsetzen? Duldet das „Offline"-Anlageteam einen neuen digitalen Konkurrenten im eigenen Hause? Verwässert der „geringe" Anlagebetrag die Premium-Positionierung von Warburg? Verlassen langjährige Kunden die Bank, weil sie keine „Low Budget"-Kunden im gleichen Hause dulden? Diese „Kulturrevolution" wird die Bank langfristig deutlich intensiver beschäftigen als das Konzipieren attraktiver Anlageprodukte. Ob der Warburg Navigator erfolgreich wird, steht und fällt im Wesentlichen mit einer neuen gelebten Kultur – einer Kultur, die sich so flexibel wie Stoßdämpfer eines Geländewagens an das neue Digital-Terrain anpasst. In der alle Stakeholder (Geschäftsführung, HR, Vertrieb, Marketing, Produktentwicklung) einen festen Platz haben, um den Wagen vorausschauend und sicher gemeinsam durch unbekanntes Gelände zu steuern. Die bei Pannen zusammenstehen und diese Herausforderungen gemeinsam meistern.

Deutschland braucht kein eigenes Silicon Valley, sondern eine rasche Digitalisierung, die sich wie ein roter Faden durch alle Unternehmen ziehen muss. Das Land verfügt über eine weltweit einmalige Mischung von Industrien, Dienstleistungen, Konzernen, kleinen und mittelständischen Unternehmen. Dazu kommen gut ausgebildete Mitarbeiter und hervorragende Ingenieure.

Deutschland hat nach dem Zweiten Weltkrieg einen beispiellosen Aufstieg absolviert: von der Stunde Null zum Powerhaus Europas. Dann hat es die zweite große Herausforderung gemeistert: Die ehemalige DDR, ein wirtschaftlich gesehen komplett kaputtes Land mit 16 Mio. Einwohnern wurde friedlich integriert. Das ist mehr als respektabel. Was Deutschland jetzt braucht, ist ein neues Wirtschaftswunder, und zwar ein digitales, ähnlich dem Wirtschaftswunder der Nachkriegszeit. Es hat Deutschland Wachstum und Wohlstand beschert. Es begann in den Köpfen der Menschen und wurde durch Aufbruchsstimmung und Pioniergeist beflügelt. Beschleunigt wurde es durch neue Produktionsmethoden und innovative Geschäftsmodelle. Auf diesem steinigen Weg helfen uns Phrasen der Sorte: „Wir sind eine IOT-Company", „Welche Automation-Tools gibt es denn?" oder: „Wie können wir das CRM mit der API syncen?", nicht weiter. Was dagegen hilft, ist radikaler, schnörkelloser Kundenfokus. Das funktioniert in der analogen Welt und gleichermaßen auch in der digitalen.

Nur wenn die Digitalisierung von jedem Vorstand, Geschäftsführer, Aufsichtsrat und Gründer zum wirklichen Top-Agenda-Punkt gemacht wird, kann der Wandel funktionieren. Was dagegen nicht funktioniert:
1. sogenannte Mikropolitik nach dem Motto: „Das wird nie funktionieren" oder „Das haben wir schon immer so gemacht",
2. ausschließlich kurzfristige Umsatzziele und Tantiemen, die dem Management keine Luft für neue Geschäftsmodelle und Ideen lassen,
3. falsche und viel zu langfristige Zielvorgaben,
4. starre, autoritäre Führungsstrukturen,
5. siloartige Organisationen, die alle nur ihre eigene „Säule" im Blick haben.

Das alles ist Gift für einen Aufbruch in die neue digitale Ära. Erst wenn jeder im Unternehmen begreift, dass der Wandel nicht nur technische Investitionen beinhaltet, sondern in erster Linie eine neue Kultur bedeutet, kann die digitale Transformation gelingen. Es braucht eine Kultur wie eine Zellmembran, komplett markt- und kundenzentriert, die sich flexibel an neue Herausforderungen anpasst und diese als Chance begreift. Sie sollte wie eine Seeanemone sein, die sich den heftigen Gezeiten und Strömungen anpasst, dabei aber trotzdem wächst. Diese Kultur wird zum wesentlichen Faktor, entscheidet künftig über den Erfolg und die Zukunft von Unternehmen. Eben eine digitale Offroad-Kultur!

## Forget the Valley – Fazit

Unternehmen in Deutschland sollten ihren eigenen Weg gehen. Die folgenden Inspirationen und Ideen helfen dabei, sich ins Gelände zu wagen:

- Deutschlands vielfältige Unternehmensstruktur und Gründertradition hat enormes digitales Wachstumspotenzial. Die Firmen sollten sich von der Magie des Silicon Valleys inspirieren lassen und ihr eigenes „digitales Wirtschaftswunder" starten.

- Wenn die Top-Entscheider gemeinsam mit allen Mitarbeitern noch radikaler auf die Wünsche ihrer Kunden eingehen und Kundenorientierung zur obersten Maxime erheben, stehen die Chancen für die wirtschaftliche Zukunft gut.

- Plattformbasierte digitale Geschäftsmodelle ersetzen gelernte, jahrzehntealte Lieferketten. Erfolgsverwöhnte Unternehmen beschäftigen sich jetzt mit neuen Geschäftsmodellen und wappnen sich frühzeitig für die Zukunft.

## 2 Gesunde Paranoia: Neue Konkurrenten lauern hinter jeder Ecke

*„Dein Verstand arbeitet am besten, wenn du paranoid bist."*
Banksy, britischer Street-Art Künstler

Warum sind die großen Technologie-Unternehmen des Silicon Valley seit Jahren erfolgreich? Weshalb begeistern Apple, Google und Facebook immer wieder ihre Kunden und User? Eine wichtige Zutat des Erfolgsrezeptes ist das, was man „gesunde Paranoia" nennt. Gesunde Paranoia ... Sind die Silicon Valley Manager etwa alle geisteskrank? Eine Paranoia ist schließlich eine ernsthafte psychische Erkrankung mit Wahnvorstellungen. Und wie kann ein Krankheitsbild gesund sein? Der offensichtliche Widerspruch ergibt plötzlich Sinn, wenn man sich mit Managern von Google unterhält. „Die nächste Suchmaschine ist nur einen Klick entfernt", hört man in Mountain View, der Unternehmenszentrale im Silicon Valley, häufig. Dieser Satz macht deutlich, woher der Antrieb der Google-Entwickler stammt. Sie haben die erfolgreichste Suchmaschine der Welt entwickelt, lehnen sich aber nicht zurück. Das Topmanagement und viele Mitarbeiter halten konstant Ausschau nach möglichen neuen Konkurrenten. Denn weltweit existieren Hunderte Suchmaschinen, die Google gefährlich werden könnten. Erschwerend kommt hinzu, dass die Kundenbindung im Internet in der Regel schwächer als in der realen Welt ist. Die User besitzen vielleicht einen Account, einen Log-in. Aber ansonsten entscheiden sie sich intuitiv und spontan für oder gegen eine Webseite, je nachdem, ob sie die Seite mögen. Jede andere Suchmaschine ist daher stets mit einem schnellen Klick erreichbar.

Und was, wenn aus heiterem Himmel eine neue Suchmaschine auftaucht, die bei den Usern besser ankommt? In Mountain View weiß niemand, wie der Neuling aussehen könnte. Aber allein die Möglichkeit, dass irgendwo auf der Welt schon an der nächsten Super-Suchmaschine gearbeitet wird, lässt die Google-Teams hellwach bleiben. Die potenzielle Bedrohung schwört die Mitarbeiter auf ein gemeinsames Ziel ein: Sie müssen besser als der Wettbewerb sein und dürfen sich niemals auf ihren Erfolgen ausruhen. Die Google-

Manager wissen: Der Augenblick, in dem sie glauben, dass sie nicht unter Wettbewerbsdruck stehen, ist der Anfang vom Ende.

„Die nächste Suchmaschine ist nur einen Klick entfernt" – dieser Satz steht sinnbildlich für die gesunde Paranoia, die Google und andere Branchengrößen des Silicon Valley erfolgreich bleiben lässt. Die Mitarbeiter hinterfragen jeden Tag aufs Neue ihre komfortable Wettbewerbsposition. Sie stellen ihr aktuelles Geschäftsmodell kritisch auf den Prüfstand und konfrontieren sich mit bedrohlichen Gedankenspielen: Lauert irgendwo bereits ein möglicher Konkurrent? Gibt es eine neue Idee, die unserem Produkt gefährlich werden könnte? Und falls ja, wie antworten wir darauf? Können wir unser Produkt so verbessern, dass wir den neuen Angreifer sogar übertreffen?

Diese Einstellung ist gesund. Sie lässt die Tech-Giganten kontinuierlich Innovationen entwickeln, die den Unternehmenserfolg sichern. Kein Wunder, dass viele Firmenzentralen im Silicon Valley als „Campus" bezeichnet werden. Dieser Begriff drückt aus, wie sich die Mitarbeiter selbst sehen: als forschende Studenten, die der Zukunft neugierig entgegenfiebern. Mit einem gesunden Grad an Pioniergeist ausgestattet, sind sie ununterbrochen auf der Jagd nach der nächsten Innovation.

Die Digitalisierung führt zu Umwälzungen, deren Folgen für viele Branchen noch gar nicht absehbar sind. Daher benötigen Unternehmen ein Frühwarnsystem. Eine gesunde Paranoia ist das ideale Mindset hierzu, da sie Topmanager neue Chancen, aber auch neue Bedrohungen frühzeitig antizipieren lässt. Die Boston Consulting Group sieht die gesunde Paranoia als einen wesentlichen Erfolgsfaktor für die gelungene Transformation von Unternehmen. Das Bewusstsein, jederzeit angreifbar zu sein, sorge für eine ständige Offenheit für relevante Signale aus dem Markt.[13] „Es ist fatal zu sagen, keine Gefahr zu sehen, und zu behaupten, es verändere sich nichts. Man braucht eine Healthy Paranoia.", betont auch Hinnerk Ehlers, Vorstandsmitglied der Frosta AG.[14]

Jeff Bezos, Gründer und CEO von Amazon, verfolgt das „Tag-eins-Prinzip", um sein Unternehmen auf Erfolgskurs zu halten. Für den Amazon-Chef steht der Tag eins für die Anfangsphase eines Unternehmens, für eine erfolgreiche Start-up-Kultur: Kundenfokus, Experimente, Geschwindigkeit und die Flexi-

## Gesunde Paranoia: Neue Konkurrenten lauern hinter jeder Ecke

bilität, sich jederzeit schnell an neue Trends anzupassen. Tag zwei hingegen symbolisiert die Behäbigkeit eines Unternehmens. „Tag zwei ist Stillstand. Gefolgt von Irrelevanz. Gefolgt von qualvollem, schmerzhaftem Niedergang. Gefolgt vom Tod. Und deshalb ist immer Tag eins.", erklärt der Amazon-Chef seine Philosophie. Um sich und seine Mitarbeiter tagtäglich an diese Mentalität zu erinnern, hat Bezos sogar sein Bürogebäude „Day 1" genannt.[15]

Einer der ersten, der den Begriff der gesunden Paranoia prägte, ist Andy Grove, Mitgründer und langjähriger CEO von Intel. Gesunde Paranoia verhalf Grove zu einem der größten Turnarounds eines Weltkonzerns. Mitte der 1980er-Jahre verdiente Intel sein Geld mit der Fertigung von Speicherchips. Doch die Konkurrenz aus Asien produzierte diese bald darauf zu deutlich niedrigeren Preisen. Eine aussichtslose Situation für Intel. 1985 spitzte sich die Lage für das Technologieunternehmen dramatisch zu. Umsatz und Gewinn brachen ein. Grove fragte seinen Vorstandskollegen Gordon Moore, mit dem er insgesamt mehr als 30 Jahre zusammenarbeitete: „Wenn wir morgen gefeuert werden und ein neuer CEO diesen Raum betritt, was würde dieser tun?" Ohne zu zögern antwortete Moore, der 1965 das fundamentale Computer-Gesetz „Moore's Law" geprägt hatte: „Der neue CEO würde die Speicherchips aufgeben." Grove entgegnete: „Warum sollten nicht du und ich zur Tür hinausgehen, wieder hineinkommen und es selbst tun?" Und es war genau das, was sie taten. Grove verblüffte alle, Kollegen und Konkurrenten, als er verkündete: „Intel wird aus dem Markt der Speicherchips aussteigen." Das Unternehmen gab sich in der Schlacht um die Chips kampflos geschlagen und setzte stattdessen auf Mikroprozessoren. Einen kompletten Technologiewechsel mit 180 Mio. US-Dollar Investitionen und einen Abbau von 8.000 Stellen später war Intel wieder als Weltmarktführer etabliert. Diese Entscheidung ist umso bemerkenswerter, da damals niemand ahnen konnte, wie sich der Markt der Prozessoren entwickeln würde. Der PC eroberte erst Jahre später die Welt und leitete so auch den Siegeszug der Mikroprozessoren ein. Gewiss, Groves Kehrtwende war riskant. Doch im Nachhinein stellte sie sich als die einzig richtige Option für Intel heraus.

Grove wurde später einer der Väter des Silicon Valley. Mit seinem strategischen Weitblick übernahm er dort des Öfteren die Rolle des Mentors für die aufstrebenden Gründer. Damit prägte er ganz entscheidend die Unternehmenskultur von vielen späteren Silicon-Valley-Giganten. Seinen eigenen Führungsstil bezeichnete er als kreative Konfrontation. In Meetings verlangte er immer ausführlichere Informationen, selbst wenn seine Mitarbeiter irgendwann nur noch die Köpfe schüttelten. Seine Liebe zum Detail führte dazu, dass er jeden und alles hinterfragte – auch den eigenen Erfolg. Und das macht Sinn: Da sich die Umweltbedingungen für Unternehmen pausenlos verändern, können sich in kurzer Zeit ganze Märkte verschieben. In seinem 1996 erschienenen Managementbuch-Klassiker „Only the Paranoid survive" zeigt er auf, dass Unternehmen nur dann nicht von Wettbewerbern verdrängt werden, wenn sie sich unentwegt verfolgt fühlen.[16] Den Atem der Konkurrenz im Nacken zu spüren, dient als die tägliche Motivation, noch innovativer zu sein. Mit dieser Sichtweise wurde Grove einer der Vorreiter des Konzepts der gesunden Paranoia.

## Schockstarre oder Aktionismus? Weder noch!

Doch springen wir zurück in die Gegenwart: Die Digitalisierung bedeutet für viele etablierte Unternehmen eine komplette Umwälzung. Innovationen bedrohen den Geschäftserfolg. Disruptionen krempeln ganze Industrien um. Viele Unternehmen reagieren jedoch zuerst gar nicht, sondern geraten in eine Schockstarre. Die Geschäftsführung scheint von der Komplexität der Situation überfordert. Das Unternehmen wirkt im Angesicht der Möglichkeiten, welche die Digitalisierung eröffnet, wie gelähmt. Marika Lulay, seit Juni 2017 Vorstandsvorsitzende bei GFT Technologies, einem TecDAX-Unternehmen für IT-Beratung aus Stuttgart, hält Angst in Anbetracht der digitalen Revolution jedoch für einen denkbar schlechten Berater: „Angst lähmt. Die Dynamik hält wach. Das Gute an dem Tempo: Man kann zwar schnell Fehler machen, aber sie werden auch schneller verziehen. Es gibt ständig eine neue Chance."[17]

Nach einiger Zeit setzt dann häufig eine gegenteilige Reaktion ein: Die Unternehmensführung erkennt – vermeintlich zu spät – die neuen Chancen und flüchtet sich schlagartig in blinden Aktionismus. Mit der Brechstange wollen Topmanager ihre Teams für die Digitalisierung fit machen. Sie versuchen dabei, die zuvor lange behütete Unternehmenskultur über Nacht auf den Kopf zu stellen, und eifern den Erfolgsfirmen aus dem Silicon Valley hastig und panisch nach.

## 2 Gesunde Paranoia: Neue Konkurrenten lauern hinter jeder Ecke

Doch eine Überdosis an Wandel kann ein Unternehmen schädigen. Häufig jagt dann ein Change-Projekt das nächste. Mitarbeiter bleiben verwirrt zurück und beginnen, an Sinn und Zweck des Kulturwandels zu zweifeln. Diese Überreaktion stellt eine übertriebene, ungesunde Form der Paranoia dar. Der Kulturwandel wird zu einem Kulturschock. Es entsteht der Eindruck, die Unternehmensführung habe sich fälschlicherweise von Dr. Gonzo, dem Anwalt des Journalisten Raoul Duke im Filmklassiker „Fear and Loathing in Las Vegas", beraten lassen, der sagt: „Als dein Anwalt rate ich dir, mit Höchstgeschwindigkeit zu fahren." „Einfach mal auf die Bremse treten!", möchte man in dieser Situation dem Topmanagement zurufen.

Diese beiden Formen der Reaktion – sowohl Schockstarre wie Aktionismus – verschlimmern die Lage für die Unternehmen nur noch. Die Kunst besteht darin, sich weder siegessicher auf den errungenen Erfolgen auszuruhen, noch in Panik und Aktionismus zu verfallen. Es gilt, weder die relevanten Signale aus dem Markt zu ignorieren, noch jedem vermeintlichen Trend hinterherzulaufen.

Anders ausgedrückt: Wenn die Führungsebene die Augen vor der Realität verschließt und genauso weitermacht wie zuvor, verharrt das Unternehmen in einer Schockstarre und wird voraussichtlich früher oder später vom Markt verschwinden. Besser ist es, wenn Geschäftsführer die Augen für mögliche Bedrohungen offenhalten. Nicht ohne Angst, aber voller Zuversicht, im Ernstfall ihr Unternehmen als Sieger vom Platz zu führen. Dann spricht man von einer gesunden Paranoia. Wenn die Top-Entscheider jedoch mit weit aufgerissenen Augen panisch und unüberlegt handeln, führt dieser Aktionismus unvermeidlich zu einer ungesunden Paranoia. Wie so oft ist die goldene Mitte der beste Weg: wachsam, besorgt, aber optimistisch zu sein.

„Eine gesunde Portion an Paranoia", empfiehlt ebenso Steve Lucas, CEO von Marketo, dem weltweit größten Anbieter von Marketingsoftware.[18] Lucas, der zuvor in Führungsposition bei SAP war, vergleicht Unternehmen, die ihre Umwelt aufmerksam im Blick behalten, mit Lemuren aus dem Tierreich: Lemuren stehen aufrecht und beobachten wachsam, was um sie herum geschieht, um Gefahren frühzeitig zu erkennen. Im Gegensatz dazu verhalten sich Unternehmen ohne diese gesunde Wachsamkeit wie Schafe, die der Herde hinterherlaufen – oder noch schlimmer – wie der Vogel Strauß, der sprichwörtlich den Kopf in den Sand steckt. Diese Analogien aus der Tierwelt machen deutlich, wie unterschiedlich Unternehmen mit den Chancen und Risiken der Digitalisierung umgehen.

## Vom Innovator's Dilemma zur beidhändigen Führung

In der Managementliteratur spielte eine gesunde Paranoia bereits bei Clayton Christensen, dem Erfinder der Theorie der disruptiven Innovation, eine wichtige Rolle. In seiner Management-Bibel „The Innovator's Dilemma" aus dem Jahr 1997[19] warnt er etablierte Unternehmen davor, sich lediglich auf die schrittweise Weiterentwicklung ihrer Produkte zu konzentrieren. Denn dabei lassen sie disruptive Wettbewerber aus den Augen. Diese neuen Player erobern Stück für Stück neue Marktanteile, während sich das etablierte Unternehmen weiterhin mit der – vom Kunden schon kaum noch wahrgenommenen – kleinteiligen Optimierung seiner Produkte beschäftigt. Christensen bezeichnet diese sukzessiven Verbesserungen als inkrementelle Innovationen. Dieses Verhalten macht es Disruptoren leicht. Diese können mit radikaleren, disruptiven Innovationen bei den Kunden punkten.

In Zeiten der Digitalisierung hat sich das Innovator's Dilemma sogar noch verschärft. Digitale Start-ups sind in der Lage, weitaus schneller anzugreifen. Während sich Christensen noch auf Innovationen fokussierte, die „nur" den Kundennutzen erhöhen, stehen wir heute vor einer weit größeren Herausforderung. Die digitalen Disruptionen erhöhen nicht nur den Kundennutzen, sondern zerstören ganze Wertschöpfungsketten und stellen Industrien auf den Kopf. In vielen Fällen beruhen sie auf einer neuen Plattform-Technologie. Auf Basis einer „Sharing Economy" werden dann analoge Geschäftsmodelle einfach überholt.

> Passende Beispiele wie der Fahrdienst Uber oder das Übernachtungsportal Airbnb sind hinlänglich bekannt. Ohne auch nur ein einziges Taxi zu besitzen, wurde Uber das größte Taxiunternehmen weltweit. Ohne auch nur ein einziges Hotel zu besitzen, ist Airbnb mittlerweile der größte Zimmervermittler.[20]

# 2 Gesunde Paranoia: Neue Konkurrenten lauern hinter jeder Ecke

Als Folge daraus werden etablierte Unternehmen heutzutage gezwungen, noch schneller zu reagieren, oder besser: noch schneller zu antizipieren. Eine gesunde Paranoia wird für Unternehmensführer zu einer Grundtugend.

Daher lautete Christensens spätere Empfehlung für etablierte Unternehmen, zweispurig zu fahren: Neben dem Kerngeschäft müssen sie sich parallel um neue Wachstumschancen bemühen. Noch während Unternehmen erfolgreich mit einem Produkt am Markt sind, müssen sie zukünftige Disruptionen selbst vorantreiben. Dazu müssen sie ihre Umwelt scharf beobachten und eine gesunde Paranoia an den Tag legen. „Unsere Forschung zeigt, dass der Erfolg dieser Einheiten stark davon abhängt, dass sie getrennt vom Kerngeschäft laufen", betont Christensen[21]. Zweigleisig zu agieren, ist insbesondere deswegen sinnvoll, da erfolgreiche Unternehmen über die Zeit hinweg ihre Innovationskraft einbüßen. Sie tendieren dazu, bequem zu werden. Ihre Risikobereitschaft sinkt. Sie wagen nur noch wenige Änderungen. Firmen wie Kodak oder Nokia mussten dies am eigenen Leib erfahren. Eine komfortable Marktposition macht selbstzufrieden, satt und mindert die Experimentierfreude. Weniger Antrieb, weniger Risiko. Dies bremst kreative Ideen hart aus. Doch wie kann ein solches zweigleisiges Vorgehen in der Praxis aussehen?

Ein erfolgreiches Beispiel ist die Umstrukturierung von Google zu Alphabet im Jahre 2015. Die beiden Google-Gründer Larry Page und Sergey Brin hatten sich entschieden, das Unternehmen aufzuteilen. Unter dem Namen Google firmieren fortan die erfolgreichen Dienste wie die Suchmaschine, Gmail, Google Maps, YouTube, Chrome und Android. Die intern „Moonshots" – in Anlehnung an John F. Kennedys legendäre Vision, einen Menschen zum Mond zu schicken – genannten Start-up-Projekte werden in die Dachmarke Alphabet ausgegliedert, ebenso wie die „Big Bets", die Wetten auf die Zukunft, also diejenigen Produktinnovationen, von denen sich Google viel Potenzial in den nächsten Jahren verspricht. Damit ist das Kerngeschäft von den Zukunftsprojekten getrennt, der Konzern insgesamt schlanker aufgestellt. Google stellt mit der Reorganisation sicher, dass man trotz gewachsener Konzernstrukturen weiterhin ein hohes Maß an Flexibilität besitzt – eine Eigenschaft, die in gerade in der Technologiebranche unentbehrlich ist. „In der Tech-Industrie, wo revolutionäre Ideen die künftigen großen Wachstumschancen treiben, muss man es sich ein wenig unbequem machen, um relevant zu bleiben", begründete Larry Page den Schritt auf dem Google-Blog.[22]

Weitere Beispiele sind die beiden deutschen Energieriesen E.ON und RWE, die 2016 mit ihren Abspaltungen Uniper bzw. Innogy die klassischen Energieprodukte von neuen Geschäftsfeldern trennten. „Die neue und die klassische Energiewelt unterscheiden sich so sehr voneinander, dass sie nach vollkommen unterschiedlichen unternehmerischen Ansätzen verlangen", so Johannes Teyssen, Vorstandsvorsitzender von E.ON.[23]

Die Beispiele von Google, E.ON und RWE sind vor allem in Anbetracht des recht neuen Managementansatzes der „beidhändigen Führung" interessant. In Zeiten der Digitalisierung benötigt Leadership sowohl innovationsfördernde als auch traditionelle Elemente.

- Die „rechte Hand" steht dabei für den innovationsfördernden Teil; sie fördert die Kreativität und Innovationsfreude der Mitarbeiter. Fehler werden nicht bestraft, sondern als Lerneffekt verbucht.
- Die „linke Hand" repräsentiert dagegen die traditionelle Führung. Im Fokus steht dort die Umsetzung des Tagesgeschäfts. Projekte werden präzise geplant, Aufgaben werden klar verteilt, die Zielerreichung wird gewissenhaft gemessen. Richtlinien müssen eingehalten, Fehler vermieden werden.

Die Kombination von beiden Führungsstilen ergibt das Konzept des „Ambidextrous Leaders" – ein anspruchsvolles, aber lohnenswertes Leadership-Konzept für Unternehmen, die sich entschieden haben, zweispurig zu fahren. Die Umsetzung dieses Konzeptes in die Praxis bedeutet eine nicht zu unterschätzende Herausforderung für die Führungskräfte, die einen Balanceakt zwischen beiden Stilen vollführen müssen.[24] Wie James Bond zu M in „Casino Royale" sagt: „Sie wollen offenbar, dass ich halb Mönch, halb Killer bin."

Im Nachhinein lässt es sich selbstverständlich leicht behaupten, und es bleibt natürlich eine hypothetische Annahme, aber: Wären Nokia und Kodak mit einer solchen Strategie vorgegangen, hätten sie auf die Marktverschiebungen besser vorbereitet sein können.

## Paranoia und Psychologie

Was sagt die Wissenschaft zu dem Phänomen der gesunden Paranoia? Psychologische Studien belegen, dass sich Paranoia bei Führungskräften positiv auf den Unternehmenserfolg auswirkt. Prof. Niels Van Quaquebeke von der Kühne Logistics University in Hamburg konnte nachweisen, dass Manager mit paranoiden Persönlichkeitsmerkmalen besser auf Unternehmenskrisen vorbereitet sind.[25] Seine Erkenntnis: Wer brenzlige Situationen für die Firma gedanklich häufig durchgespielt hat, ist auf Krisenfälle besser vorbereitet. So paradox es klingt: Manager, die ständig eine Pleite fürchten, handeln weniger ängstlich, falls es dann doch dazu kommt. Schließlich wurde die Situation in der Fantasie schon mehrfach durchlebt. Der Hang zur Paranoia fördert die Routine im Ernstfall.

Auf dem Gebiet der Wirtschaftspsychologie existieren viele weitere Studien mit ähnlichen Ergebnissen. Allerdings gilt es zu unterscheiden: Manager mit paranoiden Charakterzügen haben Schwächen in der Mitarbeiterführung, da sie nicht nur bei der Konkurrenz, sondern auch im Büroalltag mögliche Gefahren wittern. Sie trauen ihren Kollegen nicht über den Weg, vermuten hinter jedem Kaffeepausengespräch eine Intrige und fühlen sich ständig hintergangen. Daher liegt es auf der Hand, dass die Tech-Firmen aus dem Silicon Valley eine gesunde Paranoia auf Unternehmensebene eingrenzen und nicht auf die zwischenmenschliche Ebene im Büro ausweiten. So förderlich eine gesunde Paranoia ist, wenn Märkte und Wettbewerber kritisch beäugt werden, so negativ ist sie für das Betriebsklima, wenn Mitarbeiter im Umgang miteinander paranoide Verhaltensmuster an den Tag legen.

Manager mit einer gesunden Paranoia sind in der Lage, Veränderungen frühzeitig zu antizipieren. Diese Fähigkeit zählt zu den wichtigsten Erfolgsfaktoren von Unternehmen. „Unternehmensführer müssen paranoid sein. Egal in welcher Branche du bist, eines Tages werden ein paar Neulinge dein Geschäftsmodell auf den Kopf stellen", erklärt Didier Bonnet, Transformationsexperte bei Capgemini Consulting.[26] Die durch die Digitalisierung entstandene Dynamik erfordert nicht nur ein schnelles Reaktionsvermögen, sondern auch das Antizipieren von Trends. Geschäftsführer müssen den Markt lesen können wie ein Trainer in der Champions League ein Fußballspiel lesen kann. „Wir antizipieren schneller", resümiert Marc Opelt, Unternehmenssprecher und einer der Wegbereiter der digitalen Transformation der Otto-Gruppe.[27] Das 1949 gegründete Familienunternehmen gilt als Beispiel eines erfolgreichen Transformationsprozesses. Einst Deutschlands größter Versandhändler mit dem Otto-Katalog als Symbol für den wirtschaftlichen Aufschwung, ist das Unternehmen das einzige seiner Branche, das den Sprung in die digitale Welt geschafft hat. Der „deutsche Amazon" erzielt mittlerweile 90% des Umsatzes über eCommerce mit knapp hundert Online-Shops. Einer der Hauptbestandteile seiner erfolgreichen Transformation ist der gelungene Kulturwandel. Der Führungsebene war klar, dass sie ihre bisherigen Denkmuster hinterfragen musste, um in der digitalen Welt relevant zu bleiben. „Um die sich kontinuierlich verändernden Kundenbedürfnisse zu erfüllen, müssen Unternehmen heute deutlich agiler sein als vor 10 Jahren", weiß Alexander Birken, Vorstandsvorsitzender der Otto Group.[28] Größere Freiräume, mehr Eigenverantwortung und eine höhere Fehlertoleranz für den einzelnen Mitarbeiter ermöglichen es der Organisation, sich schneller an Markt und Kunden anzupassen. Die Wandlungsfähigkeit der Otto-Gruppe beweist, dass man als urdeutsches Unternehmen auch in der digitalen Zukunft bestehen kann.

Ein weiteres vorbildliches Beispiel aus Deutschland ist das Familienunternehmen Pilz, welches 1948 in Ostfildern nahe Stuttgart gegründet wurde. Das Unternehmen hat sich mit über 2.000 Mitarbeitern zum Weltmarktführer im Bereich der Sicherheitstechnik gemausert. Seit Jahren glänzt Pilz immer wieder mit Produktinnovationen bei seinen Kunden. Jeder Mensch begegnet einem der Hauptprodukte des schwäbischen Mittelständlers, ohne es zu wissen – und glücklicherweise meist, ohne es je in Anspruch nehmen zu müssen: dem Notfallknopf an Achterbahnen, Bergbahnen und Gepäckbändern. Auf die Frage „Wieso ist Pilz so innovativ?", nennt die Firmenchefin Renate Pilz zwei grundlegende Ursachen:
- Zum einen gibt sie ihren Mitarbeitern den Freiraum, neugierig und experimentierfreudig zu sein. Bei der Personalauswahl sorgt sie dafür, dass nur kreative Köpfe den Weg ins Unternehmen finden.
- Zum anderen stehe bei der Produktentwicklung stets der Kundenfokus an oberster Stelle.[29]

Folglich gelingt es dem Unternehmen seit Jahren, genau diejenigen Lösungen zu entwickeln, die seine Kunden tatsächlich brauchen. Diese Einstellung erinnert an die innovationsbegeisterten Silicon-Valley-Firmen. Ideenreichtum plus Kundenfokus lautet die (vereinfachte) Zauberformel für den Erfolg des Unternehmens.

Renate Pilz lebt die Werte ihrer Firmenkultur selbst vor. Ohne einen technischen Hintergrund hat sie das Unternehmen mit Innovationsfreude und Kundenfokus zum Weltmarktführer entwickelt. Über 20% des Jahresumsatzes investiert sie in Forschung & Entwicklung.[30] Diese Ausgaben fördern den Erfindergeist ihrer Belegschaft und unterstreichen den Innovationsanspruch von Pilz. Es bleibt spannend, wie der Weltmarktführer in Zukunft an seine Erfolge anknüpfen wird. Renate Pilz ging Ende 2017 in den Ruhestand und übergab die Geschicke des Familienunternehmens an ihre beiden Kinder.

Die Digitalisierung ist nicht der alleinige Grund, wieso Unternehmen wachsam sein sollten. Globalisierung, Urbanisierung, Connectivity und der demografische Wandel sind ebenfalls Ursachen für die zunehmende Dynamik der Märkte. „Man kann nur erfolgreich sein, wenn man sich ständig hinterfragt", sagt Hans Van Bylen, CEO von Henkel.[31] Unternehmen müssen konstant auf der Hut sein, nicht den Anschluss zu verpassen.

## Wir leben in einer VUCA-Welt

VUCA? Der Begriff wurde erstmals in den 1990er-Jahren vom amerikanischen Militär genutzt und charakterisierte die multilaterale Welt nach dem Ende des Kalten Krieges. Das Akronym VUCA steht für die Begriffe Volatility, Uncertainty, Complexity und Ambiguity. Ins Deutsche übersetzen könnte man es so: Unbeständigkeit, Ungewissheit, Komplexität und Mehrdeutigkeit. VUCA beschreibt äußerst treffend die neuen Rahmenbedingungen, unter denen Unternehmensführer ihre Entscheidungen treffen müssen:
- Die Zukunft ist nicht mehr linear planbar.
- Das Verhalten der Konkurrenz ist weniger nachvollziehbar.
- Die nächsten Quartale lassen sich schwerer vorhersagen.
- Es gibt keine einfachen Lösungen.

Entscheider können bei so viel Unsicherheit leicht verzweifeln. Kein Wunder, denn die klassische Managementstrategie basiert auf Planbarkeit, Vernunft und Beständigkeit. Viele Führungskräfte sind es gewohnt, Probleme strukturiert anzugehen. Sie sind es gewohnt, ihren Markt komplett zu verstehen und Lösungen auf Grundlage ihrer Beobachtungen zu entwickeln. Ihre Umwelt war in der Vergangenheit zu großen Teilen kontrollierbar. Diese Kontrolle schwindet in den VUCA-Zeiten zusehends. „Die einzige Konstante ist die Veränderung." Diese Erkenntnis von Heraklit ist über zweieinhalbtausend Jahre alt. Sie ist jedoch aktueller denn je, denn sie beschreibt haargenau die Dynamik, mit der heute viele Unternehmen zu kämpfen haben. „Abends gehst du als Industrieunternehmen ins Bett und am nächsten Morgen wachst du als Softwarefirma auf", konstatierte Jeff Immelt, CEO von General Electric.[32] Eine gesunde Paranoia erhöht die Chancen für Unternehmen, in der VUCA-Welt zu bestehen.

Die Aufgabe der Geschäftsführung in der VUCA-Welt ähnelt der eines Piloten, der unter schlechten Sichtbedingungen fliegt: Der Pilot ist sich seiner prekären Lage bewusst. Er weiß, dass er einen Blindflug absolviert. Er verlässt sich deswegen auf die exzellente Technik, die ihn unterstützt. Genauso müssen sich Unternehmenslenker im Klaren darüber sein, dass ihre Umwelt nicht mehr so planbar und kontrollierbar wie noch vor der Digitalisierung ist. Die Sicht, in ihrem Fall die Sicht auf die Zukunft des Unternehmens, ist zwar schlecht und verschwommen, aber genau wie der Pilot werden auch sie von einem Frühwarnsystem assistiert, welches mögliche Gefahren antizipiert. Die „Healthy Paranoia"-Haltung ist folglich ein Grundpfeiler der strategischen Frühaufklärung. Sie hilft Unternehmen, Chancen und Risiken rechtzeitig zu erkennen und dann entsprechend zu handeln.

## Die Mischung macht's: Motivierte, heterogene Teams unterstützen eine gesunde Paranoia

Eine gesunde Paranoia fruchtet nur mit den richtigen Mitarbeitern, welche die Fähigkeit und die Motivation haben, diese Einstellung tagtäglich zu leben. Personal- und Recruiting-Abteilungen tragen daher eine besondere Verantwortung. Für Mark Patterson, Asienchef von Group M, der mit einem jährlichen Werbevolumen von über 500 Mrd. US-Dollar größten Mediaagentur der Welt, ist die „Healthy Paranoia" eine der Kernkompetenzen seines Unternehmens. Gerade im dynamischen Agenturmarkt rechne sein Unternehmen immer wieder mit neuen Überraschungen, die hinter jeder Ecke des Marktes lauern. Aus diesem Grund beschäftige er positiv-denkende und anpassungsfähige Mitarbeiter, die Neuem stets aufgeschlossen gegenüberstehen.[33]

Renate Pilz legt bei der Zusammensetzung von Teams besonderen Wert auf eine Balance zwischen verdienten Mitarbeitern und neuen Angestellten. Erst wenn beide Welten aufeinandertreffen, entstehen laut Renate Pilz wie in einer chemischen Reaktion innovative Ideen, von denen das Unternehmen seit Jahren profitiert.[34] Sie bezeichnet ihre Mitarbeiter daher auch schon mal als „ihren Schatz" und als den Grund, warum sie jeden Tag mit Vorfreude zur Arbeit fährt.

Auch die Studie „ORBIT" zur digitalen Transformation deutscher Unternehmen von Deloitte Digital und Google Germany identifizierte die Mitarbeiter-Heterogenität als einen entscheidenden Erfolgsfaktor für die für den Wandel zuständigen Teams.[35] „Gemischte Teams sind einfach leistungsfähiger", weiß Anke Giesen, Vorstandsmitglied des MDAX-Unternehmens Fraport AG. Eine Diversität hinsichtlich Alter, Geschlecht und Nationalität wirke sich zumeist positiv auf die Leistung der Teams aus, so die Topmanagerin.[36]

## Stolpersteine auf dem Weg zu einer gesunden Paranoia-Haltung

Die Vorteile einer gesunden Paranoia für den Geschäftserfolg sind nicht von der Hand zu weisen. Doch was hindert Unternehmen daran, ihre Umwelt mit einer solchen Paranoia zu betrachten? In der Praxis lassen sich drei Hauptgründe dafür ausmachen:
1. **Die Vergangenheit:** Viele Unternehmen halten an einer vergangenheitsorientierten Zukunftsplanung fest. Sie verfolgen das über Jahrzehnte verinnerlichte Ziel, linear zu planen. Das bedeutet, Unternehmensführer verlängern die Vergangenheit auf der Zeitachse in die Zukunft. Das vermittelt ihnen ein Gefühl der Sicherheit. Dieser Wunsch wird paradoxerweise umso stärker, je unberechenbarer das Umfeld wird. Es ist ein Teufelskreis, aus dem die Unternehmen ausbrechen müssen. Dazu kann die Führungsebene die nötigen Voraussetzungen schaffen, die es erlauben, in dynamischen Zeiten flexibel zu reagieren. „Agile Planning" lautet das Zauberwort. Diese Veränderung wird dem Unternehmenserfolg weit-

aus zuträglicher sein als eine detailverliebte Zukunftsplanung. Dieter Zetsche, Vorstandsvorsitzender der Daimler AG, bringt es auf den Punkt: „Vor fünf Jahren waren Audi und BMW unser Vergleichsmaßstab. Heute bewegen wir uns nicht mehr im traditionellen Wettbewerbsumfeld. Vieles ist schwer vorhersehbar. In der Konsequenz muss die Fähigkeit entwickelt werden, Dinge zu tun, die nicht im Business Plan stehen."[37]

2. **Der Zeitpunkt:** Gerade in Zeiten, in denen ein Unternehmen floriert und gute Ergebnisse liefert, kann es sich das Management leisten, Change-Prozesse anzustoßen. Auch ein Wandel hin zu einer gesunden Paranoia-Einstellung gelingt am einfachsten, wenn das Unternehmen eine erfolgreiche Phase durchlebt. Denn besonders dann herrscht bei den Mitarbeitern die Ruhe und Sicherheit, sich mit der neuen Arbeitsweise anzufreunden. Doch allzu oft leiten Unternehmensführer den notwendigen Wandel zu spät ein. „Never change a winning team", scheint der Leitsatz zu sein. Sobald sich das Unternehmen allerdings in stürmischen Zeiten wiederfindet, in denen Umsätze und Gewinne einbrechen, ist es längst zu spät, das Ruder herumzureißen. Der ideale Zeitpunkt ist dann verpasst. Im Abwärtsstrudel sind die Mitarbeiter ausschließlich damit beschäftigt, ihre Schäfchen ins Trockene zu bringen. Für einen Kulturwandel bleibt dann keine Muße mehr.

3. **Die Hybris:** Dieser Grund ist der naheliegendste. Besonders in erfolgreichen Jahren neigen Unternehmensführer zu Überheblichkeit. Es gilt das Motto: Was heute erfolgreich ist, wird auch morgen Bestand haben. Die Geschäfte laufen gut, was soll schon passieren? Zuerst macht sich im Unternehmen Selbstzufriedenheit breit, dann Selbstüberschätzung. Blindheit auf der Ebene der strategischen Planung ist die unmittelbare Folge. Jedwede Form des kritischen Hinterfragens wird belächelt; drohende Gefahren werden nicht gesehen. Mitarbeiter, die dennoch auf mögliche Bedrohungen hinweisen, werden als Verräter in den eigenen Reihen gebrandmarkt. Somit erweist sich die Hybris als eines der größten Hindernisse bei der Entwicklung einer gesunden Paranoia.

## Be paranoid, now!

Wie können sich Unternehmen eine gesunde Paranoia aneignen? Ein erster Schritt in diese Richtung kann der Aufbau eines Digital Labs sein. In Deutschland nutzen gerade traditionelle Großunternehmen die auch Innovation Hubs oder Digitalfabriken genannten Teams, um neue Geschäftsideen zu entwickeln. Meist ist es nur eine Handvoll junger, gut ausgebildeter Entrepreneurs, die in einem Satellitenbüro, örtlich getrennt vom Stammsitz, mit der Digitalisierung starten. Dort sieht es dann meist aus wie in den hippen Start-up-Büros im Silicon Valley. Angesagte Inneneinrichtung, Hängematten und bunte Sitzsäcke, Billiardtische, dynamisch-auftretende Mitarbeiter ohne Anzug und Krawatte, dafür mit T-Shirt und Sneakern. In Deutschland gibt es mittlerweile über hundert solcher Digitalableger, die Mehrheit davon in Berlin.[38] Kaum ein DAX-Unternehmen, das auf eine solche digitale Spielwiese verzichtet. Beispiele sind die Innovation Garage von thyssenkrupp, das Innovation Hub der Lufthansa oder das X-Lab von MAN. Die räumliche Distanz zum Rest des Unternehmens sorgt dafür, dass die Hubs ungestört arbeiten können. Die durchtrennte Nabelschnur zur Zentrale minimiert den Einfluss der Bedenkenträger und Zauderer, welche die modernen Umtriebe kritisch beäugen. „Hier können wir ohne Ablenkung durch das Tagesgeschäft arbeiten", erklärt Boris Behringer, Leiter Porsche Digital Lab, stellvertretend für viele seiner Lab-Kollegen.[39]

Die Innovationslabore sind somit Testballons im doppelten Sinne: Es wird dort nicht nur an zukünftigen Geschäftsmodellen getüftelt, sondern in dem geschützten Umfeld kann gleichzeitig eine neue Unternehmenskultur gedeihen. Die Digital Unit fliegt los wie ein Testballon, der mit Frischluft gefüllt wird, und differenziert sich von der Arbeitsweise im restlichen Unternehmen, die im direkten Vergleich eingefahren und muffig wirkt. Die Geschwindigkeit, mit der Mitarbeiter ihre Ideen in die Tat umsetzen können, ist dabei einer der größten Vorteile eines Hubs. Flache Hierarchien, keine Silos, lockere Umgangsformen: all das erhöht das Tempo. Gepaart mit der Flexibilität, bei Fehlern gegenzusteuern, aber nicht aufzugeben, erinnert das Arbeiten in einem Digital Lab an das Fahren im Gelände: ohne befestigte Straße, und so abgedroschen es klingen mag, mit dem Weg als Ziel. Das Terrain steht hier für den Markt, zum Teil bekannt, zum Teil unerforscht. Auch das Einlegen des Rückwärtsgangs ist möglich. Nach dem Zurücksetzen geht es in eine neue

Richtung voran. Im Rest der Organisation hingegen wäre ein derart flexibles Manövrieren undenkbar.

Entscheidend für den Erfolg der Ausgründungen ist es, wie intensiv der Austausch mit der Unternehmenszentrale gepflegt wird. Idealerweise wird der Stammsitz frühestmöglich in die Aktivitäten des neuen Labs eingebunden. Das restliche Unternehmen muss mitziehen, sonst versanden selbst die vielversprechendsten Projekte. Gefährlich wird es, sobald das „Not invented here"-Syndrom einsetzt: Mitarbeiter, die nicht am Fortschritt beteiligt waren, weigern sich später, die Innovationen aus dem Hub anzunehmen. Auch der Neidfaktor darf nicht unterschätzt werden. Da die Labs häufig mit bestmöglichen Ressourcen ausgestattet werden und direkt an den Vorstand berichten, fühlen sich Mitarbeiter in der Zentrale schnell benachteiligt. Dies gilt insbesondere, wenn die Zentrale in der Provinz beheimatet ist und das Hub in Berlin oder in einer anderen Großstadt aufgebaut wird. Daher ist eine enge Verzahnung zwischen Mutterschiff und Satelliten unverzichtbar. Die Kunst besteht darin, den Start-up-Spirit mittelfristig auch auf das Restunternehmen zu übertragen. Durch einen fortlaufenden Austausch kann eine etwaige spätere Reintegration des Labs bestmöglich vorbereitet werden. Das Digital Lab sollte Freiheiten genießen, aber gleichzeitig auch mithilfe von Rückkopplungsschleifen gesteuert werden, damit das digitale Biotop früher oder später auch zum Geschäftserfolg beitragen kann.

Die Idee eines Labs abseits der Unternehmenszentrale geht auf ein geheimes Forschungsprojekt des Rüstungskonzerns Lockheed Martin zurück. 1943 baute das Unternehmen ein „Military Lab" in Burbank, Kalifornien. Es kam damit dem Wunsch der Air Force nach, einen neuen Kampfjet zu entwickeln – und zwar schnell und unbürokratisch, ohne das ansonsten das Projekt um Monate verzögernde Vertragsprozedere mit der Lockheed-Martin-Zentrale im Vorfeld. Seitdem wurden in dem als „Skunk Works" bezeichneten Innovationszentrum zahlreiche Militärflugzeuge entwickelt, unter anderem der Stealth Fighter (F-117 Nighthawk). Dieser ursprüngliche Ansatz aus dem Militär beinhaltet jedoch einen signifikanten Unterschied zum heutigen Konzept der Digital Labs: Im Skunk Works tüftelten die Forscher im Geheimen ohne das Wissen der restlichen Organisation. In einem Digital Lab hingegen hätte ein solches Undercover-Vorgehen fernab der Firmenzentrale mit einer ziemlichen Sicherheit den Genickbruch des Digital-Unterfangens zur Folge.

## Augen und Ohren auf: Was passiert im Markt?

Ein weiterer empfehlenswerter Schritt hin zu einer gesunden Paranoia kann die Installation eines Newsrooms sein. Die zuvor auf mehrere Standorte verteilten Kommunikationsabteilungen werden in einem Redaktionsraum gebündelt. Es ist ein Ort, wie man ihn von Zeitungsverlagen kennt: eine Großraum-Abteilung mit vielen Monitoren, auf denen live Nachrichten aus aller Welt laufen, aus dem TV und aus dem Internet. Wo früher Kommunikationsteams getrennt voneinander gearbeitet haben, sitzen diese nun firmenübergreifend in einem Raum. Sie beobachten laufend Signale aus den Märkten und planen basierend darauf gemeinsam ihre Kernthemen. Dialog statt Silos. Damit erhöht sich auch die Geschwindigkeit; die Kommunikatoren können schneller agieren und reagieren.

Siemens war einer der ersten deutschen Konzerne mit einem Newsroom. Andere wie die Allianz und DHL folgten kurz darauf. Bei der Allianz ist man mit den Erfolgen hochzufrieden: „Der Informationsfluss ist reibungsloser, das Zusammengehörigkeitsgefühl steigt, Aufgaben können schneller und besser bewältigt werden", lobt Hermann-Josef Knipper, ehemaliger Leiter der Allianz-Unternehmenskommunikation.[40]

Ein Newsroom ist ein gelebter Kulturwandel innerhalb des Unternehmens. Die neue Denk- und Arbeitsweise startet in der Kommunikationsabteilung und breitet sich von dort ins restliche Unternehmen aus. Der Newsroom wirkt als Nukleus des digitalen Wandels. Dies bestätigt auch Christoph Hardt, der Schöpfer des 50-köpfigen Siemens-Newsrooms: „Jeder ernst gemeinte Newsroom ist eine Transformationsstory".[41]

## Die Gedanken sind frei – gesunde Paranoia beginnt in den Köpfen der Mitarbeiter

Ein ebenfalls pragmatischer Start in eine „gesunde Paranoia"-Einstellung kann das „Was wäre wenn?"-Gedankenspiel sein. Dabei denken sich Mitarbeiter für ihr Unternehmen bedrohliche Szenarien aus. Als Format eignet sich ein offenes Brainstorming. Die Gruppe besteht im Idealfall aus einem Querschnitt von Funktionsbereichen und Hierarchieebenen, um die Organisation möglichst repräsentativ abzubilden. Manche Unternehmen rufen hierzu Mini-Thinktanks ins Leben, die sich regelmäßig zusammenfinden. Während eines Meetings werden mithilfe einer Vielzahl von „Was wäre wenn"-Fragen potenzielle Szenarien gesammelt, geclustert und dann mögliche Reaktionen darauf vorbereitet. Dabei ist es hilfreich, die Unternehmensbrille einmal abzusetzen und die Dinge auch aus der Sicht aller Marktakteure zu betrachten: Kunden, Lieferanten, Geschäftspartner. Was könnte aus deren Perspektive geschehen, was zu einer Verhaltensänderung führen würde? Die Ergebnisse werden dann im nächsten Schritt mit der Unternehmensführung geteilt, die Feedback geben und passende Maßnahmen in die Wege leiten kann. Der Vorteil dieses Formats besteht insbesondere darin, dass die Gruppenmitglieder mögliche Gefahren frei äußern dürfen. In einem sicheren Umfeld, ohne Angst. Diese gedankliche Freiheit ist besonders wertvoll, da die meisten Mitarbeiter dies im Büroalltag eher vermeiden, um nicht als Schwarzmaler oder Nestbeschmutzer abgestempelt zu werden. Das von Anfang an klar definierte Ziel wirkt wie ein Sicherheitsnetz für die Teilnehmer. Denn alle Beteiligten werden angehalten, „herumzuspinnen" und möglichst viele Katastrophen-Szenarien durchzuspielen. Sie können ihrer Fantasie freien Lauf lassen und ungehemmt brainstormen. Durch ihre Arbeit kann die Gruppe optimalerweise schon frühzeitig Bedrohungen identifizieren, die das Unternehmen ins Wanken bringen könnten. Somit kann sie eine Initialzündung für ein notwendiges Umdenken und Umlenken bewirken.

Ein ähnliches Tool ist unter dem Namen „Disrupt Me!" verbreitet. Bei diesem aus dem Silicon Valley stammenden Format werden zwei miteinander konkurrierende Gruppen gebildet. Die eine Gruppe vertritt das bisherige traditionelle Geschäftsmodell, während die zweite Gruppe – die Disruptoren – von einem Moderator angefeuert wird, Strategien zum Angriff dieses Geschäftsmodells zu entwickeln. Diese Konzepte können das Geschäftsmodell ergänzen, erweitern oder – disruptiv – mit einem neuen Modell ersetzen. Mithilfe dieses Instruments entstehen in der Regel in kürzester Zeit eine Vielzahl an Innovationsideen, die dann im Anschluss en detail auf Machbarkeit und Potenzial geprüft werden. So kann das Unternehmen agieren, bevor ein Wettbewerber den ersten Schritt macht. Der Gothaer Versicherungskonzern ist ein begeisterter Nutzer des „Disrupt Me!"-Formats. „Wir setzen sehr auf Digitalisierung, in dem Zusammenhang ist ein solcher Ansatz zur Ideenfindung für uns extrem spannend und hilft uns, die Bedürfnisse der künftigen

Kunden zu kennen und erfüllen zu können", betont Emanuel Issagholian, bei der Gothaer Versicherung als Leiter Digitalisierung tätig.

Auch beim sogenannten Reverse Pitch treffen die alte und die neue Welt aufeinander. In einem spielerischen Umfeld präsentiert bzw. pitcht das Unternehmen sein aktuelles Geschäftsmodell vor einer Jury aus der New Economy. Der Reverse Pitch vertauscht somit die herkömmlichen Rollen eines üblichen Investoren-Pitches: Nicht das kleine Start-up buhlt um die Gunst der großen Investoren, sondern das etablierte Unternehmen pitcht nun vor der Start-up-Jury. Die Jury-Gruppe stellt dabei eine Reihe kritischer und hypothetischer Fragen, wodurch eine spannende Diskussion entsteht über mögliche Gefahren für das derzeitige Geschäftsmodell sowie über sinnvolle Reaktionen und Antworten darauf. Auch bei diesem Ansatz folgt dann anschließend eine tiefgehende Aufarbeitung der generierten Ideen.

## Eine Paranoia ist nur gesund, wenn das Unternehmen auch nach ihr handelt

Um als Unternehmen langfristig auf der Erfolgsspur zu bleiben, genügt es jedoch nicht, ein Frühwarnsystem in der Unternehmenskultur zu installieren. Dies ist zwar ein enorm wichtiger, jedoch nur ein erster Schritt. „Eine Paranoia führt erstmal nur dazu, dass man die richtigen Informationen besitzt", lautet ein bekanntes Zitat des amerikanischen Schriftstellers William S. Burroughs, der als Autor von Werken wie „Naked Lunch" und „Electronic Revolution" zu einer Ikone der Popkultur wurde. Im nächsten Schritt müssen den gewonnenen Informationen zielführende Handlungen folgen. Das bedeutet für Führungskräfte in der Wirtschaft: Sie müssen implementieren, Wissen nutzbar machen. Die Signale aus dem Frühwarnsystem müssen zu spürbaren Aktivitäten führen. Diese können auch radikal sein. Jeff Immelt, bis 2017 CEO von General Electric, fordert von Geschäftsführern: „Sie müssen das eigene Unternehmen selbst disrupten, anstelle nur zuzuschauen, wie es jemand Fremdes tut."[42]

Eine gesunde Paranoia kann in der Tat dazu führen, dass Unternehmen nach der Auswertung des Frühwarnsystems nur eine einzige Chance bleibt: ihr eigenes Geschäftsmodell zu attackieren. „Wir müssen uns selbst angreifen", betont Christian Sewing, Vorstandsmitglied der Deutschen Bank, wenn er über die Digitalfabrik seiner Firma spricht, das Entwicklungszentrum in Frankfurt am Main zur Entwicklung neuer digitaler Bankprodukte.[43] Dr. Carsten Oder, Deutschlandchef von Mercedes-Benz, drückt es ebenfalls prägnant aus: „Wenn wir es nicht selbst tun, wird uns jemand anderes disrupten".[44]

### Gesunde Paranoia – Fazit

Folgende Maßnahmen und Tools können sich als sinnvoll erweisen, um das Mindset einer gesunden Paranoia im Unternehmen zu installieren:

- kreative Ideen-Formate wie das „Was wäre wenn"-Gedankenspiel, das „Disrupt Me!"-Tool oder „Reverse Pitch"-Ansätze,
- die Einrichtung eines Newsrooms,
- die Gründung eines Digital Hub mit Start-up-Atmosphäre.

Wenn es einem Unternehmen gelingt, eine gesunde Paranoia als allgegenwärtige Geisteshaltung auf allen Ebenen in der Organisation einzuführen, stehen die Chancen gut, dass es von zukünftigen Umwälzungen und Disruptionen nicht kalt erwischt wird, sondern diese idealerweise selbst vorantreibt und so langfristig auf der Erfolgsspur bleibt.

# 3 Goin' Offroad: Setz die Karre in den Dreck!

Das Wohlbekannte gibt Geborgenheit. Man fährt Stoßstange an Stoßstange, ob Stop-and-go oder mit Tempomat. Es ist kein Ausscheren oder Überholen möglich. Die Kaffeetasse sitzt fest im Cupholder, der Fahrassistent ist aktiviert und die Scheibenwischer-Flüssigkeit aufgefüllt. Aus den Lautsprechern tönt die ehrliche Arbeiterhymne „Working on the highway". Glatter Fahrbahnbelag, kaum Schlaglöcher oder scharfe Kurven. Solide Leitplanken und klare Beschilderung. Es ist alles geregelt, der Kurs ist klar. Die Fahrt im Konvoi birgt die Romantik von Kris Kristoffersons Figur „Rubber Duck" aus dem Road-Movie „Convoy" und Burt Reynolds Rolle „Bandit" aus dem Film „Das ausgekochte Schlitzohr". Die Helden heizen in den späten 1970er-Jahren unbeirrt in ihren Langhauben-Trucks und übermotorisierten Muscle Cars über den Highway und lavieren sich in bester Laune auch durch brenzlige Situationen. Etwas Action darf schon sein. Aber bitte nichts wirklich Unvorhersehbares und immer schön Spurhalten!

*Unternehmen brauchen eine neue, individuelle Unternehmenskultur.*

Diese Filmszenen einer heiteren und geordneten Welt sind ein Sinnbild des heutigen Kulturverständnisses in Unternehmen: Fast alle folgen der gleichen Richtung. Kaum ein Unternehmen zeigt den Willen bzw. den Mut, etwas anders zu machen. Ganz im Gegenteil, Unternehmen orientieren sich sehr stark aneinander. Diese Konvergenz zeigt sich daran, dass sich viele deutsche Großfirmen fast identische Unternehmenswerte auf die Fahnen geschrieben haben. Diese beinhalten vor allem Schlagwörter wie Vielfalt, Verantwortung und Transparenz. Dem Konformitätsgedanken folgend reihen sich die Akteure in den kulturellen Mainstream ein. Sie bewegen sich gleichförmig in der normierten Blechlawine. Die Nähe und der Blickkontakt zu den Gleichgesinnten, den Weggefährten, suggerieren ihnen ein Gefühl der Sicherheit, angesichts der massiven Umbrüche, die sich im Umfeld abspielen. Diese vielschichtigen VUCA-Disruptionen wurden in den Kapiteln 1 und 2 beschrieben.

Gleichzeitig beklagen die Mainstream-Organisationen jedoch, dass sie von progressiven Unternehmen auf mehreren Flanken attackiert und zum Teil überholt werden. Einer Vielzahl der etablierten Marktteilnehmer wird schmerzlich vor Augen geführt, dass sie nur noch bedingt konkurrenzfähig sind und sich Veränderungen gegenüber stärker öffnen müssen. Nur durch eine weitreichende Transformation können sie in Zukunft im Wettbewerb bestehen.

Zudem ist ihnen bewusst geworden, dass die prekäre Situation zum großen Teil hausgemacht ist und mit ihrer eigenen Unternehmenskultur zu tun hat. Sehr lange Zeit bestand kein Druck, den Status quo zu hinterfragen. Die Firmen fuhren mehr oder weniger komfortabel auf einer vorgegebenen, geebneten Trasse. Beschleunigen, ein Spurwechsel, bremsen oder von Zeit zu Zeit anhalten – das waren ihre taktischen Hauptüberlegungen. Nun stellt sich ihnen plötzlich die Frage, ob diese Straße überhaupt in die gewünschte Richtung führt. Sie fragen sich: Sind wir kulturell gesprochen überhaupt auf dem für uns richtigen Weg unterwegs? Doch eine Antwort darauf zu finden ist nicht einfach. Die Abwägung, ob ein neuer Weg zu beschreiten ist, und wenn ja welcher, bedarf einiger grundlegender Überlegungen im Kontext von Kultur, Strategie und Wettbewerbsdifferenzierung.

## Wettbewerbsdifferenzierung durch Kultur

Kultur ist potenziell der nachhaltigste Wettbewerbsvorteil von Firmen, jedoch fehlt häufig die Differenzierung. Im Wertekanon vieler Unternehmen gibt es wenig bis keine Alleinstellungsmerkmale, welche deren kulturelles Zielbild von der Masse der Marktteilnehmer abheben und einzigartig machen könnte. Damit bleibt ein wichtiger Hebel zur strategischen Positionierung weitgehend ungenutzt, denn das Geheimnis überaus erfolgreicher Firmen basiert zum Großteil auf deren kultureller Ausrichtung. Dem Management-Guru Peter Drucker wird das prägnante und weitverbreitete Bonmot „Unternehmenskultur verspeist die Strategie zum Frühstück" zugeschrieben.[45] Und auch die Berater Peters und Waterman erkannten in ihren Fallstudien, dass es bei der fortwährenden „Suche nach Exzellenz" hauptsächlich auf kulturelle Faktoren ankommt.[46] MIT-Psychologieprofessor Edgar H. Schein stellte fest, dass es die Kultur ist, welche die Grenzen der Strategie bestimmt.[47] Carl

## 3 Goin' Offroad: Setz die Karre in den Dreck!

E. Weick, einer der renommiertesten Organisationsforscher weltweit, schlug sogar vor, das Wort „Strategie" gänzlich durch den Begriff „Kultur" zu ersetzen.[48] Seine durchaus schlüssige Beobachtung war, dass sowohl Strategie als auch Kultur sich auf Handlungen des Entscheidens, des Erschaffens, der Rechtfertigung, der Bestätigung und der Sanktionierung beziehen. Sowohl Strategie als auch Kultur zeigen Richtungen sowie Ordnungsmuster auf und bieten nicht zuletzt Kontinuität und Identität.

Allen diesen Vordenkern war die Erkenntnis gemein, dass die Werte eines Unternehmens eine stärkere Wirkung entfalten können als jeder Plan an koordinierten Maßnahmen oder als jedes Portfolio technischer Lösungen. Kultur bestimmt das Geschäftsmodell und den „Appetit auf Erfolg". Sie ist also ausschlaggebend dafür, ob ein Unternehmen tendenziell reaktiv-defensiv oder proaktiv-ambitioniert agiert. Mitarbeiter mit der gleichen Kultur, dem gleichen Mindset, verstehen sich blind und ziehen in die gleiche Richtung. Sie interagieren wie eine seit Jahren perfekt eingespielte Motor-Rallye-Mannschaft. Der Fahrer versteht die Beifahreransagen ohne Worte und steuert auf Basis weniger Signale auch bei geringer Sicht beherzt über die Strecke. Nur in enger Abstimmung mit dem Co-Piloten gelingt das eindrucksvolle Kunststück, mit hoher Geschwindigkeit in Seitenbewegung zur Fahrbahn durch eine Kurve zu „driften", ohne dabei aus der Spur getragen zu werden. Ebenso erfolgt ein Reifenwechsel, wie in Kapitel 5 beschrieben, in gut abgestimmten Teams binnen weniger Sekunden, so dass der Bolide bereits nach einem kurzen Boxenstopp wieder Fahrt aufnehmen kann. Teams, die auf Basis gleicher Kulturwerte agieren, sind leistungsfähig und erringen auf diese Weise nachhaltige Wettbewerbsvorteile. Dies funktioniert jedoch nur über Differenzierung.

*Eine individuelle Unternehmenskultur stellt den nachhaltigsten Differenzierungsfaktor im Wettstreit um die Gunst der Kunden dar.*

Ein bedeutendes, wenngleich oftmals brachliegendes Differenzierungspotenzial liegt in der Kultur. Da heutzutage fast alle Unternehmen auf vergleichbare Ressourcen und Technologien zurückgreifen, ist die Firmenkultur von strategisch entscheidender Bedeutung. Jay B. Barney, der Begründer des ressourcenbasierten Ansatzes im strategischen Management, stellte fest, dass die Kultur eines Unternehmens die strengen Kriterien von nachhaltigen

Wettbewerbsvorteilen erfüllt[49]: Kultur ist wertvoll, rar, schwer imitierbar und fest in der Organisation verhaftet. Diese Eigenschaften machen Kultur nachhaltiger als alle anderen Wettbewerbsvorteile, die vergleichsweise leicht erodieren. „Die Kultur ist das Nr.1-Asset jedes Unternehmens", weiß auch Ginni Rometty, CEO und Präsidentin von IBM.[50]

Angesichts dieses beachtlichen betriebswirtschaftlichen Potenzials, das von der Unternehmenskultur ausgeht, stellt sich jedoch die Frage, wie gut dieses von Unternehmen ausgeschöpft wird. Wie differenziert sind die Unternehmenskulturen wirklich und warum gibt es kaum Abweichungen?

## Konformität oder Charakter?

Firmen stehen vor der Entscheidung: Einheitsbrei oder Gourmet-Essen? Von der Stange oder nach Maß? Fremd- oder Selbstbestimmung? In Sachen Kulturentwicklung gibt es gänzlich unterschiedliche Stoßrichtungen. Wie in der Hirnforschung seit langer Zeit bekannt, ist auch das Thema Unternehmenskultur von einem stark entwickelten Herdentrieb geprägt. Unternehmen lassen sich bei der Definition ihrer Kultur bewusst oder unterbewusst in ein konformistisches Verhalten drängen und scheinen zu vergessen, um was es eigentlich geht: Strukturen, Ressourcen und die Menschen durch gemeinsame Werte so auszurichten, dass das Unternehmen am Markt erfolgreich agieren kann. Ein Blick auf die Geschäftsberichte der DAX-30-Unternehmen zeigt, dass sich fast alle Firmen auf dieselben sechs bis zehn Werte konzentrieren. De facto haben eine Vielzahl der Unternehmen das gleiche in der Kultur-Charta stehen. So, als hätten sie voneinander abgeschrieben. Man mag sich fragen, ob diese Werte deshalb per se falsch sind. Nein, das sind sie sicherlich nicht. Niemand möchte in Abrede stellen, dass Aspekte wie z.B. Kundenorientierung, Höchstleistung, Wandlungsfähigkeit, Integrität, Respekt und Vertrauen wichtige Ausrichtungen sind. Nur, worin liegt der Sinn, wenn sich diese Sammelbegriffe auf Selbstverständlichkeiten beziehen und keine wirkliche Orientierungshilfe im betriebswirtschaftlichen Kräftemessen der Unternehmen bieten?

Goin' Offroad: Setz die Karre in den Dreck! **3**

*Bei der Definition ihrer Kultur ist bei Unternehmen ein gewisser Gruppenzwang zu beobachten.*

Der mögliche Grund für diese Gleichschaltung der Werte kann in der klassischen Aussagenlogik liegen. Dieses Denkmuster, dessen Grundlagen von Aristoteles definiert wurden, teilt jeden Wert in „wahr" oder „falsch" ein. Wenn Werte wie z. B. Respekt oder Aufrichtigkeit nicht explizit in der Wertecharta aufgeführt werden, so kann der Eindruck entstehen, dass das Unternehmen diese Werte implizit verneint. Dieses Bivalenzprinzip hat zur Folge, dass absolut grundlegende Inhalte in den Kulturkanon der Unternehmen aufgenommen werden. Für wirklich charakteristische Merkmale bleibt hingegen kein Platz. Die Basiswerte sind zweifelsohne wichtig, jedoch ist ihre strategische Relevanz begrenzt. Es handelt sich bei ihnen lediglich um die „Allgemeine Geschäftsgrundlage" des menschlichen Miteinanders und in der geschäftlichen Transaktion. Ohne Respekt und Rechtschaffenheit gibt es kein Vertrauen und in der Folge keine Zusammenarbeit, sowohl innerhalb von Organisationen als auch über Firmengrenzen hinweg. Nicht ohne Grund prägen klare, eindeutige moralische Orientierungspunkte das Leitbild des ehrbaren Kaufmanns. Sie legitimieren Unternehmen, überhaupt in einem sozialen System aktiv zu sein, und definieren damit die Mindestanforderungen im Sinne von „needed to play". Ein strategisch relevantes Differenzierungsmerkmal im Sinne von „needed to compete" sowie „needed to win" bieten sie hingegen nicht.

Eine weitere Ursache für die Beliebigkeit der Unternehmenswerte liegt im Entwicklungsprozess der Kultur, d. h. dem von Unternehmen häufig eingeschlagenen Weg zur Herausbildung und Definition ihrer kulturellen Werte. Eines der größten Missverständnisse in der Kulturentwicklung ist die Fixierung auf einen Bottom-up-Ansatz. Er impliziert häufig die fehlgeleitete Vorstellung, dass Mitarbeiter basisdemokratisch eine Kultur definieren. Die breite Einbeziehung der Belegschaft fußt auf der Annahme, dass sich die bestehenden und zukünftigen Mitarbeiter mit den Unternehmenswerten bestmöglich identifizieren sollen. Aus diesem Grund ist es erforderlich, dass die Werte die Präferenzen der Arbeitnehmer widerspiegeln. Obgleich gegen eine hohe Identifikation nichts einzuwenden ist, kann eine „Unternehmenskultur nach Wunsch" nicht zweckmäßig sein. Basisdemokratie führt häufig nicht zu einer Differenzierung, sondern zu einer Einigung auf Grundlage der konsensfähigen Mindestanforderungen. Zudem ist das apologetische Bestreben, es allen recht machen zu wollen, bekanntermaßen noch nie ein Erfolgsrezept gewesen.

*Eine Unternehmenskultur ist kein Wunschkonzert,*
*sondern eine Grundsatzentscheidung.*

An dieser Stelle ist hervorzuheben, dass eine Unternehmenskultur nicht unveränderlich oder „in Stein gemeißelt" ist. Sie ist vielmehr gestalt- und formbar. Im Gegensatz zu einer Landeskultur, die sich primär aus der Kulturhistorie und Ethnologie der Bevölkerungsgruppe ableitet, verfolgt die Unternehmenskultur die klaren ethischen, gesellschaftspolitischen und betriebswirtschaftlichen Zielsetzungen der Firma. Sie stellt Verhaltensweisen in den Vordergrund, die sich über die Zeitachse bewährt und als erfolgreich erwiesen haben. Ein charakteristisches Merkmal der Unternehmenskultur ist somit ihre Zweckgebundenheit. Sofern sie diesen Zweck aus unterschiedlichen Gründen nicht (mehr) erfüllt, kann und muss die Kultur geändert werden. Vergegenwärtigt man sich, dass sich Kultur auch und vor allem im Führungsverhalten darstellt, so ist die adäquate Ausrichtung der Unternehmenswerte die Hauptaufgabe eines jeden CEO.

*Firmen müssen Farbe bekennen.*

Kultur hat weniger mit passiver Akzeptanz als vielmehr mit aktiver Gestaltung zu tun. Differenzierung spielt dabei eine große Rolle. Eine austauschbare Kultur entfaltet weniger Identifikations- und Breitenwirkung. In der Tat sind Unternehmen am stärksten, wenn sie sich nicht am Geschmack der Masse orientierten. Pfiffige Querdenker sind oftmals attraktiver als stromlinienförmige Leisetreter. Unternehmen mit differenzierter Kultur sind tendenziell erfolgreicher, in gleicher Weise wie bunte Hunde und Persönlichkeiten mit Ecken und Kanten als Menschen oftmals interessanter sind.

> Netflix sucht im Rahmen der Einstellung Menschen mit überdurchschnittlicher Leistungsfähigkeit sowie Leidenschaft und gewährt diesen ein Höchstmaß an Freiheiten – so werden beispielsweise Reisekosten nicht hinterfragt[51]. Das Unternehmen fährt jedoch keinen Schmusekurs, ganz im Gegenteil. Mitarbeiter werden ermutigt, ihre Vorgesetzten mit der Frage zu konfrontieren: „Wenn ich sage, dass ich die Firma verlasse,

Goin' Offroad: Setz die Karre in den Dreck!   3

wie hart würdest du arbeiten, um mich davon abzubringen?". Mehr als eine Tischtennisplatte und Sitzsäcke im Büro es vermögen, hat diese Kultur der völligen Flexibilität und Unumwundenheit nicht nur das Arbeiten bei Netflix revolutioniert, sondern die gesamte Unterhaltungsindustrie auf den Kopf gestellt. Durch die bedarfsgerechte Bereitstellung von Video Streaming Services für TV-Shows und Filme ist der ehemalige DVD-Verleihdienstleister zu einem der weltweit größten Produzenten von Entertainment-Inhalten aufgestiegen.

Ein weiterer Innovator mit gelungener Kulturdifferenzierung ist die Sportartikel- und Lifestyle-Marke Rapha Racing, die vom ehemaligen Brand Identity Consultant Simon Mottram gegründet wurde. Der Premiumanbieter von Rennradbekleidung, vornehmlich aus Merinowolle, sowie Rennradreisen, vornehmlich auf den Spuren der Tour-de-France-Etappen, sieht sich ganz in der Tradition der großen Radrundfahrten. In der Anfangsphase des Unternehmens in den Jahren 2001 bis 2003 konnte der Gründer für das E-Commerce-Geschäftsmodell in mehr als 200 Treffen mit Investoren nicht ausreichend Geld für das Start-up ergattern.[52] Heute beherrscht Rapha sein Marktsegment und legt eine Blaupause für den Erfolg vor: unmissverständliche kulturelle Differenzierung. Härte, Entbehrung und Verzicht sind den Rennradfahrern beim Überqueren der zum Teil schneebedeckten alpinen Bergpässe ins Gesicht geschrieben. Radsport auf hohem Niveau erfordert Willenskraft, strategisches Denken und hohe Schmerztoleranz. Entsprechend versetzt das Unternehmen Mitarbeiter und Kunden bewusst in den Offroad-Modus. Rapha transportiert Inspiration, Authentizität, Exklusivität und Ästhetik. Es beschäftigt Sportler, welche die asketische Obsession der Rennradfahrer teilen, und gibt Kunden 50% Rabatt, wenn sie ein Jahr nach Kauf eines Trikots durch trainingsbedingten Gewichtsverlust eine kleinere Größe benötigen. Rapha fordert andere Firmen dazu auf „to take sides", also Farbe zu bekennen, und die persönliche Begeisterung für das eigene Metier vorbehaltlos zu transportieren.[53] Das kulturelle Motto, das die Rapha-Clubhäuser in Metropolen wie Berlin, London, San Francisco, Sydney und Tokyo ziert, heißt daher auch zutreffender Weise *„ex duris gloria"* – aus Entbehrung entsteht Ruhm, oder profaner ausgedrückt: „Ohne Fleiß kein Preis". Während andere Unternehmen maximale Annehmlichkeit im Sinne von Convenience in allen Lebensbereichen predigen, hebt sich diese Firma als richtungsweisender Solist und entschlossener Ausreißer wohltuend vom Hauptfeld ab.

## Andersartigkeit als Erfolgsfaktor: von genialen Tüftlern und legendären Unternehmern

Ausreißer und Exzentriker zeigen dem Rest von uns in oft eindrucksvoller Weise, dass Divergenz eine sehr kraftvolle und universelle Erfolgsformel sein kann. Ausreißer im statistischen Kontext sind Beobachtungswerte, die scheinbar nicht in eine erwartete Messreihe passen und außerhalb „valider Grenzen" liegen. Was in der Statistik als Problem für die Datenintegrität angesehen wird, stellt sich in sozialwissenschaftlichen Bereichen als Erfolgsfaktor dar. Exzentriker (lateinisch: *ex centro* = aus dem Zentrum heraus) sind Nonkonformisten. Sie bewegen sich am Rande der Gesellschaft und außerhalb der geltenden Normen. Sie werden von der Gesellschaft als Paradiesvögel oder Genies wahrgenommen. Sie sind neugierig, kreativ und beschäftigen sich mehr mit ihrem eigenen Tun als mit der Meinung der anderen. Der Übergang zum Wahnsinn ist bei ihnen, wie bei der im Kapitel 2 zuvor beschriebenen „gesunden Paranoia", fließend. Im Umgang mit ihnen ist daher eine besondere Vorsicht geboten. Exzentriker mögen als sonderbare Paradiesvögel erscheinen, sie setzen jedoch häufig Impulse für Veränderungen und sind der Motor der Entwicklung. Geniale Tüftler sind häufig exzentrisch veranlagt. Nicht ohne Grund werden sie in Comics als ungewöhnliche Spinner karikiert: Daniel Düsentrieb in Mickey Mouse, Genetiker Dr. Alphonse Mephesto in South Park, Prof. John Nerdelbaum Frink Jr. bei den Simpsons, Dr. Algernop Krieger in Archer, Prof. Hubert J. Farnsworth in Futurama, um nur einige der Comic-Genies zu nennen.

Nikola Tesla, neben Albert Einstein wohl einer der genialsten exzentrischen Visionäre aller Zeiten, grenzte sich bewusst von einer „Welt voller Konformisten" ab. Dies klingt erst einmal wenig vorteilhaft, bezieht sich aber auf die deutliche Abweichung von allgemeingültigen Normen. Was wertungsfrei damit ausgesagt wird ist, dass der Mainstream der Tummelplatz der Durchschnittlichkeit ist. Ausreißer und Exzentriker gehen hingegen ihren eigenen Weg und werden nur allzu oft und fälschlicherweise mit Außenseitern verwechselt. Während sich Exzentriker bewusst absetzen, werden Außenseiter passiv ausgegrenzt. Ausreißer verlassen aufgrund ihrer Vision und Passion aktiv und bewusst den Mainstream, wohingegen Außenseiter von ihrer Umgebung gegen ihren Willen marginalisiert werden. Differenzierte Akteure konzentrieren sich auf das eigene Tun ohne Zugeständnisse an die Erwartungen der Umgebung. Diese Kompromisslosigkeit führt nicht selten zu einer Polarisierung der Meinungen. Wer polarisiert, erzeugt eine Kollision der Meinungen und setzt sich dadurch automatisch auch möglicher persönlicher Kritik aus. Dies muss man als Ausreißer aushalten können. Diese Gegenpoligkeit zwingt zu einer Stellungnahme, verlangt Befürwortung oder Ablehnung – sie begnügt sich jedoch nie mit Indifferenz.

*Gegensätzlichkeit vermeidet Gleichgültigkeit und Beliebigkeit.*

Die beschriebenen Abweichungen von etablierten Konventionen werden mehr oder weniger geduldet. Je traditioneller die Strukturen einer Gesellschaft geprägt sind, umso weniger Freiheiten lassen sie zu. In Deutschland passen Exzentriker aufgrund der preußischen Werte der Disziplin und Ordnung oft nicht ins Bild, sie werden jedoch im Allgemeinen akzeptiert, wenn auch als schrullig und spleenig belächelt. In Amerika wird Individualismus hingegen großgeschrieben. Exzentrische Verhaltensweisen gelten dort als Ausdruck eines freiheitlichen Lebensstils. In der britischen Gesellschaft hat sich Exzentrik geradezu als Aushängeschild etabliert. Ein Spleen gehörte hier schon immer zum guten Ton, auch und vor allem in der gehobenen Society. Es macht also durchaus Sinn, den Sprung aus der Konformität zu wagen.

Einige Branchen scheinen ein Tummelplatz für Menschen mit außergewöhnlichen Ideen zu sein und gute Entfaltungsmöglichkeiten für Exzentriker zu bieten. Hierzu zählt neben der naheliegenden Musik- und Modeindustrie, mit Persönlichkeiten wie Vivienne Westwood und Karl Lagerfeld, auch z.B. die Luftfahrtindustrie. Der Flugpionier Howard Hughes von Trans World Airlines, der von Leonardo DiCaprio im Film Aviator portraitiert wurde, sowie der ehemalige Formel-1-Rennfahrer Niki Lauda und Entrepreneur Extraordinaire Sir Richard Branson verkörpern idealtypisch diese exzentrischen Unternehmer. Letzterer lässt mit seiner Fluglinie Virgin Atlantic sowie zahlreichen weiteren Aktivitätsfeldern keine Möglichkeit aus, auch wahnwitzig erscheinende Geschäftsideen umzusetzen. Zudem unternahm er zahlreiche luftfahrerische Rekordversuche. Die von ihm geprägte Kultur ist die tragende Säule seines Milliarden-Konzerns. Den Erfolg sieht Sir Richard selbst allerdings nicht in der Nonkonformität, denn er habe sich nie dazu zwingen müssen, „außerhalb der Box zu denken", da er es von Anfang an nicht zugelassen hat, dass diese um ihn herum gebaut wurde.[54]

Doch kommen wir zurück ins Silicon Valley. Die etablierten Unternehmen werden sich zunehmend ihres ausgeprägten Herdenverhaltens bewusst. Fast alle großen DAX-Konzerne haben dieselben Werte. Wer dies infrage stellt, braucht sich nur den Wertekanon in den Jahresberichten der Unternehmen anzuschauen. Die hier am häufigsten genannten Kulturwerte sind Integrität, (Höchst-)Leistung, Respekt und Wertschätzung, Kundennähe, Innovation und Kreativität, Verantwortung, Nachhaltigkeit, Vertrauen, Partnerschaft und Teamgeist, Leidenschaft und Vielfalt. Darüber hinaus konzentrieren sich mehr als die Hälfte der Großkonzerne auf Mut, konsistente Strategievermittlung, Einfachheit, Freiheit, Gewinnermentalität, Begeisterung und Disziplin. Wie erwähnt, sind diese grundlegenden Werte in keiner Weise verwerflich. Sie sind wichtig und richtig, da sie die Existenz von Organisationen begründen und deren Fortbestand gewährleisten. Jedoch liegt ein grundsätzliches Missverständnis vor, wenn diese Basiswerte als Firmenkultur interpretiert werden.

Zwei Schlussfolgerungen lassen sich aus dieser Feststellung ableiten: Eine unternehmensindividuelle Identität ist entweder nicht vorhanden, oder sie wird von den Unternehmen aus unterschiedlichen Gründen nicht dargestellt bzw. offen ausgelebt. Beide Möglichkeiten scheinen durchaus plausibel. Im Verlauf der Entwicklung von Organisationen über die klassischen Reifegradstufen – vom Start-up über die Wachstumskurve hin zur Etablierung und dem Rückgang bzw. einer Neuausrichtung – können die ursprünglichen Firmen-Ideale leicht in den Hintergrund geraten oder gänzlich verblassen. Waren in der Gründungsphase noch die Aufbruchsstimmung und der Gemeinsinn tragende Säulen des Unternehmens, so macht sich im Zuge der Geschäftstätigkeit eine gewisse Selbstzufriedenheit breit. Der Hunger der Anfangsjahre ist gestillt und eine zunehmende Sättigung hat eingesetzt. Die Unternehmen reihen sich nach und nach bereitwillig in die Autokolonne ein und folgen der kollektiv eingeschlagenen Richtung. Während sich die Blechlawine als kulturelle Wartegemeinschaft mehr schlecht als recht langsam nach vorne wälzt, hinterfragen nur wenige Stau-Teilnehmer deren Zielgerichtetheit. Die kulturelle Ausrichtung ist zu einem gewissen Grad zum Selbstzweck geworden. Das mutige Voranpreschen im Sinne von „Wir haben nichts zu verlieren" ist einer Absicherungsmentalität mit dem Fokus auf Besitzstandswahrung und Fehlervermeidung gewichen. Die Fortführung des bisherigen Kurses, die Orientierung an den anderen, scheint dabei für viele

Akteure die präferierte, da sicherste Option zu sein. In Bezug auf ihre Kultur verfolgen viele Unternehmen einen Schmusekurs, im Zuge dessen sie bereitwillig ihre Individualität dem Kollektiv unterordnen.

Die Vergemeinschaftlichung oder gar Gleichschaltung der Unternehmenskultur über Firmengrenzen hinweg garantiert ein hohes Maß an Legitimation, jedoch keine Wettbewerbsvorteile. Unternehmen, die nicht ständig ihr Zielbild revitalisieren, laufen fast unweigerlich Gefahr, zu einem Vehikel von Einzelinteressen zu werden. Aufgrund der langsamen graduellen Entwicklung merken sie die schleichende Veränderung häufig nicht. Eine Vielzahl von etablierten, vom Erfolg verwöhnten Firmen leidet unter einer gewissen Betriebsblindheit hinsichtlich der Bedeutsamkeit ihrer eigenen Unternehmenskultur.

## Junge Wilde – Millennials als digitale Reifeprüfung und kultureller Richtwert für Unternehmen

Der Nachwuchs, die breit gefasste Gruppe der sogenannten Millennials, lässt sich nicht mit Worthülsen überzeugen. Millennials sind Mitarbeiter, die um die Jahrtausendwende ihre Schul-, Berufs- oder Studienausbildung absolviert haben.[55] Sie werden auch Digital Natives genannt. Innerhalb dieser Gruppe wird unterschieden zwischen

- der Generation Y (in Anlehnung an das englische Wort „Why" bzw. die Y-Form des allgegenwärtigen Kopfhörers) aus den Jahrgängen 1980 bis 1995, die dafür steht, Althergebrachtes zu hinterfragen und als Me-Generation stark selbstbezogen zu sein,[56]
- der Generation K (vormals auch Generation Z genannt) mit den Jahrgängen 1995 bis 2002, als der ersten Generation, die vollkommen in einer digitalen Welt aufgewachsen ist und den Medien sowie Unternehmen zunehmend misstrauisch gegenübersteht.

Die selbstbewussten Mitarbeiter aus jüngeren Generationen halten den Unternehmen zunehmend den Spiegel vor. Sie fordern nachdrücklich ein Zielbild ein, das über den Eigennutz und die Ergebnismaximierung hinausgeht. Die Firmen nehmen diese Belange sehr ernst, da das Gewinnen und das Halten von jungen Talenten in Zeiten des „War for Talent" für sie von zukunftsentscheidender Bedeutung ist. Die für die Unternehmen wichtige Kohorte der jungen Mitarbeiter umfasst die erste, zweite und dritte Welle der Millennials. Diese Gruppe ist dafür bekannt, dass sie deutlich andere Werte und Prioritäten verfolgt als die Generationen vor ihr. Dies wirkt sich auch und vor allem auf die Berufswelt aus. Sie legt hohen Wert auf ein gutes Gleichgewicht zwischen Arbeit und Freizeit. Darüber hinaus ist es ihr vor allem ein Anliegen, die Welt besser, nachhaltiger und mitfühlender zu machen.[57] Ausgehend von einem anderen Wertegefüge haben Millennials das Gefühl, dass die meisten Unternehmen keine Ambitionen jenseits der Profilgenerierung haben. Zusätzlich klafft für sie eine Lücke zwischen der Bestimmung, die Unternehmen nach ihrer Meinung anstreben sollten, und ihrer Wahrnehmung der tatsächlich verfolgten Ziele. Nicht ohne Grund ist die von Jennifer Lawrence verkörperte Katniss Everdeen, die jugendliche Heldin aus dem Endzeit-Fiktionsfilm Hunger Games, zur Gallionsfigur dieser Generation K (in Anlehnung an den Namen „Katniss") geworden. Gemäß der britischen Professorin Noreena Hertz, die den Begriff Generation K auf dem World Economic Forum in Davos im Jahr 2015 vorstellte, haben die Menschen dieser Generation das Gefühl, dass sie in einer Zeit der Entbehrungen und Schwierigkeiten aufwachsen.[58] Ihr gemeinsames Weltbild ist geprägt durch eine Zukunft als Katastrophe. Sie durchleben den klassischen hobbesischen Albtraum (der politische Philosoph Thomas Hobbes beschrieb in seinem zeitlosen Werk „Leviathan" das Leben als Krieg aller gegen alle[59]) und befinden sich in einem permanenten Überlebenskampf in einer dystopischen, ungerechten und harsch erscheinenden Umgebung. Sie sind sich bewusst, dass sie mehr persönliche Freiheiten, aber weniger berufliche, soziale und wirtschaftliche Opportunitäten haben. Sie haben erkannt, dass die Versorgungskonzepte auf Basis von Generationenverträgen einem Schneeballsystem gleichkommen, das zu ihren Lasten als zukünftige Generation geht. Sie werden länger die Gebühren ihrer Ausbildung abzahlen und weniger nominale Rente erhalten als die Generation ihrer Eltern. Aus diesem desillusionierten Blickwinkel heraus betrachten sie die Unternehmensaktivitäten. Sie hegen ein tiefes Misstrauen gegenüber etablierten Institutionen und sehen sie als weitere Quelle, die ihnen Unbehagen bereitet. Mangelnde Authentizität in der Unternehmenskultur entlarven sie sofort, da sie sich nicht mit Versprechungen zufriedengeben. Sie fordern von den Unternehmen nicht etwa Perfektion, sondern Offenheit. Die Millennials ordnen sich nicht ohne weiteres unter, sondern setzen ihre persönlichen Werte über die organisationalen Zielvorgaben, insbesondere wenn diese zu ihren Überzeugungen in Widerspruch stehen. Und sie sind bereit, Konsequenzen zu ziehen. Millennials gelten als Job Hopper, d.h. Mitarbeiter, die häufig den Arbeitgeber wechseln. 60% der Millennials sind jederzeit offen für eine Veränderung ihres Beschäftigungsverhältnisses und 38% erwarten, weniger als zehn Jahre bei einem Arbeitgeber zu bleiben.[60]

Die Jungen Wilden fordern Freiräume. Der Nachwuchs hat nicht vor, in die Traditionsfirmen einzusteigen, in denen bereits ihre Eltern gearbeitet haben. Das Ansehen der Unternehmen hat bei der jungen Generation gelitten. Einhergehend mit der Befürwortung eines sinnstiftenden Zielbildes, lehnt die junge Generation die unreflektierte Fortführung von Traditionen in der Wahl des Arbeitgebers ab. Das Ideal, dass Familienmitglieder in der zweiten, dritten oder vierten Generation im selben Unternehmen tätig sind, ist eine Vorstellung, die immer weniger Anklang findet. Diese starke Verbundenheit von Mitarbeitern war bis vor Kurzem bei Unternehmen, die seit mehr als einem Jahrhundert bestehen, noch der Regelfall. Doch das Argument, damit eine weitgehend abgesicherte Arbeitsstelle bei einem angesehenen Unternehmen zu erlangen, wurde durch zahlreiche Reorganisationen und Skandale sowohl aus wirtschaftlicher als auch firmenkultureller Sicht zunehmend erschüttert.

Das Konzept einer Anstellung auf Lebenszeit, das sogenannte Life Time Employment, welches in der Vergangenheit vor allem in Deutschland und in Japan gelebt wurde, ist tot. Dies liegt jedoch nicht daran, dass die junge Generation grundsätzlich keine langfristige Beschäftigung mehr wollen würde. Nein, vielmehr haben die Unternehmen selbst dieses über Jahrzehnte aufgebaute Vertrauen in einen generationsübergreifenden Beschäftigungspakt bewusst zerstört. Im Zuge der Reform des deutschen Sozialsystems und Arbeitsmarktes wurden kurz nach der Jahrtausendwende „alte Zöpfe" abgeschnitten, um „neuen Wind" in die privatwirtschaftlichen und institutionellen Organisationen zu bringen. Ziel war es, organisatorische Verkrustungen aufzubrechen und die Wettbewerbsfähigkeit zu steigern. Auch wird durch moderne Personalsysteme der Eintritt in ein Unternehmen auf Basis familiärer Beziehungen erschwert, da die Auswahlkriterien über professionalisierte Prozesse zunehmend objektiviert werden. In einem großartigen Beitrag in der New York Times beschreibt Yiren Lu, IT-Studentin und Praktikantin bei Uber, dieses Phänomen der Entfremdung als „Dad's Company". Sie lieferte damit einen weitreichenden Erklärungsansatz für das Denkmuster von Firmen im Silicon Valley. Denn der Jugendwahn hat dort System. Denn alle Unternehmen, die Mitarbeiter beschäftigen, deren Kinder gerade ihren Hochschulabschluss machen, befinden sich in der Gefahrenzone. Die Absolventen wollen häufig nicht in die Firmen der Elterngeneration einsteigen. Dies liegt nicht grundsätzlich am jeweiligen Unternehmen, sondern es ist vergleichbar mit dem abendlichen Ausgehverhalten. Die Youngsters meiden die Etablissements, in die auch ihre Eltern gehen. Dabei können die Bar und der Club noch so attraktiv sein, läuft man Gefahr, dort die Altvorderen zu treffen, sind die Locations automatisch uncool.

Das gleiche Phänomen gilt für die Unternehmen. Waren sie gerade noch Vorreiter in ihrer Industrie, gehören diese Firmen plötzlich zum alten Eisen. Der Fokus auf das Alter löst heftige Kontroversen aus. Es bringt die Bedenken auf den Punkt, dass die Technologiebranche engstirnig und selbstbezogen ist. Auf das Argument ihrer Eltern, dass diese Unternehmen höchst erfolgreich sind und sehr nützliche Produkte hervorbringen, entgegnen die Berufseinsteiger: „Komm mir nicht mit Relevanz – ich will etwas Cooles machen".

Cool sind die alteingesessenen Firmen demnach nicht. Die Akquisition der Online-Nachrichtenplattform WhatsApp durch die Social-Media-Plattform Facebook im Jahre 2014 gibt dieser Theorie weiteren Auftrieb. Die neue Generation der Stanford-Studenten geht lieber zu den aufstrebenden Start-ups wie z.B. WhatsApp, das zum damaligen Zeitpunkt über keinerlei Umsätze verfügte, als zu den großen Tech-Firmen, welche die Listen der weltweit kapitalstärksten Unternehmen anführen. Um weiterhin mitspielen zu können, wurde WhatsApp kurzerhand von dem etablierten Akteur Facebook für eine horrende Summe von 19 Milliarden US-Dollar gekauft. Der finanzielle Geschäftsfall kann bei dieser strategischen Akquisition, unabhängig von welchem Blickwinkel aus betrachtet, nicht im Vordergrund gestanden haben. Es ging eindeutig auch und vor allem um die Option, weiterhin im Kreise der Jungen Wilden mitmischen zu können bzw. die Halbwertszeit in der eigenen Unternehmensentwicklung etwas zu verlangsamen.

Coolness ist nicht greifbar. Sie wird von Yiren Lu als das Produkt der fließenden Zusammenkunft von blitzgescheiten Menschen, großem Geld und attraktiven Produkten definiert.⁶¹ Diese Zutaten können von den alteingesessenen Unternehmen in der Tat gekauft werden, aber nur bis zu einem gewissen Grad.

Welche Konsequenz hat dieser Trend zur Jugendlichkeit nun für viele deutsche Unternehmen? Das Mantra aus dem Silicon Valley, „nur nicht zur Firma der Elterngeneration zu werden", kommt hier in Abwandlungen ebenfalls zum Tragen. Im Gegensatz zu den Firmen im Silicon Valley ist für die etablierten hiesigen Unternehmen weniger der Begriff „Dad's Company" als vielmehr „Granddad's Company", d.h. die Firma der Großeltern, zutreffend. Unabhängig davon, wie modern Unternehmen sich selbst sehen, gehört die Mehrzahl von ihnen zweifelsohne zum Establishment. Sie sind Teil des Mainstreams. Für sie stellt der Mangel an Identifikation der jüngeren Generation mit ihren Werten eine ernsthafte Herausforderung dar. Diese Situation bietet jedoch gleichzeitig auch eine große Differenzierungsmöglichkeit für diejenigen Firmen, die diesen Spagat meistern und es richtig machen. Es richtig zu machen, heißt übrigens nicht, die US-amerikanischen Praktiken unreflektiert nachzuahmen. Der Aufkauf von Start-ups ist letztendlich nur dann sinnvoll, wenn eine Synchronisation mit der Gesamtorganisation gelingt. Eine lockere Anbindung und Zusammenarbeit „auf Armeslänge" sind zwar möglich, modernisieren jedoch nicht die übrige Organisation. Die direkte Integration junger Unternehmen und deren Mitarbeiter scheitert zumeist an den kulturellen Unterschieden. Häufig versuchen etablierte Firmen jedoch, neuen Mitarbeitern durch eine zum Teil aufgesetzt wirkende Lockerheit zu suggerieren, dass sie sehr modern aufgestellt sind. So treten Führungskräfte ohne Krawatte und in Turnschuhen auf, verändern ihr Verhalten ansonsten allerdings kaum. Die Ernüchterung kommt für die Neueinsteiger nach der Vertragsunterschrift dann meist sehr schnell, da sie von der weiterhin im Arbeitsalltag vorherrschenden Kultur sprichwörtlich erdrückt werden.

Eine Start-up-Atmosphäre nachzuahmen, ist im Unternehmensalltag nur bedingt durchzuhalten. Es geht nicht darum zu imitieren, sondern „Kante zu zeigen". Eine klare Profilierung und Abhebung von der Masse ist unabdingbar. Kultur ist grundsätzlich zeitlos. Ein schlüssiger Wertekanon ist allgemeingültig. Es besteht keine Notwendigkeit, ständig die Fahne nach dem Wind zu hängen. Allgemeingültigkeit ist dabei nicht mit Unveränderbarkeit gleichzusetzen, ganz im Gegenteil. Die Werte eines Unternehmens müssen sich als Differenzierungsfaktor stetig weiterentwickeln. Dies sollte jedoch aus eigenem Antrieb heraus, d.h. in proaktiver Weise, und auf Basis individueller Merkmale, d.h. in differenzierter Weise, erfolgen. Es gilt, ein Wertegefüge und einen Mindset zu vermitteln, anstatt kurzfristigen Trends hinterherzujagen. Weil sie im kulturellen Mainstream verharren, bieten viele etablierte Unternehmen für diese Fragestellungen in der Tat keine Antwort an. Sie müssen sich neu erfinden und eine weiter gefasste Sinnhaftigkeit, häufig auch als Purpose bezeichnet, für ihre Geschäftstätigkeit ausmachen.

Daneben gibt es die Firmen, die quasi ein kulturelles Doppelleben führen. Nach außen zeigen sie sich als Konformisten, welche sich den üblichen und breit akzeptierten Kulturwerten verdingt haben. Für diese Unternehmen sind die Werte jedoch lediglich ein Wunschbild oder eine Absichtserklärung im Außenverhältnis. Im Innenverhältnis zeigen diese Firmen ihre wahre Identität und leben zum Teil gänzlich andere Werte. Diese Firmen haben eine „kulturelle Tarnkappe" übergestülpt (auch Stealth Culture genannt) und bewegen sich bewusst unterhalb des Radars der öffentlichen Wahrnehmung.

Warum sie die Kulturwerte nicht offen artikulieren, kann unterschiedliche Gründe haben. So kann es sein, dass sich Firmen nicht im Klaren sind über ihre Identität. Eigen- und Fremdbild klaffen in diesen Fällen auseinander. Sie sehen sich anders, als sie wirklich sind. Häufig gibt es in diesen Unternehmen keine Mechanismen, eine realistisches und transparentes Bild zu schaffen. Dies ist z.B. in paternalistisch und/oder eigentümergeführten Unternehmen häufig der Fall. Trotz offensichtlicher Verbesserungspotenziale erhalten diese Firmen von der Belegschaft aus Gründen der sozialen Erwünschtheit häufig nur positive und nicht sehr aussagekräftige Rückmeldungen. Grund hierfür ist oft, dass Feedback-Geber den Vorwurf der „Nestbeschmutzung" befürchten. Darüber hinaus wollen viele Unternehmen nicht als rücksichtslos und unvorteilhaft wahrgenommen oder mit einer „Gewinnen-um-jeden-Preis"-Mentalität in Verbindung gebracht werden. Sie stehen nicht zu den von ihnen angestrebten und gelebten Eigenschaften.

Ein anderer Grund für die Diskrepanz zwischen der benannten und tatsächlichen Kultur kann in der Herleitung liegen. Wie erwähnt, gehen viele Unternehmen bei der Definition ihrer Kulturwerte annähernd basisdemokratisch vor. Sie legen ein hohes Augenmerk auf die breite Einbindung der Belegschaft auf verschiedenen Organisationsebenen. Dies kann zur Folge haben, dass nicht Werte benannt werden, die Unternehmen besonders machen, sondern dass Merkmale priorisiert werden, die Unternehmen gleichmachen. Ein solches Vorgehen begünstigt ein Ergebnis auf dem kleinsten gemeinsamen Nenner. Es werden Werte gewählt, die am meisten Zustimmung erhalten. Diese sind zumeist aber nicht die erfolgsdifferenzierenden Merkmale, da Konsens zu Konformität führt. Unternehmen, die sich nicht trauen, ihre wahren Werte zu leben, vergeben ein enormes Potenzial, das in der Entfaltung der unternehmensindividuellen Identität liegt.

*Der Schritt hinaus aus dem Gewohnten erfordert Mut und Orientierung.*

Magie, Zauber und Faszination finden außerhalb der Komfortzone statt. Mehr und mehr Unternehmen wollen sich aus dem Korsett des Althergebrachten befreien. Sie fühlen sich zunehmend unter Druck. Die Blechlawine wird für sie zur Belastungsprobe. Um sich kulturell zu entfalten, ist ein Ausbrechen aus dem Mainstream unabdingbar. Und der Schritt hinaus aus der Komfortzone lohnt sich. Es lohnt sich, den Autopiloten zu deaktivieren, Sperrdifferential einzuschalten, den Blinker zu setzen und durch den Straßengraben ins Digital Offroad zu preschen.

Nur, was genau sind diese differenzierten kulturellen Attribute, die Unternehmen im digitalen Zeitalter erfolgreich machen? Der Kanon an altbekannten Standardwerten mit den „üblichen Verdächtigen" wie z. B. Respekt, Vertrauen und Zusammenarbeit kann es ja nicht sein. Um dem Geheimnis der erfolgreichen kulturellen Differenzierung im Kontext der Digitalisierung auf die Spur zu kommen, ist ein intensiverer Blick hinter das Vordergründige erforderlich. Bezogen auf das Silicon Valley ist festzustellen, dass sich dort einige sehr besondere Spezies an Unternehmen entwickeln konnten. Diese werden als „Einhörner", im Neudeutschen auch „Unicorns", klassifiziert. Hinter dieser mythischen Bezeichnung verbergen sich Tech-Firmen mit einer Marktkapitalisierung von mehr als einer Milliarde US-Dollar. Diese Unternehmen haben sehr spezifische Kulturwerte. Sich diese näher anzuschauen, macht im Hinblick auf die Prämisse, dass die Unternehmenskultur der nachhaltigste Wettbewerbsvorteil ist, sehr viel Sinn.

## Goin' Offroad – Fazit

Unternehmen, deren Ziel eine klar differenzierte Firmenkultur ist, sollten die folgenden Aspekte berücksichtigen:

- Kultur ist potenziell der nachhaltigste Wettbewerbsvorteil, da die unternehmenseigene Identität nicht kopiert werden kann. Jedoch fehlt häufig die Differenzierung. Viele Unternehmen unterscheiden sich in ihren Kulturwerten nicht von anderen. Dabei ist aus kultureller Sicht die Andersartigkeit das Erfolgsgeheimnis.

- Bei der Definition der eigenen Kultur sollte eine übermäßig starke Orientierung an anderen Firmen vermieden werden. Nur wenige Unternehmen zeigen den Willen bzw. den Mut, etwas deutlich anders zu machen. Die Wahl fällt auf absolut grundlegende Prinzipien der zwischenmenschlichen Interaktion. Für wirklich charakteristische Werte bleibt im Wertegefüge der Unternehmen hingegen kaum Platz.

- Eine Unternehmenskultur ist kein Wunschkonzert. Die Herleitung der Kulturwerte mittels eines basisdemokratischen Bottom-up-Ansatzes kann zwar die Identifikation der Mitarbeiter mit der Kultur fördern. Dieser Ansatz führt jedoch häufig zu einem Konsens über die Mindestanforderungen („needed to play"), anstatt eine strategische Wettbewerbsdifferenzierung („needed to compete" und „needed to win") zu bewirken.

- Eine Unternehmenskultur ist nicht unveränderlich. Sie lässt sich gestalten. Sofern die kulturelle Ausrichtung nicht funktional ist und den Unternehmenszielen dient, kann und muss die Kultur geändert werden.

- Der Sprung aus der Konformität, ein Ausbrechen aus dem Mainstream der Blechlawine ist notwendig und lohnenswert. Abweichungen von etablierten Konventionen geben Impulse für Veränderungen. Sie sind der Motor der Entwicklung.

# 4 Mach dich schmutzig und krempel die Ärmel hoch!

*Erst der Blick unter die Haube legt alle Zusammenhänge frei*

Das Ausbrechen aus der Blechlawine wird zum Befreiungsschlag. Raus aus der Komfortzone, rein in eine noch unbekannte Umwelt. Sehr treffend, wenn auch extrem überspitzt dargestellt, spielt dieses Szenario Michael Douglas in dem Film „Falling Down – ein ganz normaler Tag". Surreal wirkt die Szene, als Douglas im komplett überhitzten Auto, im Stau stehend, die Nerven durchbrennen. Die glühende Sonne knallt auf das Dach, Insekten umkreisen seinen Kopf, Schweißtropfen laufen über sein Gesicht. Zu allem Überfluss fällt auch noch die Klimaanlage seines Autos aus. Als sein Adrenalinspiegel auf dem Höhepunkt ist und nichts mehr geht, trifft er eine Entscheidung und tritt die Flucht nach vorn an. Douglas steigt aus dem Wagen aus. Knallt die Tür hinter sich zu und ignoriert komplett die schimpfenden anderen Fahrer um sich herum. Er lässt sein Auto einfach auf dem Highway inmitten des Verkehrsstaus stehen und macht sich zu Fuß auf den langen Weg durch Los Angeles.

Kultur- und Innovationsstau lassen sich mit dem Ausbrechen ins freie Gelände vermeiden. Ist der Geländewagen erst einmal im All-Terrain-Modus und hat das GPS für das Navigationsgerät keine Verbindung mehr zum Satelliten, rücken blitzartig überlebenswichtige, manuelle Fähigkeiten auf die Agenda wie Ortung, Gefühl für das Gelände, Sensibilität, um Gefahren durch wilde Tiere einzuschätzen, Wetterkenntnis. Der Körper schaltet um auf Überlebensmodus, ist hellwach und schärft die Sinne. Alle Leser, die in den 1970er-Jahren geboren sind, werden sich noch schmunzelnd an das fast schon rituelle Straßenkarten-Lesen im Auto erinnern. Vor allem in der Urlaubszeit mutierte der Falk-Plan zur ultimativen Kommandobrücke. Wer den Plan hatte, hatte die Macht. Aber nicht jeder war bereit, die Macht einfach so abzugeben. Deswegen kam es auch regelmäßig zu lautstarken Diskussionen darüber, wer die besten Kartenlese-Kompetenzen besaß.

So umständlich das Kartenlesen aus heutiger Sicht auch scheinen mag, eines war deutlich besser: das Wissen über die Streckenführung, die Orte und die geografischen Besonderheiten. Die „Navigatoren" setzten sich vorher zusammen und kreierten einen detaillierten Plan zur Entfernung, zu den Rastplätzen, Umgehungsstraßen, Toiletten und, wenn nötig, zu Übernachtungsmöglichkeiten.

Heutzutage lassen wir uns wie in Watte gepackt vom Navigationsgerät leiten. Abgekoppelt von der realen Welt werden wir geführt, anstatt selber zu führen. Komplett remote, ohne genau zu wissen, an welcher Stelle der Landkarte sich das Auto gerade befindet. Wir sehen auf dem Navi-Screen nur Ausschnitte, das große Ganze bleibt uns verborgen. Zu 100% technikhörig vertrauen wir auf das satellitengestützte Global Positioning System (GPS). Vermutlich würden wir es eine ganze Weile gar nicht merken, wenn das Navi uns an der Nase herumführte und uns eine falsche Route vorschlüge.

Haben wir plötzlich kein Navigationsgerät mehr, katapultiert uns dies zurück in längst vergessene Zeiten, in denen andere Kompetenzen galten. Diese bestimmen dann das Survival of the Fittest. Es kommt wieder auf das eigene Handeln an. Alte Fähigkeiten, die in der automatisierten Welt von Maschinen übernommen wurden und deswegen in uns nur noch als Rudiment schlummern, müssen reaktiviert werden. Für Management und Mitarbeiter heißt das, wieder öfter Themen zu hinterfragen und hinter die Kulissen zu blicken, wenn der Geländewagen die Standardroute verlassen hat und damit auch die Komfortzone der Wohlfühl-Autobahn. Ab jetzt wechselt nicht nur die Klima-, sondern auch die Komfortzone. Zeitgleich muss sich das Management an das neue Umfeld anpassen. Jeder Mitfahrer sollte praktisch in der Lage sein, den Ölstand zu messen, einen kaputten Reifen zu wechseln oder Zündkerzen auszutauschen.

Spätestens jetzt ist es an der Zeit, den Corporate-Anzug abzustreifen und den Entrepreneur Overall anzuziehen. Allerdings führt der Begriff Entrepreneurship auf der Fahrt im Gelände ein wenig in die Irre. Denn er beschreibt im Wesentlichen die Gründung von Unternehmen/Start-ups, basierend auf innovativen Geschäftsideen. In bestehenden Unternehmen nimmt der Intrapreneur die Zügel in die Hand. Der „Angestellten-Unternehmer" muss bei der Umsetzung seiner Ideen freie Hand haben. Anders als beim „echten" Unternehmer kommt der Output seiner Arbeit überwiegend nicht ihm zugute, sondern der Organisation. Allerdings trägt sie auch das eigentliche Risiko.

Somit ist die Zeit der großen Unternehmen des letzten Jahrhunderts endgültig vorbei. Vorbei ist die Ära von Unternehmern wie Henry Ford und John D. Rockefeller, die riesige Konzerne hervorgebracht haben. Deren großes Ziel, dass die Arbeit in ein Modell passen muss, das exakt festgelegt und standardisiert ist, zählt heute nicht mehr. Preußische Autorität, die Fehler bestraft, ist dem neuen Pioniergeist gewichen. Auf unserer Fahrt ins Gelände treffen wir diese Industriegrößen wieder. Allerdings säumen sie jetzt wie gigantische Industrie-Dinosaurierskelette unseren Weg durch die Wüste – quasi als Mahnmal des Taylorismus, der eine ganze Wirtschaftsepoche durch exakte Prozesse und Arbeitsabläufe prägte und Mitarbeiter zu reinen Erfüllungsgehilfen degradierte.

Um das zu verhindern, sollte das Team eine zusammengeschweißte Mannschaft sein und weniger ein Zweckbündnis Chef/Mitarbeiter. Soll sich nachhaltig etwas ändern im Unternehmen, gilt es, Zwischengas zu geben und gemeinsam die Ärmel hochzukrempeln.

*Trotz Verlassens der Komfortzone gilt es, auch im Gelände herauszufinden, was die Leistungsfähigkeit in der neuen Situation beflügelt.*

Sind die Ärmel erst einmal hochgekrempelt, sollte man damit beginnen, beide Arme koordiniert einzusetzen. Die rasche Veränderung durch die Digitalisierung zeigt vor allem eines: Unternehmen müssen sich ständig neu erfinden. Und das bei laufendem Betrieb. Dies ist ein komplexer Balanceakt, der eine hohe Flexibilität vom Management abfordert.

Im Kapitel 2 wurde das beidhändige Unternehmen anhand der Beispiele von Alphabet, E.ON und RWE beschrieben. Die auch als „duale Innovation" bekannte Herausforderung ist in allen Unternehmen *das* erfolgskritische Bindeglied der zukünftigen strategischen Ausrichtung. Ohne schlüssige und nachhaltige Gesamtidee laufen Firmen Gefahr, ihre Geschäftsgrundlage zu verspielen. Wir vertiefen hier dieses Modell, weil es zu den wichtigsten Agenda-Punkten aller Top-Entscheider zählen muss.

## Die Magie des beidhändigen Unternehmens

2011 prägten die deutschen Wissenschaftler Rosing, Frese und Bausch die Metapher vom beidhändigen Unternehmen oder der „beidhändigen Führung".

Viele Unternehmen stehen vor einem Dilemma: Sollen sie das, was sie haben, nutzen und durch Effizienzsteigerung möglichst viel Gewinn machen, oder sollen sie lieber in Innovationen investieren, um langfristig erfolgreich zu bleiben? Die Antwort lautet: Beides geht – indem die organisationale Ambidextrie („Beidhändigkeit") ausgebaut wird: Diese bezeichnet die Fähigkeit, Bestehendes optimal zu nutzen (Ressourcenverwertung) und gleichzeitig Neues zu entdecken und optimal zu integrieren (Ressourcenerneuerung). Nur durch eine gute Balance kann hier einer Erstarrung oder Instabilität des Systems (bei zu starkem Fokus auf entweder Effizienz oder Innovation) vorgebeugt werden. Bevor Sie jedoch die organisationale Ambidextrie gezielt fördern und die optimale Balance für Ihr Unternehmen erreichen können, bedarf es als Grundlage eines strategischen Bewusstseins darüber, an welcher Stelle und in welcher Form im Unternehmen Innovation oder Effizienz bereits im Fokus stehen und stehen sollten.

Aber wofür stehen die beiden Hände genau?
- **Die rechte Hand:** Die rechte Hand steht für die rasche Veränderung der Digitalisierung. Dieser Führungs- bzw. Managementstil fördert die Kreativität der Mitarbeiter und ermutigt sie, eigene Ideen einzubringen. Fehler sollten bewusst einkalkuliert werden. So ist ein mutiger Versuch, selbst wenn er scheitert, immer noch besser als das Verharren im Status quo. Existiert eine solche positive Fehlerkultur, bekommen Sie mehr Input Ihrer Mitarbeiter und erzielen gute Ergebnisse in der Weiterentwicklung. Innovation und Eigenverantwortung nützen dem Unternehmen und dem Mitarbeiter.
- **Die linke Hand:** Die linke Hand symbolisiert das Tagesgeschäft. Projekte werden hier sehr genau durchgeplant; die Angestellten erhalten detaillierte Anweisungen. Dieser Führungsstil bietet sich für Aufgaben an, die eine hohe Sorgfalt und Detailgenauigkeit benötigen.

## Mach dich schmutzig und krempel die Ärmel hoch! 4

Bevor Unternehmen mit unterschiedlichen Händen arbeiten, ist es ratsam, sich genau und strukturiert damit auseinanderzusetzen, wie veränderungsfähig das eigene Unternehmen wirklich ist. Dabei spielen zwei Kompetenzen eine entscheidende Rolle: die Generierungs- und die Umsetzungskompetenz. Bei der Generierungskompetenz geht es um den Dreiklang Suche, Reflexion und Absorption.

- Die Suche ist der Motor für Ideen und Innovationen. Sie ermöglicht Unternehmen überhaupt erst, innovativ zu sein. Die Automobilindustrie ist hierfür ein gutes Beispiel. Der Verbrennungsmotor wird in der Zukunft schrittweise durch andere Systeme wie Elektro- oder Wasserstoff in Zukunft ersetzt.
- Die Reflexion stellt die Optimierung und damit Effizienz sicher.
- Die Absorption kombiniert schließlich Suche und Reflexion und führt beides optimal zusammen.

Am wichtigsten ist jedoch die Umsetzungskompetenz: Es ist die Umsetzungsstärke oder Willenskraft (Fachbegriff: Volition). Dabei handelt es sich um die Fähigkeit bzw. Stärke, Chancen, Ziele und Absichten in messbare Resultate umzusetzen. Bleiben wir zur Verdeutlichung dieses Begriffes beim Verbrennungsmotor. Erst nachdem das Thema Elektroautos jahrelang verharmlost oder kleingeredet wurde, starten jetzt endlich die meisten deutschen Autohersteller mit einer Flotte von vollelektrischen Autos. Daimler bringt ab 2019 den EQC auf den Markt. Bis 2025 sollen über zehn neue Modelle der EQ-Serie aus dem Werk in Bremen rollen.

Stellen Sie sich selbst die folgenden Fragen:
- Wo im Unternehmen sollte Neues entdeckt, wo sollten Innovationen hervorgebracht werden? (Suchkompetenz)
- Wo im Unternehmen sollte Bestehendes optimal genutzt und Effizienz gesteigert werden? (Reflexionskompetenz)
- Wo und wie sollten Innovationen und Effizienz im Unternehmen nachhaltig integriert werden? (Absorptionskompetenz)

Wenn Sie die vorherigen Fragen beantwortet haben, dann können Sie beginnen, die organisationale Ambidextrie Ihres Unternehmens zu fördern.

## Gibt es Sicherheit außerhalb der Komfortzone?

Das Verlassen der Wohlfühloase, der Komfortzone, ist ein probates Mittel, die Sinne zu schärfen und sich neu zu kalibrieren. Nun sollte jedoch nicht der Eindruck entstehen, dass Hektik, hoher Adrenalinspiegel und permanentes Laufen auf Hochtouren nachhaltig erfolgreicher machen.

Google ist der Frage nachgegangen, was Teams effektiver und erfolgreicher macht. Über zwei Jahre hat dazu die HR-Abteilung von Google mehr als 200 Interviews und eine Reihe von Analysen mit über 250 Attributen durchgeführt, um zu verstehen, was die beste Teamleistung hervorbringt. Vor der Untersuchung hatte man angenommen, dass es auf die Zusammensetzung des Teams ankommt, also auf die perfekte Mischung aus individuellen Merkmalen (wie z.B. von extro- und introvertierten Menschen, verschiedenen Fachgebieten, Alter). Doch dem war nicht so. Letztendlich ermittelte man fünf Schlüsseldynamiken, die verantwortlich für den Teamerfolg sind:
1. **Psychologische Sicherheit**: Können wir in diesem Team Risiken eingehen, ohne unsicher zu sein oder uns eine Blöße zu geben?
2. **Zuverlässigkeit**: Können wir aufeinander zählen, um qualitativ hochwertige Arbeit zu erledigen?
3. **Struktur und Klarheit**: Sind Ziele, Rollen und Ausführungspläne in unserem Team klar?
4. **Bedeutung der Arbeit**: Arbeiten wir an etwas, das für jeden von uns persönlich wichtig ist?
5. **Einfluss der Arbeit**: Glauben wir grundsätzlich, dass die Arbeit, die wir tun, sinnhaft ist?

Besonders überraschend waren die Ergebnisse zur psychologischen Sicherheit: Das Google HR-Team kam zu dem Schluss, dass es zu deutlich besseren Team-Resultaten führt, wenn sich die Mitarbeiter im Team sicher fühlen. Zum Beispiel übertrafen bei den Verkaufsteams diejenigen mit hoher psychologischer Sicherheit ihre Ziele im Durchschnitt um 17%. Im Gegensatz dazu verpassten diejenigen mit geringer psychologischer Sicherheit ihre Ziele um durchschnittlich 19%.

Barbara Fredrickson von der University of North Carolina hat festgestellt, dass positive Emotionen wie Vertrauen, Neugier und Inspiration den Geist

Mach dich schmutzig und krempel die Ärmel hoch! 4

erweitern und uns helfen, psychologische, soziale und physische Ressourcen aufzubauen. Wir werden offener, widerstandsfähiger, motivierter und beharrlicher, wenn wir uns sicher fühlen. Gleichwohl steigt der Humorpegel ebenso wie Lösungsfindung und divergentes Denken, der kognitive Prozess, der Kreativität zugrunde liegt.

Aber was genau versteht man unter psychologischer Sicherheit? Es ist die Sicherheit einzelner Teammitglieder, nicht bestraft zu werden, wenn sie einen Fehler machen. Studien zeigen, dass die psychologische Sicherheit eine höhere Risikobereitschaft produziert und damit mehr Kreativität. Sie fördert und inspiriert die Lernkultur, die für jede Organisation von Vorteil ist. Die Ursachen hierfür liegen in unserer Hirnstruktur: Das Gehirn verarbeitet eine Provokation des eigenen Chefs, Mitarbeiters oder Untergebenen als prähistorische Leben-oder-Tod-Bedrohung. Die Amygdala, auch Mandelkern genannt, ist die Alarmglocke im Gehirn. Sie schüttet beispielsweise Stresshormone wie Adrenalin oder Noradrenalin aus und blockt vorübergehend unser Denkhirn, um den Körper in Alarmbereitschaft zu versetzen und ihm alle dafür erforderlichen Energieressourcen für Angriff oder Flucht zur Verfügung zu stellen. Die Folge davon sind emotionale Zustände wie Trauer, Wut oder auch Aggressionen. Was biologisch als Selbstschutz- und Fluchtreaktion sinnvoll ist, ist im Business-Kontext kontraproduktiv. Denn gerade, wenn wir unseren Geist am meisten brauchen, verlieren wir ihn. Strategisches Denken und Logik sind im Stresszustand blockiert.

Bevor der Zustand der psychologischen Sicherheit erreicht wird, müssen noch einige Vorarbeiten im Unternehmen erledigt werden.

„Es muss endlich in unsere Köpfe gehen, dass Scheitern okay ist."
Miriam Wohlfarth, deutsche FinTech-Pionierin,
die 2009 das Berliner Unternehmen RatePay gründete

## Abstieg aus dem Olymp

In der griechischen Mythologie geht man davon aus, dass Götter und Halbgötter sich immer wieder mit Menschen eingelassen haben. Aus diesem

Grunde sind sie hin und wieder vom lichterfüllten Olymp, ihrem Wohnort, hinabgestiegen.

Eine Gallup-Studie zeigt, dass die Motivation eines Mitarbeiters zu 70% von der jeweiligen Führungskraft abhängt.[62] Dazu gehört vor allem echte Präsenz. Sie drückt sich in echtem Interesse für die Mitarbeiter aus – und ist nicht mit Mikromanagement zu verwechseln. Motivation spielt eine entscheidende Rolle. Motivierte Mitarbeiter sind um 31% produktiver und erzielen um 37% höhere Ergebnisse. Was sich so selbstverständlich anhört, entspricht in vielen Unternehmen oft nicht der gelebten Praxis.

Nach dem Abstieg aus dem Olymp ist es notwendig, von liebgewonnenen Insignien der Macht Abschied zu nehmen. Der legendäre Schriftsteller Max Frisch stellte seinen Lesern bereits 1966 in seinem berühmten Buch „Fragebogen" folgende Frage: „Wenn Sie einen Menschen in der Badehose treffen und nichts von seinen Lebensverhältnissen wissen: Woran erkennen Sie den Reichen?". Tatsächlich haben uns materielle, für jedermann sichtbare Güter lange Zeit dabei geholfen, das Bild unseres Gegenübers zu vervollständigen. Würden wir all unseren Mitmenschen ausschließlich in Badehose oder Bikini begegnen, wir täten uns schwer damit, den Topmanager vom Pförtner zu unterscheiden.

Bis in die späten 1990er-Jahre wurde in deutschen Chefetagen nach dem Motto „Haste was, biste was" verfahren: große Firmenwagen, üppige Büros und hohe Gehälter. Seit den letzten zehn Jahren ist die Machtposition des Einzelnen nicht mehr so offensichtlich wahrnehmbar. Hierarchien sind vermeintlich flacher geworden, und mittlerweile ist der Praktikant optisch nicht mehr unbedingt vom Vorstand zu unterscheiden. Was früher unmöglich erschien, gehört heute öfter zum gelebten Chef-Erscheinungsbild.

Dieter Zetsche absolvierte seine Jahreskonferenz in Jeans und ohne Krawatte. Allianz-Chef Oliver Bäte trat bei einer Presseveranstaltung mit roten Turnschuhen auf die Bühne. Und selbst Joe Kaeser, CEO von Siemens, gibt gerne auch bei offiziellen Terminen Interviews ohne Krawatte. Diese neue gelebte Lässigkeit und Offenheit ist nicht intrinsisch motiviert, sondern folgt vielmehr dem Druck der Silicon-Valley-Kultur. Im „War for Talent", dem Kampf um neue Talente und die besten Köpfe, treten die DAX-Vorstände immer mehr als oberste „Employer Branding Beauftragte" in eigener Sache auf.

# 4 Mach dich schmutzig und krempel die Ärmel hoch!

Beim Besuch eines großen Logistikkonzerns empfing uns der Bereichsvorstand freudestrahlend mit den Worten: „Sehen Sie selbst, das war mal mein Büro. Ich sitze jetzt im Großraumbüro bei den Mitarbeitern. Mein Team nutzt den Raum jetzt als Meetingraum.", und zeigte dabei auf sein ehemaliges verglastes Edel-Office.

> *„Viele Unternehmen operieren aus einer eher beherrschten Umgebung – sie entscheiden, was in der Zentrale passieren wird und lassen die Organisation ausführen. Wir verstehen unsere Kunden als Menschen, nicht als Brieftaschen. Und das hat Auswirkungen darauf, wie wir das Unternehmen führen. Wir arbeiten mit unseren Kunden zusammen und lassen sie das Unternehmen übernehmen, wo es am sinnvollsten ist."*
> Meg Whitman, Ex-CEO eBay und HP

Die Strategieagentur dıfferent wollte vor ein paar Jahren von 2.000 Personen im Alter zwischen 18 und 29 Jahren wissen, was diese als Statussymbol empfinden. Neun der zehn meistgenannten Begehrlichkeiten waren immaterieller Natur. Auf Platz eins rangierte mit 90 % „Zeit für sich selbst zu haben", ebenfalls erstrebenswert waren „ein unbefristeter Arbeitsvertrag" und „Kinder haben".[63] Es scheint, als hätte sich im Jahr 2017 endlich eine an sich banale Erkenntnis in den Köpfen verankert: Die wirklich wichtigen Dinge im Leben kann man mit Geld ohnehin nicht kaufen.

Schließlich geht es darum, die technologieaffinen Generationen X und Y für das eigene Unternehmen zu begeistern. Besser spät als nie, aber nur eine Schwalbe macht noch keinen Sommer. Die gutgemeinten Ansätze einiger DAX-Vorstände verpuffen beim Senior Management auf ein, zwei Leveln darunter. Diese Hierarchieebene fungiert immer noch als robuste Lehmschicht und lässt das unverzichtbare Wasser, welches die zarten, lebensnotwendigen Digitalpflänzchen nach dem Willen des Vorstands zum Wachsen bringen soll, nicht ins Erdreich. Hier herrschen immer noch mächtige Beharrungskräfte vor, die aus den geplanten üppig-satten Oasen eher Kakteen-Kolonien machen.

Psychologe Alfred Adler bringt es auf den Punkt: „Der Mensch nimmt nur wahr, was ihm in den Kram passt, und baut es sofort mithilfe seines Deutungsschemas in sein bestehendes Weltbild ein."[64]

## Kultur vorleben

Bleiben wir beim Ärmel-Hochkrempeln und dem tiefen Verstehen des Geschäftes. Zappos, eines der erfolgreichsten amerikanischen E-Commerce-Unternehmen der Welt ist hierfür ein perfektes Beispiel.

> Nach der Gründung 1999 stieg das Unternehmen Zappos schnell vom Start weg zu einem der erfolgreichsten Online-Schuhlieferanten der Welt auf. Ein wesentlicher Grund dafür ist immer noch die offene Firmenkultur. Sie war nie Selbstzweck mit austauschbaren Wert-Attributen, sondern zahlte zu 100% auf den Customer Service ein. Bei Zappos spricht man intern vom „Wow-Effekt".
> Aber was genau versteht Zappos darunter? Bestellt ein Kunde ein Produkt, was bei Zappos eventuell gerade nicht verfügbar ist, empfiehlt der Kundendienstmitarbeiter eine andere Website oder hilft sogar bei der Beschaffung. Zappos liefert damit perfekte Kundenerlebnisse, die natürlich irgendwann zu direkten Umsätzen führen. Ein zufriedener Kunde erzählt sein positives Kauferlebnis rund zehn Personen in seinem Umkreis, was dadurch wiederum immense Netzwerkeffekte mit sich bringt. Extrem clever, weil damit die Kultur direkt auf die Kunden übertragen wird und mittelbar zu Wachstum führt.
> Damit alle Mitarbeiter diese „Kundenkultur" verstehen und leben, muss jeder Mitarbeiter vom Vorstand bis zum Sachbearbeiter wöchentlich einen Teil seiner Arbeitszeit im Customer Care Center verbringen und Kundengespräche beantworten.

Alle Mitarbeiter entwickeln damit tiefes Verständnis, Verantwortung und Ethos für die Kunden. Der Kundenethos versteht sich in dem Sinne als Moral und Verantwortungsbewusstsein für die eigenen Kunden. Das schafft Identität – eine der wenigen Konstanten in einer sich rasch wandelnden Welt. Das übergeordnete Ziel des Unternehmens ist Überlebensfähigkeit sicherzustellen. Wenn sich Wirtschaft und politische Rahmenbedingungen von außen ändern (wie Kunden, Lieferanten, Partner), ändern sich die Ansprüche an die Unternehmen. Führungskräfte und alle Mitarbeiter eines Unternehmens müssen neue Ideen entwickeln, wie sie diesen Ansprüchen gerecht werden. Schnelle Iterationen ersetzen große Reorganisationen.

In traditionellen Unternehmen wird das Organigramm alle paar Jahre überarbeitet, wenn sich externe Veränderungen ergeben. Diese zyklischen „Reorgs" sind ein Versuch, mit der sich wandelnden Umgebung Schritt zu halten. Aber da sie nur alle drei bis fünf Jahre auftreten, sind sie fast immer veraltet. Das führt dazu, dass Unternehmen wertvolle Zeit verlieren, jedes Mal wieder gegenzusteuern. Diese Zeit haben die meisten Organisationen in der „High Speed"-Welt nicht mehr.

Viel besser ist es dagegen, die Struktur der Organisation jeden Monat in jeder Abteilung oder in jedem Team zu aktualisieren, orientiert an der Frage: „Wer macht was und arbeitet wie mit anderen Schnittstellen zusammen?" Diese Evolution geschieht in häufigen inkrementellen Schritten statt in massiven Veränderungen, und es passiert in jedem Team auf allen Ebenen. Unternehmen, die so angetrieben werden, nutzen alle Lernmöglichkeiten, um ein kritisches Problem zu lösen. In „Steuerungs-Meetings" schaut man permanent, ob Rollen und Prozesse stimmig sind, ineinandergreifen und Sinn stiften.

Charles Eames, einer der begnadetsten Designer des 20. Jahrhunderts, sagte einmal: „Die Details sind nicht die Details. Sie bilden das Design." Ähnlich verhält es sich in Unternehmen. Das interne Wertesystem, das unter anderem aus den Grundfesten Offenheit, Achtung und Verantwortung gebildet werden sollte, ist kein Selbstzweck, sondern verbindet sich zu einer gelebten Kultur.

## Resilienz

Die Belastungen für Mitarbeiter und Unternehmen sind durch die schnelle Digitalwelt deutlich angestiegen. Informationsflut, hohes Arbeitsvolumen, Termindichte etc. beeinträchtigen Körper und Seele deutlicher stärker als früher. Damit auf der Fahrt durch das Gelände nicht die Luft ausgeht, empfiehlt es sich dringend, mentale Widerstandskraft aufzubauen – auch Resilienz genannt. Ursprünglich kommt der Begriff aus der Werkstoffkunde. Er bedeutet, dass ein (Werk-)Stoff, der sich unter Druck verformt hat, wieder in seine Ursprungsform zurückfindet. Bei Menschen ist damit aber noch weit mehr gemeint.

Diejenigen Menschen, die über ein hohes Maß an Resilienz verfügen, können Veränderungsprozesse deutlich besser meistern. An resilienten Menschen perlen Probleme und Hürden wie Regentropfen auf einer gut gewachsten Motorhaube ab. „Sie sehen in jeder Krise die Chance auf Veränderung und selbst, wenn sie mal scheitern, ist das kein Weltuntergang", weiß die Ärztin Mirriam Prieß.[65] Einen resilienten Menschen könne man mit einem Boxer vergleichen, der im Ring zu Boden geht, angezählt wird, aufsteht und danach seine Taktik grundlegend ändert. „Wer nicht widerstandsfähig ist, mache dagegen weiter wie zuvor und lasse sich erneut niederschlagen", sagt der Psychologe Georg Kormann.[66] Menschen, die nicht resilient sind, machen zwei grundlegende Fehler: „Sie klagen über ihr schweres Schicksal, wodurch die ganze Angelegenheit nur noch schlimmer wird. Und befördern die Krise, indem sie die ganze Aufmerksamkeit dem Problem und seiner Entstehung widmen, aber über die Frage, wie es gelöst werden könnte, nicht genügend nachdenken", legt Kormann nach.[67]

Der Mensch kommt hochresilient auf die Welt. Die Ironie des Schicksals ist die, dass er im Laufe des Lebens je nach Umfeld, in dem er aufwächst, diese Fertigkeit zum Teil wieder verliert.

„Build what's strong" (Baue auf, was stark ist!), statt „Fix what's wrong!" (Bringe in Ordnung, was falsch ist!), lautet das Credo des US-amerikanischen Psychologen Martin Seligman.[68] Dass diese Strategie funktioniert, hat eine Studie mit 577 Testpersonen bewiesen: Die Studienteilnehmer wurden aufgefordert, eine Woche lang abends zu notieren, was gut an ihrem Tag war. Eine Gruppe sollte am Ende einfach nur über ihre Erlebnisse schreiben. Dass der Fokus auf positiven Erlebnissen lag, wurde vorher nicht erwähnt. Die Ergebnisse waren erstaunlich: Tatsächlich hatten diejenigen, die abends eher positive Geschichten nach Hause brachten, eine optimistischere Grundhaltung und weniger depressive Symptome.[69]

Um kurzfristig Effekte zu erzielen, kann Achtsamkeitstraining ein gutes Gegenmittel sein. Personen, die Probleme mit der Selbststeuerung haben, etwa schnell ausfallend oder wütend werden oder in Panik verfallen, müssen lernen einen Filter einzuschieben. Auch Bewegung erzielt gute Ergebnisse. Laufen, Schwimmen oder schnelles Radfahren helfen, das Selbstwirksamkeitserleben zu steigern.

Mentale Widerstandskraft verbindet man stark mit Personen. Ist Resilienz auch auf Unternehmen und Organisationen übertragbar? Die Antwort lautet „Ja". Die Summe der Mitarbeiter bildet das Unternehmen, prägt also dessen Kultur und Selbstverständnis. Je mehr einzelne Mitarbeiter einen „kühlen Kopf" in schwierigen Situationen bewahren, desto robuster und weniger anfällig werden Unternehmen als Ganzes. Besonders auffällig ist dies bei Organisationen, die sich dauerhaft in Extremsituationen befinden, wie z. B. Feuerwehr, Technisches Hilfswerk, Militär oder Spezialeinheiten. Ohne ein gutes Maß an Widerstandsfähigkeit wären solche Einsätze langfristig unmöglich. Das amerikanische Militär gibt über 100 Millionen US-Dollar jährlich alleine für Resilienz-Trainings aus, um bei der Truppe posttraumatische Belastungsstörungen zu verringern.

## Weg von den Schwächen – sondern: Stärken stärken

Wie schaffe ich es, die Potenziale meiner Mitarbeiter relativ leicht noch weiter zu fördern bzw. ihre Stärken herauszukitzeln? Reflexartig kommt jetzt vermutlich von vielen die Antwort: „Ich muss schauen, dass sie besser werden, indem sie an ihren Schwächen arbeiten." Falsch! Deutlich einfacher ist es, ihre Stärken zu stärken. Wenn neue Aufgaben kommen, verteilen wir sie in aller Regel orientiert an der Funktion und nicht an den Stärken der Mitarbeiter. Und so schicken wir schnell einen Introvertierten zum Kunden, stellen einen „Fehlervermeider" an die Spitze von innovativen Projekten, machen einen Idealisten zum Kostenreduzierer.

Es ist eher sinnvoll, sich auf die Stärken der Mitarbeiter zu fokussieren, denn Schwächen machen normalerweise nicht erfolgreich. Gerne schaut man in diesem Zusammenhang auf das Unternehmen 3M, das sich in allen Bereichen die Stärkenorientierung auf die Fahnen geschrieben hat: in der Aufgabenverteilung, in den Meetings, in der Stellenbesetzung und -ausschreibung und bei der Förderung.

Die University of Nebraska hat eindrucksvoll bewiesen, welche Power im Stärken von Stärken liegt. Über drei Jahre wurden bei insgesamt 6.000 Schülern aus zehnten Klassen Schnelllese-Wettbewerbe durchgeführt. Schüler mit durchschnittlicher Lesekompetenz konnten durch kräftiges und intensives Üben die Anzahl der gelesenen Wörter um den Faktor 1,7 von 90 auf 170 steigern. Ganz anders lief es bei den begabten Lesern. Sie schafften es tatsächlich, die Anzahl der gelesenen Wörter von 350 auf sagenhafte 2.900 zu steigern. Also um den Faktor 8.[70]

Diese Langzeitstudie zeigt, welch ungeheure Leistungssteigerung mit zusätzlichen Übungseinheiten erzielt werden kann. Befinden sich Kompetenzen ohnehin schon auf einem hohen Niveau, kann man diese mit Förderung relativ schnell und einfach noch einmal vervielfachen.

### Mach dich schmutzig und krempel die Ärmel hoch! – Fazit

Folgende Maßnahmen sind empfehlenswert, um ein tiefes Verständnis von Markt, Wettbewerbern und Produkt nachhaltig in einem Unternehmen zu etablieren:

- Der Aufbau von „Dualer Innovation", der Fähigkeit, alte und zukünftige Erlösquellen parallel im Unternehmen zu entwickeln, wird für Unternehmen zu *dem* Erfolgskriterium.

- Psychologische Sicherheit, also die Freiheit, Fehler machen zu dürfen, ist ein sehr wichtiger Faktor für die Leistungsfähigkeit von Teams.

- In einer immer weniger planbaren und volatilen digitalen Welt ist Widerstandskraft (Resilienz) die erlernbare Eigenschaft, die langfristig zu einem extrem wichtigen Wettbewerbsfaktor wird.

# 5 Rollenspiele: Wer macht was?

*Wie sich die Rollen in der Unternehmensführung
bei der digitalen Transformation verändern*

Ein zweimotoriges Propellerflugzeug mit einem Dutzend Männer an Bord muss mitten in der glühend heißen Sahara notlanden. Fernab von jeglicher Zivilisation und völlig auf sich alleine gestellt – eine lebensbedrohliche Situation. Die mörderische Hitze und ihre zur Neige gehenden Wasservorräte bringen die Überlebenden schnell an die Grenzen ihrer physischen und psychischen Kräfte. Die Lage scheint hoffnungslos. „Der Sand ist ein Mörder, wissen Sie das? Ein Mörder, ein verfluchter ...!", schreit einer der verzweifelten Männer. Ohne Rettung in Sicht beschließt die Gruppe nach einigen Tagen, aus dem Flugzeugwrack ein neues, improvisiertes Fluggerät zu bauen, das sie aus ihrem sicheren Grab in die Welt der Lebenden zurückbringen soll. Eine pure Verzweiflungstat, doch das riskante, schier unmöglich erscheinende Unterfangen gelingt tatsächlich: Die gestrandeten Passagiere entkommen mit ihrem Flucht-Flugzeug der tödlichen Wüstenlandschaft.

Diese abenteuerliche Handlung entstammt dem Oscar-nominierten Filmklassiker „Der Flug des Phoenix" mit den Schauspielern Hardy Krüger und James Stewart. Das Zusammenarbeiten der Überlebenden im Film ist ein Musterbeispiel für gruppendynamische Prozesse. Unter den Passagieren, die sich vor Flugantritt kaum kannten, befinden sich u.a. ein Pilot, ein Buchhalter, ein Soldat, ein Arbeiter, ein Arzt und – natürlich – ein Flugzeugkonstrukteur. Sie alle hatten in ihrem Leben vor dem Absturz einen Beruf und eine sich daraus ergebende Rolle. Im Angesicht des Todes raufen sie sich zusammen. Jedes Gruppenmitglied übernimmt dabei eine für den Erfolg der Kraftanstrengung wichtige Aufgabe. Die Personen sind vor dem Absturz dieselben wie danach, aber sie üben in der Gruppe nun abgewandelte Rollen, basierend auf ihren individuellen Fähigkeiten, aus. Dieses Szenario steht exemplarisch für Führungskräfte, die ihr Unternehmen erfolgreich durch die digitale Transformation navigieren möchten: Mit den Gefahren von Disruptionen und dynamischen Marktveränderungen konfrontiert, findet die gesamte Führungsriege zusammen und arbeitet gemeinsam am künftigen Unternehmenserfolg. Denn im Handstreich die gesamte Unternehmensführung auszuwechseln, um mit vermeintlich „digitaleren" Topmanagern die Transformation zu bewältigen, ist weder sinnvoll noch realistisch. Auch hier bleiben daher wie im Film die Akteure in der Regel dieselben, allerdings werden auch sie ihre jeweiligen Aufgabenbereiche teilweise anpassen müssen. Die neue digitale Wirklichkeit – die für das Unternehmen existenzielle Bedrohung – erfordert ein agiles Miteinander aller Geschäftsführungsmitglieder. Die bestehende Führungsmannschaft muss an einem Strang ziehen, um den Wandel anzustoßen.

Wenn ein Unternehmen mit der Digital-Offroad-Strategie aus der Blechlawine ausbricht, stellt sich die Frage: Wer sitzt am Steuer des Wagens? „Natürlich der CDO!", würden reflexartig viele Manager darauf antworten. Schließlich steht der Chief Digital Officer für die personifizierte digitale Innovationskraft des Unternehmens. Als Digitalisierungs-Chef hat er die Hoheit über alle digitalen Projekte und treibt die digitale Transformation voran. Daraus ergeben sich zwei Fragen:
1. Kann der CDO den Wandel ganz alleine vollbringen?
2. Ist der CDO überhaupt der Richtige für den Job?

Die in den letzten Jahren neu geschaffene Rolle des CDO setzt sich immer mehr durch. Im Jahr 2017 beschäftigte bereits die Hälfte der DAX-Unternehmen einen CDO oder CDO-ähnliche Positionen – mit steigender Tendenz. Zu seinen Kernaufgaben gehören die Entwicklung innovativer Geschäftsmodelle, die Einführung neuer Technologien sowie die Steuerung der digitalen Customer Journey. Der CDO trägt dabei auch den Spirit des Silicon Valley in die Organisation. „Digitale Transformation ist vor allem auch eine Frage der Kultur", weiß Jonathan Becher, CDO beim Softwarekonzern SAP.[71] Auch der Maschinenbauer Trumpf aus Ditzingen in Baden-Württemberg möchte den digitalen Wandel mithilfe eines CDO vorantreiben. Dazu hat Trumpf-CEO Dr. Nicola Leibinger-Kammüller im Jahr 2017 die Geschäftsführung des Familienunternehmens neu aufgestellt und unter anderem einen CDO in den Vorstand berufen – ihren Ehemann Dr. Mathias Kammüller. Die neue Position des CDO soll bei Trumpf die relevanten Zukunftsthemen besetzen, mit einem klaren Blick auf den Markt und die Kunden. „Wir haben uns bislang vor allem auf Produkte und Services fokussiert. Durch die neue Organisationsstruktur springen wir weiter und stärken die digitale Interaktion mit unseren Kunden. Das ist die entscheidende Botschaft an den Markt.", so Dr. Leibinger-Kammüller.[72]

## 5 Rollenspiele: Wer macht was?

Als Neuzuwachs in der Riege der C-Levels – also der CEO, CFO, CIO usw. – verfügt der CDO über eine begrenzte Halbwertszeit: Wenn er seinen Job gut macht, schafft er sich selbst nach einigen Jahren ab. Als Katalysator der Digitalisierung wird er nicht mehr länger gebraucht, sobald alle Funktionen und Prozesse erfolgreich digitalisiert sind. Soweit zumindest das Selbstverständnis. Doch bisher konnten nur wenige Unternehmen ihren Digitalverantwortlichen nach getaner Arbeit wieder aus dem Spiel nehmen.

Fast jedes Unternehmen interpretiert die Rolle des CDO anders. Die Chief Digital Officers leben ihre Rolle von Unternehmen zu Unternehmen unterschiedlich aus. Ihre Aufgaben weichen mitunter deutlich voneinander ab. Das ist keine Überraschung, wenn man in Betracht zieht, auf welch umfassendes Ausmaß das Thema „Digitalisierung" angewachsen ist. Von disruptiven Geschäftsmodellen und dem Internet of Things, über Industrie 4.0 und Smart Factory bis hin zum Webauftritt, der Customer Journey und internen IT-Systemen – die Digitalisierung hat Auswirkungen auf alle Funktionsbereiche innerhalb der Organisation. Wie breit das Spektrum ist, lässt sich alleine anhand der vielfältigen Varianten des Jobtitels erahnen. Außer dem Chief Digital Officer finden sich in Unternehmen auch vermehrt Chief Transformation Officers, Chief Innovation Officers, Digital Accelerators oder Digital Champions. Diese Artenvielfalt klingt kreativ. Die Bezeichnungen meinen jedoch meist das gleiche: Hinter all diesen Etiketten verbirgt sich der digitale Häuptling im Unternehmen.

Vorsicht ist geboten: Viele Unternehmensführer glauben, sie seien mit der Schaffung einer CDO-Stelle erst einmal aus dem Schneider. Sie laden bei der neuen Position bequem alles ab, was aus ihrer Sicht mit Digitalisierung zu tun hat. Schließlich ist der CDO federführend für die digitale Transformation zuständig. Dann ist die Gefahr groß, dass sich der Rest der Organisation zurücklehnt und sich nicht mehr eigenständig um digitale Projekte und Innovationen bemüht. „Dafür haben wir doch unseren CDO!", heißt es dann. Und das digitale Gewissen ist schnell beruhigt.

*Der CDO darf nicht zum Digitalisierungs-Alibi der Unternehmensführung werden.*

Das Spektrum der digitalen Transformation ist derart breit gefächert, dass der CDO schon übernatürliche Kräfte besitzen müsste, um alle Themen erfolgreich umsetzen zu können. Doch solche Superman-CDOs gibt es im realen Leben nicht. Wenn die Digitalisierung nur auf den Schultern einer einzigen Person lastet, verwandelt sich der digitale Hoffnungsträger schnell zum „Chief Do-it-all Officer", der sich um alles kümmern muss, was „Digital" im Namen trägt.[73] Die Digitalisierung wird dann zum aussichtslosen Unterfangen. Der vermeintliche digitale Messias wird zur profillosen eierlegenden Wollmilchsau. Und der CDO selbst ist angesichts dieses Riesenpakets schnell überfordert wie Jim Carrey in der Komödie „Bruce Allmächtig". In dem Film erhält der Hauptdarsteller von Gott alle göttlichen Fähigkeiten, ist aber der Vielzahl an Aufgaben bei weitem nicht gewachsen.

Erschwerend kommt hinzu, dass der CDO nur in den seltensten Fällen Mitglied im Vorstand oder der Geschäftsführung ist. Ohne Weisungsbefugnisse, Budgethoheit und klare Verantwortungsbereiche hat er zu wenig Durchschlagskraft. Der CDO redet dann zwar über die Digitalisierung, kann aber nicht handeln. So verkommt der hochgejazzte digitale Vordenker zu einem zahnlosen Tiger ohne Biss. Der CDO sollte als Digital-Verantwortlicher ein ausreichendes Standing im Unternehmen haben, idealerweise als Mitglied des Vorstands.

*Ein digitaler Macher ist gefordert, nicht nur ein redender Prophet.*

Weil die digitale Transformation die gesamte Wertschöpfungskette und alle Bereiche eines Unternehmens beeinflusst, arbeitet der CDO interdisziplinär und cross-funktional. Er greift auf Ressourcen der klassischen Abteilungen durch. Hierbei überschneiden sich schnell Weisungskompetenzen. Der CDO wird sicherlich intern anecken, wenn er Silos aufbricht und Agilität einfordert. Diese Reibungen sind ein gutes Zeichen. Wo gehobelt wird, fallen Späne.

Doch selbst der fähigste CDO allein reicht nicht, um den digitalen Wandel erfolgreich umzusetzen. Er kann das Unternehmen nicht auf Solopfaden agiler und zukunftsfähiger machen. Der CDO benötigt bei der digitalen Transformation Verstärkung von seinen Kollegen aus der Unternehmensführung. CEO, CHRO, CSO, CFO, CIO, CMO und CDO – die gesamte C-Riege – müssen allesamt den digitalen Wandel als Chefsache deklarieren. Die Transformation des Unternehmens kann nur gelingen, wenn alle C-Levels wie die Passagiere in der Hitze der Wüstensonne beim „Flug des Phoenix" zusammenarbeiten.

Doch welcher C-Level reißt nun das Lenkrad herum, um aus der Blechlawine der Kulturkopien auszuscheren? Der CDO ist eine Möglichkeit, aber idealerweise gibt der CEO oder Geschäftsführer den für alle Mitarbeiter deutlich hörbaren Startschuss für den bevorstehenden Wandel. Denn klar ist: Eine über lange Jahre gewachsene Firmenkultur lässt sich nicht über Nacht drehen. Wir Menschen tendieren dazu, uns an vertrauten Prozessen und lieb gewonnenen Handlungsmustern festzuklammern – eine durchaus nachvollziehbare Reaktion. Menschen sind Gewohnheitstiere und verharren gerne in den bestehenden Bahnen. Aus diesem Grund ist die Unternehmensspitze gefordert. Die Initialzündung für den Wandel muss top-down erfolgen. Nach dem Startschuss muss die Geschäftsführung als Vorbild agieren und die Veränderungen glaubhaft vorleben. Sie fungiert als Dreh- und Angelpunkt des Wandels und vermittelt den Mitarbeitern authentisch die Bedeutsamkeit der neuen Ära im Unternehmen. Aus diesem Grund ist in erster Linie der CEO gefordert, den digitalen Wandel einzuläuten. Schon 1978 prägte Pulitzer-Preisträger James MacGregor Burns in seinem bahnbrechenden Klassiker „Leadership" den Begriff der „transformationalen Führung": Das Topmanagement dient mit wegweisendem Verhalten als Vorbild und motiviert die Mitarbeiter zu den für den Wandel notwendigen außergewöhnlichen Leistungen."[74]

## Digital Leadership als geeignetes Führungskonzept

Das Konzept des „Digital Leadership" erfährt passend dazu seit einigen Jahren verstärkt Beachtung in der Managementliteratur. Digital Leadership bedeutet keineswegs, dass das Topmanagement ausgezeichnete Fähigkeiten im Umgang mit digitalen Tools haben muss. Nein, Geschäftsführer müssen nicht zwangsläufig einen Javascript-Kurs belegen oder sich das Programmieren aneignen. Zwar schaden technische Skills nicht, aber Digital Leadership bedeutet primär etwas anderes: das Unternehmen so zu führen, dass es flexibel und agil genug ist, um trotz der zunehmenden Unberechenbarkeit der Märkte erfolgreich zu bleiben. Innerhalb immer kürzerer Abstände kommen neue Produkte und Technologien auf den Markt, daher müssen Digital Leader diese – wie zuvor beschrieben – rechtzeitig mit dem Mindset einer „gesunden Paranoia" antizipieren.

Vereinfacht gesagt, macht Digital Leadership das Unternehmen fit für die digitale Zukunft. Während im unternehmerischen Alltag häufig noch der Blick nach innen dominiert, schaut der Digital Leader regelmäßig über den Tellerrand. Er muss den Markt akribisch beobachten, um sein Unternehmen in Zeiten der Digitalisierung erfolgreich führen zu können. So lautet auch das Ergebnis der Studie „Digital Leadership 2017" der Personalberatung Rochus Mummert.[75] Fest steht: keine Branche, kein Unternehmen, keine Führungskraft kann es sich noch erlauben, den digitalen Wandel zu ignorieren.

*„Digital Leadership" wird in Zeiten der Digitalisierung eins mit „Leadership".*

John Foley ist ein ehemaliger Chefpilot der Blue Angels, einer Elite-Kunstflugstaffel der US Navy. Immer wenn er in seinem Kampfflugzeug mit über 800 Stundenkilometern und knapp 30 Zentimetern Flügelabstand zu seinen Kameraden in Formation durch den Himmel flog, halfen ihm vor allem zwei Dinge: sein grenzenloses Vertrauen in seine Crew und sein ausgeprägtes Führungsverhalten als Chefpilot. Wer den Actionfilm „Top Gun" gesehen hat, hat auch John Foley – zumindest unbewusst – gesehen. Er flog bei den Dreharbeiten eines der Jagdflugzeuge. Heute ist Foley ein gefragter Motivationstrainer und Experte zu Leadership. Er nutzt seine ehemalige Arbeit im Cockpit der Blue Angels als Metapher für erfolgreiche Führung in Unternehmen. Der frühere Ausnahmepilot zeigt in seinen Vorträgen auf, wie Manager die Funktionsmechanismen einer Eliteeinheit auf ihren Arbeitsalltag übertragen können. Leadership plus Teamgeist lautet dabei seine Erfolgsformel für Höchstleistungen. Foley motiviert seine Zuhörer, sich fit für den nötigen Wandel zu machen, indem sie als authentische Leader ihre Mitarbeiter für den anstehenden Change aktivieren.

Ein erfolgreicher Digital Leader nimmt die gesamte Organisation mit auf die digitale Reise, d. h., er mobilisiert sämtliche Mitarbeiter. Alle Hierarchieebenen, alle Abteilungen, alle Standorte eines Unternehmens müssen gemeinsam an einem Strang ziehen. Der Wind des Wandels weht durch alle Korridore, alle Konferenzräume, alle Kantinen der Firma. Denn es reicht nicht, wenn nur ein Teil der Mitarbeiter die Veränderungen unterstützt. Eine Studie der Digitalberatung etventure ergab, dass in der Hälfte der Unternehmen der digitale Wandel eine Spaltung der Belegschaft in Befürworter und Verweigerer bewirkt.[76] Ein solches Szenario ist brandgefährlich für ein Change-Projekt.

Die internen Widerstände können den Wandel zum Scheitern bringen. Aus diesem Grund muss die Unternehmensführung so viele Mitarbeiter wie möglich überzeugen. Und zwar nicht in der bewährten Art, wie sie Marius Müller-Westernhagen ironisch mit „Folge mir, ich bin dein Alphatier" in seinem Song „Alphatier" vertont hat, sondern, indem sie die neuen Werte authentisch vorlebt. Nur wenn die Überzeugung des Topmanagements deutlich wird, können die Mitarbeiter mitgenommen werden. Die Firmenleitung muss die Herzen und Köpfe der gesamten Belegschaft gewinnen. Jeanie Duck, eine der bekanntesten Change-Expertinnen, fasst ihre Forschungsarbeit mit folgendem Ratschlag zusammen: „Stay connected". Damit meint sie den engen Kontakt der Unternehmensführung zu den Mitarbeitern, der notwendig ist, um einen Kulturwandel erfolgreich in die Tat umsetzen zu können.

Bewährt hat sich hierbei der Einsatz von „Change Agents", zu Deutsch in etwa: Agenten des Kulturwandels. Häufig im mittleren Management angesiedelt, werden Change Agents von der Unternehmensführung bei einem geplanten Veränderungsprojekt früh eingebunden. Sie dienen als Multiplikatoren des neuen Mindsets und bilden das Bindeglied zwischen Topmanagement und dem Rest der Organisation. Das mittlere Management setzt bei Change-Projekten nicht nur einen großen Teil der Veränderungen um, auf dieser Ebene kommen auch viele Rückfragen der Mitarbeiter an. Nachdem die Initialzündung top-down erfolgt ist, bauen Change Agents Brücken insbesondere zu denjenigen Mitarbeitern, die den Veränderungen skeptisch gegenüberstehen. Damit gelingt es, Blockaden bereits frühzeitig zu lösen.

## Sabotage in der Führungsriege

Wir haben die Erfahrung gesammelt, dass trotz der anerkannten Relevanz des Digital-Leadership-Konzeptes viele Geschäftsführer in der Praxis den digitalen Wandel blockieren, anstatt ihn zu fördern. Doch weshalb? Die Antwort darauf ist so simpel wie menschlich: Der drohende Machtverlust schreckt viele Topmanager ab. Hierarchien untermauerten bisher den eigenen, mühsam erarbeiteten Status. Die Kontrolle über die Mitarbeiter und deren Projekte nimmt unter dem modernen Führungsstil jedoch merklich ab. Hierarchieabbau, Kontrollverlust, weniger Statussymbole – das ist zu viel für manche Führungskräfte. Sie stemmen sich mit aller Kraft gegen die erforderlichen Veränderungen. Bei zahlreichen Entscheidungsträgern herrscht eine regelrechte Angst vor einer digitalen Führungsrolle. Und somit verharren die Unternehmen im Status quo. Immerhin hat ein Großteil der Unternehmensführer die Zeichen der Zeit erkannt. Einer Studie im Auftrag des Bundesarbeitsministeriums zufolge halten die meisten Führungskräfte einen kulturellen Wandel für dringend notwendig, um als Unternehmen weiterhin an der Spitze zu bleiben.[77]

Doch wie können die Rollen der Führungsebene überhaupt verhindern, dass die digitale Transformation eines Unternehmens Fahrt aufnimmt? Ein Beispiel aus der Praxis zeigt, dass sich im schlimmsten Fall das Topmanagement selbst blockiert.

> Zwei Autoren dieses Buches wurden bei einem Workshop mit der Geschäftsführung eines internationalen Pharmakonzerns Zeuge eines eigenartigen Schauspiels. Die gesamte Führungsriege – CEO, CFO, CMO, CDO, CIO, CHRO – war anwesend, um gemeinsam mit den Autoren eine Strategie für die digitale Transformation des Unternehmens zu entwerfen. So weit so gut, allerdings ging es nur schleppend voran. Die Vorstandsmitglieder bremsten sich im Laufe des Gesprächs immer wieder gegenseitig aus. Sobald es konkreter wurde und es sich abzeichnete, dass einer der Führungskräfte die Verantwortung für einen Teilbereich der digitalen Agenda übernehmen wollte, meldete sich eine andere Person zu Wort und reklamierte das Projekt für sich: „Dieses Thema ist in meiner Abteilung am besten aufgehoben." Das geschah stets freundlich und mit einer Begründung untermauert, aber auch immer sehr bestimmt. Die Runde drehte sich förmlich im Kreis. Als nach zwei Stunden Diskussion immer noch keine klaren Verantwortlichkeiten für die Digitalstrategie verteilt werden konnten, wurde den Autoren klar, dass vor ihren Augen gerade etwas Seltsames geschah. Am Ende des Meetings waren keinerlei Fortschritte erzielt worden. Eine Digitalstrategie war nicht formuliert, weder eine digitale Vision noch klare Ziele oder Verantwortlichkeiten. Lediglich lauwarme Absichtserklärungen, dass man sich in den nächsten Wochen unbedingt noch einmal zusammenfinden müsse.
> Was war hier gerade geschehen? Als einer der Meeting-Teilnehmer die Autoren zurück zum Empfang brachte, um sich für den Besuch zu bedanken und sich zu verabschieden, lichtete sich endlich der Nebel. Unterwegs

# 5 Rollenspiele: Wer macht was?

entwickelte sich ein erhellendes Gespräch. Nun wurde klar, dass die Geschäftsführung während des Meetings versteckte interne Grabenkämpfe ausgetragen hatte. „Wissen Sie, jeder aus der Unternehmensleitung möchte der digitale Häuptling sein und für die digitalen Erfolge gefeiert werden". Egoistisches Kompetenzgerangel anstelle produktiver Aufbruchstimmung. Das Unternehmen hatte zwar einen CDO in der Führungsriege, aber auch der CMO, der CFO, selbst der CEO wollten sich die Digitalisierungs-Plakette ans Revers heften. Im Topmanagement war keinerlei Teamgeist zu spüren, jeder wollte die Digitalisierung im Alleingang übernehmen. Vor den Augen der Autoren entwickelte sich ein reines Machtspiel, bei dem die Führungskräfte nach der Devise „Wenn nicht ich, dann keiner!" vorgingen. Sogar der CEO hatte zu wenig Rückhalt in der Runde, um die Pattsituation zu beenden und einen Digital-Verantwortlichen zu benennen – nicht einmal sich selbst. Das Traurige daran: Etwa ein Jahr später konnte das Unternehmen noch immer keine wesentlichen Fortschritte hinsichtlich einer Digitalstrategie verzeichnen. Den Pressemitteilungen ließen sich in den Folgequartalen lediglich Berichte zu sinkenden Umsatzzahlen und einem Einbruch der Kundenaufträge entnehmen.

Doch es gibt auch andere Beispiele. Welche durchschlagenden Erfolge ein Digital Leader an der Unternehmensspitze erzielen kann, zeigt das Unternehmen Klöckner, einer der größten Stahl- und Metallhändler weltweit mit einem Jahresumsatz 2017 von 6.3 Mrd. Euro.

Bei Klöckner war es von der ersten Minute an der Vorstandsvorsitzende Gisbert Rühl, der die Rolle des Digital Leaders übernahm. Mittlerweile gilt Rühl als Vorreiter des digitalen Wandels in der traditionsreichen Stahlindustrie. „Unser altes Geschäftsmodell funktioniert in Teilen nicht mehr", führte Rühl im Jahre 2014 seinen Mitarbeitern die ungeschminkte Wahrheit vor Augen.[78] Ihm war klar: Klöckner musste sein Geschäftsmodell, seine Prozesse, seine Denkmuster transformieren, um langfristig überleben zu können. Er rief das neue Unternehmensziel aus, innerhalb von fünf Jahren die Hälfte des Umsatzes über digitale Kanäle zu erwirtschaften. Eine Revolution für die ansonsten eher behäbige Stahlbranche. Es gab ein Rauschen im Blätterwald, als Rühl mit seinen Plänen an die Öffentlichkeit ging. Branchenkenner rieben sich verwundert ihre Augen, Wettbewerber spotteten hinter vorgehaltener

...and. Will der etwa den Markt aufmischen? Will Klöckner eine Art „Stahlhandel-Amazon" werden? Doch Rühl machte ernst: Er gründete mit „klöckner.i" ein hauseigenes Start-up in Berlin und stellte drei Dutzend Digitalprofis ein, mit dem Auftrag, Klöckners komplette Wertschöpfungskette zu digitalisieren. Nicht leicht für ein Unternehmen, das einen Großteil seiner Bestellungen immer noch per Fax erhält. Doch Rühl wusste: Nur wenn er frühzeitig auf den digitalen Zug setzte, konnte er das Unternehmen vor den bevorstehenden Disruptionen schützen, die früher oder später jede Industrie durchrütteln würden. Schließlich handelten auch die Online-Riesen Amazon und Alibaba schon längst mit Stahl und Metallen. Es verging kaum ein Monat, in dem Rühl nicht in einem Wirtschaftsmagazin seine Pläne erläuterte. Auch innerhalb des Unternehmens rührte er Tag für Tag die Werbetrommel für seine digitale Vision. Wie ein Politiker auf Wahlkampftour, der voller Elan seine Programmpunkte vertritt, stellte sich Rühl allen Zweiflern entgegen.

Es dauerte nicht lange, bis die Wettbewerber, die zuvor noch geschmunzelt hatten, nervös wurden. Schon 2016 erwirtschaftete Klöckner zehn Prozent des Umsatzes über digitale Kanäle, Tendenz stark steigend. Nicht nur die Zahlen stimmen, auch der digitale Wandel trägt Früchte: Mittlerweile wird der neue Spirit nicht nur im Ableger klöckner.i in Berlin gelebt, sondern die Kernorganisation treibt ebenfalls selbstbewusst digitale Projekte voran. Damit ist Rühl etwas gelungen, was viele Unternehmen in weit moderneren Branchen noch nicht geschafft haben. Er konnte seine digitale Agenda erfolgreich in der gesamten Organisation verankern. Rühl wurde somit zum größten Treiber der Digitalisierung bei Klöckner und auch innerhalb der Branche.

Welche Tools nutzte Rühl, um den Kulturwandel bei Klöckner voranzutreiben? Zum einen führte er ein internes soziales Netzwerk ein, auf dem sich alle Mitarbeiter bereichs- und hierarchieübergreifend austauschen können. Auch Rühl selbst ist dort jederzeit ansprechbar. Er chattet täglich mindestens eine Stunde zu den vielseitigsten Themen. Mit diesem „Firmen-Facebook" macht sich Rühl nahbar und stellt sich offen den Fragen der Belegschaft. Seine digitale Vision wurde damit authentischer für die Mitarbeiter. Diese interne Überzeugungsarbeit war umso wichtiger, damit Rühls externe Pressearbeit seinen Mitarbeitern nicht als reines Schaulaufen erschien.

Ebenso stieß Rühl eine neue Fehlerkultur bei Klöckner an. Produktideen werden als Prototypen getestet, die erfolgreichen Innovationen dann schnell auf den Markt gebracht. Geschwindigkeit und Experimentierfreude nahmen spürbar zu. Auch hier geht Rühl mit gutem Beispiel voran und veröffentlicht im Intranet eigene Fehler, die ihm selbst unterlaufen sind. Er erklärt, wie es dazu kam und was er daraus gelernt hat. So fördert Rühl eine Trial-and-Error-Kultur im Unternehmen, Fehlertoleranz und Risikobereitschaft steigen.

Ein weiterer Baustein seines digitalen Masterplans ist die neu geschaffene Digital Academy. Alle Mitarbeiter dürfen sich dort während ihrer Arbeitszeit in digitalen Themen – natürlich online – fortbilden. Damit stellt Rühl sicher, dass sich nicht nur die Jungen Wilden in Berlin mit der Digitalisierung beschäftigen und den Rest der Belegschaft irgendwann abhängen, sondern dass parallel das digitale Wissen auch in der Kernorganisation zunimmt.

Eine Vision, ein Start-up, mehr Fehlerkultur, mehr Know-how – die Elemente des erfolgreichen digitalen Wandels bei Klöckner tragen die persönliche Handschrift von Gisbert Rühl.

Welches ist die kritischste Aufgabe der Unternehmensleitung beim digitalen Wandel? Der Umgang mit der steigenden Komplexität und Dynamik der Märkte ist nicht mehr mit den bewährten, hierarchischen Denkmustern zu bewältigen. Eine neue Art der Steuerung muss her.

*Topmanager müssen etwas tun, was ihnen naturgemäß schwerfällt: loslassen.*

Loslassen ... was einfach klingt, ist harte Arbeit für einen Unternehmensführer. Es ist nicht nur der drohende Machtverlust, der ihm zu schaffen macht. In unruhigen Zeiten die Zügel nicht etwa straffer anzuziehen, sondern locker zu lassen, ist er einfach nicht gewohnt. Doch die Unternehmensspitze hat keine Wahl; sie muss dem Wandel mit offenen Armen begegnen. Was dazu notwendig ist? Ein „freudiger Kontrollverlust", wie es Frank Kohl-Boas, Head of HR Northwest, Central & Eastern Europe bei Google, ausdrückt. „Eine Führungskraft stellt heute die richtigen Fragen und nutzt die kollektive Intelligenz der Organisation".[79] Topmanager übergeben Entscheidungen an Mitarbeiter, die auf ihrem Gebiet ausgewiesene Experten sind. Das ausschlaggebende Detail dabei: Führungskräfte involvieren bei der Entscheidungsfindung andere, die Entscheidung treffen sie aber nach wie vor selbst. Hierarchien werden unwichtiger, die Führungskraft wird immer mehr zum Coach und Mentor. Mikro-Manager, die ihren Mitarbeitern ständig über die Schulter schauen, haben ausgedient. An die Stelle von Kontrolle tritt zunehmend Vertrauen. Hierbei sind Soft Skills gefordert, denn ein Digital Leader muss in der Lage sein, seine Teams kompetent zusammenzustellen. Entscheidungsträger müssen längst nicht über alle Kleinigkeiten Bescheid wissen, aber sie benötigen Mitarbeiter, die das nötige Know-how mitbringen. Empathie und Fingerspitzengefühl sind weitere Eigenschaften eines erfolgreichen Digital Leaders. Die Mitarbeiter motivieren und mit einer digitalen Vision inspirieren und dabei auf das althergebrachte Prinzip „Befehl und Gehorsam" verzichten: so gelingt Loslassen. Thorsten Petry, Professor für Organisation und Personalmanagement an der Wiesbaden Business School, definiert Leadership im digitalen Zeitalter folgerichtig so: „Kontrolle aufgeben – Führung behalten".[80] Es lässt sich auch salopper formulieren: „Lange Leine" schlägt „Harten Hund".

Der Vollständigkeit halber sei darauf hingewiesen: Vertrauen und Kontrolle sind zwei Extreme auf einer Skala der Mitarbeiterführung. Nicht für alle Unternehmensbereiche ist ein reines Vertrauensverhältnis sinnvoll. In der Finanzbuchhaltung beispielsweise ist ein Mindestmaß an Kontrolle in der täglichen Zusammenarbeit weiterhin unabdingbar.

## Wer in der Führungsetage hat das Zeug zum Digital Leader?

Für den Fall, dass der CEO nicht vorne auf dem Fahrersitz des Offroad-Geländewagens Platz nehmen möchte, kann er auch einen anderen Entscheidungsträger zum Digital Leader benennen. Die Unternehmensberatung Deloitte empfiehlt in diesem Fall dem CEO, „einen ehrgeizigen und kompetenten Digital Leader zu finden und die notwendigen nächsten Schritte einzuleiten, um sich für die digitale Zukunft zu wappnen".[81] Für eine erfolgreiche digitale Transformation benötigen Unternehmen unbedingt eine kompetente Führungspersönlichkeit.[82]

# Rollenspiele: Wer macht was? 5

Wer fährt noch im Offroad-Geländewagen mit? Der CHRO – Chief Human Resources Officer – oder Personalvorstand spielt qua Position eine entscheidende Rolle beim digitalen Wandel. Denn wie bei allen Change-Projekten muss die neue Kultur von den Mitarbeitern – dem Personal – angenommen und gelebt werden. Laut einer Studie des Personaldienstleisters Hays ist die Weiterentwicklung der Unternehmenskultur die wichtigste Aufgabe von Human Resources.[83] Dazu ist ein kluges Personalmanagement gefragt. Die Personalabteilung muss neue Top-Talente mit den für den Wandel benötigten Skills einstellen. Dabei hilft z.B. eine durchdachte Social-Recruiting-Strategie, um Digital Natives über soziale Kanäle online anzuwerben.

Welche Art von Mitarbeitern braucht ein Unternehmen für den Offroad-Kulturwandel? Eric Schmidt, Executive Chairman von Alphabet, bezeichnet Mitarbeiter dieses Typs in seinem Buch „How Google Works" als „Smart Creatives". Solche Mitarbeiter besitzen eine gesunde Mischung aus betriebswirtschaftlichen und IT-Fähigkeiten, garniert mit einer extragroßen Portion an Mut, Kreativität und einem „Um die Ecke denken"-Können. Ähnlich hierzu lautet das Konzept der Double-deep-Mitarbeiter des Beratungsunternehmens CSC.[84] Double-deep, da sie zusätzlich zur Fachkenntnis in ihrer jeweiligen Rolle – sei es Marketing, Vertrieb oder Produktion – ebenso über exzellente digitale Skills verfügen. Oliver Burkhard, Arbeitsdirektor und Vorstandsmitglied der thyssenkrupp AG, geht noch einen Schritt weiter: „Heute brauchen wir Menschen, die sich im gefühlten Durcheinander sicher bewegen."[85]

Neben der Talentsuche hat HR aber auch noch andere wichtige Aufgaben, was die Digitalisierung betrifft: Es muss die bestehenden Mitarbeiter motivieren und mit auf die Veränderungsreise nehmen. Im Rahmen von Employee Engagement unterstützt die Personalabteilung die berufliche Entwicklung und fördert Mitarbeiter gezielt durch Schulungen und Coaching. So werden High Performer im Unternehmen gehalten und neue Talente aus den bestehenden Mitarbeitern entwickelt. Die Internet-Prophetin Mary Meeker, die seit 1995 mit ihren jährlichen Reports eine „Bibel" für die gesamte Internetbranche veröffentlicht, beschreibt ihre Ideal-Vorstellung von talentierten Mitarbeitern folgendermaßen: „Ich muss bei dem Mitarbeiter eine wahre Begeisterung für das Produkt spüren. Ich muss den Unterschied erkennen, ob ich es nur mit einem Söldner, oder vielmehr mit einem leidenschaftlichen Missionar zu tun habe."[86]

Das DAX-Unternehmen Continental AG entschloss sich bereits im Jahr 2015, die Human-Resources-Abteilung in „Human Relations" umzubenennen. Eine kleine Änderung mit einer großen Botschaft. Personalchefin Dr. Ariane Reinhart weiß, dass es die Mitarbeiter sind, die das Unternehmen zum Erfolg führen. Sie spricht daher lieber über Beziehungen (Relations) zu ihren Mitarbeitern als über Ressourcen. Dabei hat die Managerin ein Credo: „Einen der größten Führungsfehler, die wir machen können, ist es, den Menschen zu wenig zuzutrauen".[87]

Auch die Zusammensetzung der Teams in puncto Vielfalt ist eine wichtige Aufgabe der Personalabteilung, die sogar entscheidend für den Erfolg des Kulturwandels sein kann. „Digitale Transformation funktioniert nicht ohne Diversity", weiß Jutta Rump, Direktorin des Instituts für Beschäftigung und Employability in Ludwigshafen.[88] Studien zum Diversity Management weisen schon länger darauf hin, dass sich Vielfalt bei den Mitarbeitern positiv auf die geschäftliche Entwicklung des Unternehmens auswirkt. Wenn Mitarbeiter unabhängig von Geschlecht, Alter, Ethnie, Religion, Behinderung oder sexueller Orientierung eingestellt werden, führt dies zu einem nachweisbaren strategischen Wettbewerbsvorteil. Die Unternehmensberatung McKinsey konnte z.B. auch einen klaren Zusammenhang zwischen der Diversität und dem finanziellen Erfolg eines Unternehmens nachweisen. Dazu wurden in der Studie „Diversity Matters" 360 internationale Unternehmen analysiert. Das Ergebnis war eindeutig: Je diverser ein Unternehmen hinsichtlich Alter, Geschlecht und Herkunft der Mitarbeiter aufgestellt ist, desto besser fallen die Geschäftszahlen wie Umsatz und Gewinn aus.[89] Der Autobauer Ford zählt schon seit den 1980er-Jahren zu den Vorreitern des Diversity Managements. Das Unternehmen legt bei der Personalsuche besonderen Wert auf eine heterogene Belegschaft. „Diversity verkauft Autos", bringt es Brigitte Kasztan, ehemalige Diversity Managerin bei Ford Europe, auf den Punkt.[90]

Als Mitfahrer im Offroad-Geländewagen emanzipiert sich der CHRO von einem internen Dienstleister hin zu einem der Chefstrategen des Kulturwandels. Der Personalvorstand entwickelt sich vom HR-Verwalter zu einem wichtigen Pfeiler für die Wettbewerbsfähigkeit des Unternehmens. Er erkennt die sich genauso dynamisch wie die Märkte wandelnden Anforderungen an die Mitarbeiter, und passt das Personalmanagement flexibel daran an. Ohne den Personalvorstand wird die kulturelle Offroad-Fahrt nicht gelingen.

## Wie digital ist der Vertrieb?

In den Vertriebsabteilungen werden die Chancen der digitalen Transformation für Unternehmen oft noch unterschätzt. Insbesondere bei B2B-Unternehmen mit einer klassischen Außendienstmannschaft sieht der Chief Sales Officer, der CSO, die Digitalisierung eher als Bedrohung für sich und seine Mitarbeiter.

„Ich kenne meine Kunden schon seit Jahren, wieso brauchen wir nun auf einmal eine Webseite zur Kundenakquise?" Solche Äußerungen hört man auch heute noch quer durch die deutsche Vertriebslandschaft. Ein folgenschwerer Trugschluss, denn damit verkennen viele Vertriebsverantwortliche die Potenziale, die ihnen digitale Kanäle bieten: Zielgruppen präzise anzusprechen, Neukunden zu gewinnen, und insgesamt die Vertriebsumsätze zu steigern. Denn mit einer durchdachten Digitalstrategie lässt sich der klassische Vertrieb ankurbeln; neue Aufträge können an Land gezogen werden. Zu diesem Schluss gelangt auch die von Roland Berger und Google durchgeführte Studie „Die digitale Zukunft des B2B-Vertriebs". Deren Ergebnisse zeigen, dass die Digitalisierung des Vertriebs die Grundlage für künftige Wettbewerbsvorteile im B2B-Geschäft ist. Eine moderne, digitale Vertriebsstrategie ist demnach ein vielversprechender Hebel für den Unternehmenserfolg. Mithilfe einer kundenfreundlichen Webseite, passgenauen digitalen Werbemaßnahmen und einer Return-on-Investment-Messung können Vertriebsziele unterstützt und Verkaufszahlen erhöht werden.[91]

Eine von den Autoren im Rahmen ihrer Beratungstätigkeit miterlebte Reaktion des Vertriebs steht stellvertretend für dessen – glücklicherweise meist nur anfänglich existierende – Abwehrhaltung gegenüber der Digitalisierung.

> Ein mittelständischer Werkzeughändler aus Süddeutschland entschloss sich, seine bisher ausschließlich per Katalog und Außendienst bestellbaren Produkte im eigenen Webshop anzubieten. Eine gute Idee, da immer mehr Kunden eine bequeme Bestellmöglichkeit im Internet forderten. Stolz ließ die Geschäftsführung die URL-Adresse des neuen Onlineshops auf das Titelblatt des 500 Seiten starken Produktkatalogs drucken: „www.xyz-shop.de".[92] Nach einigen Wochen wunderte man sich, dass so

gut wie keine Bestellung über den Webshop getätigt wurde. „Was haben wir bloß falsch gemacht?", fragte der Geschäftsführer in der wöchentlichen Vorstandssitzung. Achselzucken und hilflose Mienen in der Runde. Abermals Wochen später, als der Geschäftsführer einen Außendienstmitarbeiter zu einem Verkaufstermin begleitete, fand er zufällig den Grund für den enttäuschenden Start des Onlineshops heraus. Es verschlug ihm förmlich die Sprache: Die Außendienstmitarbeiter hatten mit firmeneigenen Aufklebern die Internetadresse des Webshops auf dem Katalog überklebt. Sie wollten damit verhindern, dass ihre Kunden online bestellen, anstatt wie bisher ausschließlich über den Außendienst. Die Vertriebsmitarbeiter hatten Angst um ihre Verkaufsprovision. Der Umsatz über den Webshop wurde nämlich dem neu geschaffenen Erlöskanal „eCommerce" zugeschrieben – und nicht dem Außendienst. Jeder Euro, den ein Kunde online umsetzte, schmälerte damit den Erfolg des Vertriebsmitarbeiters. Daher ist die Überklebe-Aktion menschlich gesehen durchaus verständlich. Der Fehler lag woanders, und zwar auf höherer Ebene. Die Geschäftsführung hätte die Angst des Außendienstes antizipieren und dafür Sorge tragen müssen, dass die neuen Online-Umsätze nicht als Gefahr betrachtet werden. Ein einfacher Lösungsansatz hierfür ist beispielsweise die Attribution aller Umsätze über die jeweilige Außendienst-Region, unabhängig davon, ob per Katalog (physische Adresse) oder online (IP-Adresse) bestellt wird. Auch über ein Onlinekonto pro Kunden, das eindeutig zuzuordnen ist, kann man die Umsätze dem jeweiligen Vertriebsmitarbeiter zuweisen. Verständlicherweise wollte die Unternehmensleitung den Erfolg des Webshops trennscharf bewerten können. Dies ist allerdings auch über ein „Shadow Revenue"-Modell machbar. Insgesamt existieren zahlreiche Möglichkeiten, wie man bei einem neuen Webshop den klassischen Vertrieb sinnvoll am Umsatz beteiligen kann, um zu verhindern, dass die Mitarbeiter die neue Strategie sabotieren.

Eine Blockadehaltung des Vertriebs gegenüber digitalen Neuerungen ist im Grunde genommen absurd, handelt es sich bei ihm doch um denjenigen Funktionsbereich im Unternehmen, der am engsten am Kunden arbeitet. Die Sales-Abteilung kann wie ein Seismograf die Bewegungen im Markt als Erstes spüren. Diese besondere Fähigkeit verleiht dem Vertrieb eine bedeutende

Rolle bei der Transformation, da Kundennähe ein wesentlicher Erfolgsfaktor einer gelungenen Innovationskultur ist – ebenso wie die Agilität, sich rasch an die Dynamik des Marktes anpassen zu können. Kundenfokus und Anpassungsfähigkeit: für Außendienstler ist das ein Klacks. Beide Eigenschaften sind ausgesprochene Grundtugenden einer erfolgreichen Vertriebsabteilung, daher ist der CSO prädestiniert dafür, einer der Vorreiter des Wandels zu sein. Wie eine Wünschelrute spürt seine Sales-Organisation neue Trends und Umsatzchancen auf. Im Zuge der Transformation ist der Vertrieb meist diejenige Abteilung, die nach anfänglichem Zögern eine 180-Grad-Drehung vollzieht und zum glühenden Verfechter der Digitalisierung wird, spätestens wenn sie die Umsatzzahlen durch digitale Maßnahmen steigen sieht. Daher ist Sales ein elementarer Treiber des Kulturwandels.

Der Vertriebschef muss also unbedingt im Offroader sitzen. Er fungiert als Späher im Wagen, hat die Umgebung – den Markt und die Kunden – stets im Blick und hält Ausschau nach neuen Routen durch das unerforschte, aber erfolgversprechende Terrain.

## Welche Rolle übernimmt die Finanzabteilung?

Soll der CFO ebenfalls Teil des Offroad-Teams sein? Unbedingt. Chief Financial Officer nehmen im Rahmen der digitalen Transformation zwar häufig noch Außenseiterrollen ein. Eine Studie des Beratungshauses Bearingpoint zeigt auf, dass viele Finanzverantwortliche den digitalen Wandel regelrecht verschlafen.[93] Dabei bietet gerade die Digitalisierung einem CFO herausragende Möglichkeiten, sich als innovativer Vordenker zu positionieren. Ein Beispiel hierfür sind moderne Predictive-Analytics-Modelle, die z.B. die Absatzzahlen eines Produktes vorhersagen können. Die Finanzabteilung kann sich durch den Einsatz dieser aussagekräftigen Prognosetools unentbehrlich für die Unternehmenssteuerung machen. Doch in der Praxis nutzt nur eine Minderheit der Finanzverantwortlichen diese Chance.[94] Im schlimmsten Fall bremst das Controlling eine Innovationskultur sogar aus. Bei Innovation Hubs und digitalen Experimenten verwehrt das Controlling nicht selten das benötigte Budget. Oder es dreht allerspätestens nach dem ersten gescheiterten Projekt den Geldhahn zu. Denn eine positive Fehlerkultur ist in der Finanzplanung noch längst nicht erlernt.

*Das Controlling darf nicht zum Spielverderber des kulturellen Wandels werden.*

Solche Eingriffe der Finanzabteilung können den Wandel eines Unternehmens hin zu mehr Agilität und mehr Innovation vollständig lahmlegen. Denn gerade bei der Entwicklung neuer Ideen ist es unverzichtbar, zu testen, zu pilotieren und aus Fehlern zu lernen. Innovationen entstehen nicht auf Knopfdruck, sondern überwiegend erst nach mehreren Rückschlägen. Hier liegt es im Verantwortungsbereich des CEO (Stichwort „Digital Leadership"), eine unterjährig agile Budgetplanung sicherzustellen, damit die Innovations-Teams flexibel agieren können, ohne dabei das Damoklesschwert der plötzlichen Budgetkürzung über sich schweben zu haben. Im Idealfall unterscheidet die Finanzabteilung bei ihren Planungs- und Steuerungsaufgaben zwischen dem laufenden Geschäft und den neuen Testlaboren. So unterstützt sie den im Kapitel 2 beschriebenen Ansatz der „beidhändigen Führung".

Wie sich das Controlling optimal in eine Innovationskultur einbinden lässt, zeigt der Finanzvertrieb MLP. Dort wird das Controlling zum Innovationstreiber, indem es „Innovationslabore" genannte Arbeitsgruppen außerhalb des Büros in angemieteten Wohnungen einrichtet, um dort neue Geschäftsideen zu kreieren.[95] In solchen und ähnlichen Fällen durchwandert der Controller eine evolutionäre Entwicklung vom vergangenheitsorientierten Berichterstatter zum zukunftsgerichteten Innovationsförderer. Und mit dem Einsatz von Predictive Analytics und automatisierten Forecasts wandelt sich der CFO vom betriebswirtschaftlichen Gewissen zum „Chief Performance Officer" des Unternehmens. Die Chef-Controller werden zu Enablern für die Entwicklung disruptiver Geschäftsmodelle und zu unentbehrlichen Beratern des Topmanagements bei Innovationen.

Eine mögliche Variante hat das Unternehmen Carl Zeiss Ende 2016 umgesetzt. Dort übernahm der CFO Thomas Spitzenpfeil in Personalunion auch die Rolle des CIO. „Damit bekommt das für uns zukunftswichtige Thema digitale Transformation noch mehr Gewicht auf Vorstandsebene", so Dr. Michael Kaschke, Vorstandsvorsitzender der Carl Zeiss AG.[96]

Der CFO ist ein wichtiges Teammitglied der Offroad-Besatzung. Er ordnet bei einer Panne nicht den sofortigen Rückzug zurück auf die asphaltierte, sichere Straße an, sondern er ist derjenige, der den Wagen wieder fahrtüchtig fürs Gelände macht. Eine Reifenpanne ist für ihn längst kein Grund, die Fahrt im unbekannten Terrain abzubrechen, sondern der Anlass, über Stock und Stein in eine neue, erfolgreiche Richtung durchzustarten.

## Der CIO: der einzig wahre Digital Leader im Unternehmen?

Welche Rolle übernimmt der CIO? Der digitale Wandel sollte per Definition eigentlich ein Heimspiel für den Chief Information Officer und die IT-Abteilung sein. Information Technologies arbeitet schließlich, angefangen mit EDV, seit den 1950er-Jahren an der Digitalisierung im Unternehmen. Daher erscheint die Ausweitung des Verantwortungsbereiches von der Unternehmens-IT hin zur digitalen Transformation auf den ersten Blick nur allzu logisch. Allerdings ist der CIO nur in wenigen Fällen der Treiber der Transformation. Das ergibt durchaus Sinn und ist keineswegs ein Fehler. Die IT-Abteilung kümmert sich vielmehr um die technologischen Grundlagen für den Unternehmenserfolg. Der CIO besitzt die Hoheit über die IT-Infrastruktur, die wiederum als Basis für alle digitalen Projekte dient. Zu den Hauptaufgaben der IT-Verantwortlichen zählen die Entwicklung eines Technologiekonzeptes, die Implementierung dazu passender Lösungen sowie die Sicherstellung des laufenden IT-Betriebs. Humorvoll als „Gralshüter der Bits und Bytes" bezeichnet, ist der CIO allerdings nicht unbedingt auch zuständig für die Entwicklung innovativer Geschäftsmodelle oder einer neuen Unternehmenskultur. Das muss er und kann er auch oft gar nicht sein, denn der effiziente Einsatz von Hardware, Software, Datenzentren, Cloud-Lösungen, Firewalls etc. pp. innerhalb der Organisation stellt auch so schon eine Mammutaufgabe dar. Ungleich dem Vertrieb oder dem Marketing ist die IT nicht primär auf den Markt fokussiert. Ihr Blick ist stattdessen vorwiegend nach innen gerichtet. Der Kunde und der Markt besitzen nicht die oberste Priorität bei IT-Leitern.

Doch es gibt auch Unternehmen, in denen der CIO sehr wohl federführend im digitalen Wandel ist. Bei der Porsche AG spielt die IT eine Schlüsselrolle bei der digitalen Transformation. Sie ist u.a. verantwortlich für das Porsche Digital Lab in Berlin, für die Gestaltung neuer digitaler Touchpoints mit den Kunden, für Zukunftstechnologien wie das autonome Fahren sowie nicht zuletzt zur Etablierung einer unternehmensweiten Innovationskultur. Porsches CIO und Vorstandsmitglied Lutz Meschke sagt: „Die IT hat die Mission, die Transformation voranzutreiben".[97]

Auch beim Elektronik-Riesen Samsung ist der CIO für die digitale Agenda verantwortlich. „Der beste Treiber für die digitale Transformation ist der CIO", sagt Carrie Maslen, VP Sales Operations bei Samsung.[98]

Diese Beispiele machen deutlich: Der digitale Wandel bietet dem CIO die Gelegenheit, sich neu zu positionieren – weg von einer internen Kostenstelle, die die Effizienz von Hardware und Software optimiert, hin zu einem signifikanten Treiber der Digitalisierung. Aufgrund ihrer fachlichen Expertise ist die IT-Abteilung in der Lage, neben der Erledigung ihrer Kerntätigkeiten auch die digitale Agenda mitzugestalten, z. B. mithilfe schnell umgesetzter Piloten und Prototypen. Sie kann die Ausweitung des digitalen Know-how im Unternehmen durch Schulungen fördern. Gemeinsam mit Vertrieb und Marketing ist es der Abteilung ebenso möglich, an der Customer Journey und den digitalen Umsatzzielen zu arbeiten. Der CIO entscheidet selbst, mit welcher Intensität er sich am digitalen Wandel beteiligt, d. h. welche Rolle er neben seinen Führungskollegen im Geländewagen einnehmen möchte.

## Marketing übernimmt häufig die digitale Führungsrolle

In der Mehrheit der Unternehmen ist aktuell der Chief Marketing Officer, der CMO, für die digitale Transformation zuständig. Laut einer Studie der Unternehmensberatung Prophet/Altimeter ist er für dieses Thema mit 34% am häufigsten in der Verantwortung.[99] Adobes Strategie-Chef John Mellor lässt keinen Zweifel an der Rolle des Marketings: „Das Marketing-Team ist der Treiber der Transformation".[100] Dies ist keine große Überraschung, ist doch die Marketingabteilung einer der Bereiche im Unternehmen, der am engsten am Markt und am Kunden operiert. Außerdem sind Marketeers neuen digitalen Tools gegenüber sehr aufgeschlossen, weil sich deren Mehrwert für die Aufgabenbereiche des Marketings schnell erschließt: Digitalmarketing, Social Media, Mobile, E-Commerce, Marketing Analytics Software – viele dieser digitalen Disziplinen zahlen direkt auf die Ziele des CMO ein, wie z. B. Reichweite erhöhen, Kundenerfahrung optimieren, Markenwahrnehmung stärken. So kann die Marketingabteilung die Customer Journey leicht mit digitalen Touchpoints anreichern. Ebenso schätzen Marketingverantwortliche die herausragenden Chancen, die sich aufgrund der Unmenge an Daten für eine passgenaue Zielgruppenansprache ergeben. Daher haben Marketeers kaum Berührungsängste, was digitale Kanäle anbelangt. Das macht sie sehr geeignet für eine Führungsrolle in der digitalen Transformation.

Linda Boff, CMO bei General Electrics, ist zuständig für die Transformation des Mischkonzerns zu einem digitalen Industrieplayer. Sie beschreibt ihre digitale Agenda folgendermaßen: „Früher sagten wir noch, ‚Content is king', danach ‚Distribution is king', bis wir schließlich erkannt haben, dass Kunden und User entscheidend sind – sie müssen wir zufriedenstellen".[101] Als „Kundenversteher" vermag es der CMO, frühzeitig die Kundenwünsche von morgen zu antizipieren. Digitale Disruptionen können so idealerweise vom Marketing entdeckt, aufgegriffen und in neue Geschäftsmodelle verwandelt werden. Diese Chance sollten sich Marketingverantwortliche nicht entgehen lassen, wollen sie einer der Haupttreiber der Digitalisierung im Unternehmen bleiben. Denn auch die anderen Funktionsbereiche sind, wie zuvor beschrieben, in den digitalen Wandel involviert. „Das Marketing muss sich entscheiden: Will es digitalisieren oder von einem CDO beziehungsweise CTO übernommen werden?", fragt in diesem Zusammenhang auch provokant Dr. Rolf Markus Werner, Zentraleuropa-Chef von Fujitsu.[102]

## (Digitales) Wissen ist Macht!

Last but not least: Sowohl die Führungsriege als auch der Rest der Mitarbeiter benötigen auf der digitalen Reise entsprechendes Know-how, damit der angestrebte Kulturwandel erfolgreich verläuft. Der Digital-IQ des Unternehmens muss erhöht werden. Wenn es um maßgeschneiderte Trainings und Weiterbildungsangebote geht, sind in erster Linie die Personalabteilung und der CHRO gefordert. Dabei sollte man es vermeiden, eine ausschließlich rein technische Wissensvermittlung zu Themen wie z.B. digitale Sicherheit, Social Web oder Suchmaschinenoptimierung zu betreiben. Denn diese Inhalte sind nach dem Training kaum anwendbar, wenn die Teilnehmer in unveränderte Strukturen zurückkehren, weil der Kulturwandel nicht stattgefunden hat. Daher fördert ein optimales Digital-Training auch Verhaltensänderungen der Mitarbeiter im Unternehmensalltag. Die Ergebnisse eine Studie der Personalberatung Heidrick & Struggles in Zusammenarbeit mit der Hochschule Darmstadt zeigen, dass die Trainings in erster Linie einen Mentalitäts- und Kulturwandel behandeln müssen. Dies bestätigten mehr als zwei Drittel der befragten Führungskräfte.[103] Demzufolge bilden Themen wie „digitale Geschäftsmodelle", „Fehlerkultur" und „Digital Leadership" die grundlegenden Inhalte von erfolgreichen digitalen Fortbildungen.

Digital Leadership als neue Art der Führung ist entscheidend für den zukünftigen Erfolg des Unternehmens. Folgende drei Punkte sind dabei von den Verantwortlichen zu beachten:

1. **Einer für alle und alle für einen:** Idealerweise gibt der CEO den Startschuss. Wer auch immer die Rolle des Digital Leaders einnimmt – ob CEO, CMO, CIO oder die neu geschaffene Rolle des CDO –, wichtig ist, dass es *einen* offiziell deklarierten Digital-Verantwortlichen an der Unternehmensspitze gibt, der für die digitale Transformation die Verantwortung trägt. Die gesamte C-Riege unterstützt den Digital Leader und lebt den Kulturwandel geschlossen vor.
2. **Horizontale und vertikale Einheit:** Genauso wie die Digitalisierung alle Funktionsbereiche innerhalb des Unternehmens betrifft, fungiert auch der Digital Leader siloübergreifend und cross-funktional. Nicht nur das Topmanagement, sondern alle Mitarbeiter treiben die digitale Agenda voran. Der Einsatz von Change Agents über Hierarchieebenen hinweg kann hier sinnvoll sein.
3. **Digital-IQ:** Das digitale Know-how der Führungsmannschaft und der gesamten Belegschaft ist essenziell für einen erfolgreichen Wandel.

Die gute Nachricht: Die Führungsmannschaft muss für den digitalen Erfolg keineswegs ausgewechselt werden. Das Topmanagement besitzt bereits viele der Fähigkeiten, die nützlich für den digitalen Wandel sind. Wie im Film „Flug des Phoenix" müssen die handelnden Personen ihre Funktion jedoch flexibel an die neue (digitale) Wirklichkeit anpassen, dann kann auch Unmögliches möglich werden. Wenn Führungskräfte im Unternehmen die digitale Agenda vorantreiben und gemeinsam mit wachsamem Blick durch das unerschlossene Terrain fahren, kann die digitale Transformation gelingen.

## Rollenspiele – Fazit

Die Protagonisten und ihre Aufgaben nach dem Digital-Offroad-Prinzip:

- Der CEO legt als Fahrer die digitale Agenda fest und leitet die Initialzündung ein.

- Der CHRO kümmert sich um alle, die im Auto sitzen; er erhöht als Talentschmied den Digital-IQ aller Mitarbeiter und fördert eine positive Fehlerkultur.

- Der CSO erkennt als Späher neue Umsatzchancen.

- Der CFO versorgt als vorausschauender Finanzier die neuen Digitalprojekte mit flexiblem Budget; er hat die Reisekasse für die Offroad-Fahrt dabei.

- Der CMO nutzt als Early Adopter die digitalen Tools im Marketing; er ist ein Offroader der ersten Stunde.

- Der CIO sorgt als Enabler für ein reibungsloses Arbeiten der IT und den Einsatz neuer Technologien; er hält den hochgerüsteten Motor des Geländewagens am Laufen.

- Der CDO treibt schließlich als Macher die Transformation cross-funktional voran. Bei Unstimmigkeiten vermittelt er zwischen den Mitfahrern.

## 6 Lost in Navigation? Wer die Straße verlässt, braucht einen klaren Orientierungspunkt

Etwas anders zu machen als die anderen, wünschen sich viele Menschen. Es ist jedoch wesentlich einfacher, dem Mainstream zu folgen. Den „eigenen Weg zu gehen" und das „eigene Ding zu machen", sind gewaltige Glaubensbekenntnisse. Das diesen Zielen zugrundeliegende Ideal der Selbstverwirklichung wird in unserer heutigen Gesellschaft, nicht zuletzt in der Werbung, permanent propagiert und gutgeheißen. Natürlich sollte ein eigenbestimmtes Verhalten komplett im Bereich des Möglichen angesiedelt sein und sollte grundsätzlich von jeder Person oder jedem Unternehmen gelebt werden können. Warum sollte Frau bzw. Mann nicht ihres bzw. seines eigenen Glückes Schmied sein? Warum sollten Entrepreneure nicht gewagte und deutlich andersartige Ideen verwirklichen können? Der für unzählige Menschen bis heute überdauernde motivationale Orientierungspunkt des amerikanischen Traums basiert einzig und allein auf dem Versprechen der persönlichen Freiheit und unbegrenzten Möglichkeiten. Von der Grundüberlegung her betrachtet ist es ein einfaches Prinzip: Mache, was du für richtig hältst (wenn es niemandem schadet). Wie es der Kinderchor im Refrain des Songs „I can" des US-amerikanischen Rappers Nas besingt: „I know I can be what I wanna be / If I work hard at it, I'll be where I wanna be."

Wie so häufig, sieht es jedoch in der Realität etwas anders aus. Im Grunde genommen orientieren sich die meisten Menschen an ihrem Umfeld und dem Verhalten der anderen. Strategische Passung („Fit") ist das Mantra und der Erfolgsgarant für das reibungslose Fortkommen bzw. ein Überleben in Koexistenz mit der Umgebung. Etwas anders zu machen als die anderen ist zwar der Wunsch von vielen. Es ist jedoch meist einfacher, der großen Masse zu folgen. Die Schwarmtheorie gibt es vor. Schwarmverhalten oder gar Schwarmintelligenz ist nach wie vor bei Managern en vogue und wird oft als überlegenes Modell des Zusammenwirkens dargestellt. Ein Bienen-, Vogel- oder Fischschwarm hat sich in der Natur bewährt, da das Kollektiv mehr Einflussfaktoren und Lösungsoptionen identifizieren und auf dieser Basis informierter steuern kann. Das Schwarmverhalten, das bei Unternehmen in vielen Branchen zu beobachten ist, hat jedoch mehr mit einem Mangel an eigenständigen Einschätzungen als mit der Bündelung und Zusammenführung von unabhängig voneinander gesammelten Informationen im Rahmen von sozialer Interaktion zu tun. Viele Unternehmenslenker sehen sich zwar als aufgeklärte Individualisten und gehen von einer rationalen Entscheidungs- und Gestaltungsfreiheit des Einzelnen aus. Sie sind jedoch in ihrem Verhalten weitaus weniger frei und agieren weniger logisch, als dies häufig (auch von ihnen selbst) angenommen wird. Hierbei spielen mehrere Phänomene eine Rolle.

## Phänomen Nr. 1: Soziale Einbettung führt zu Konformität

Personen und Unternehmen sind das Produkt ihrer jeweiligen Umgebung. Das Modell eines uneingeschränkt wirtschaftlich und rational denkenden Menschen – auch bekannt als *„Homo Oeconomicus"* aus der klassischen und neoklassischen Wirtschaftstheorie – hat weitgehend ausgedient. Es ist heute allgemeinhin etabliert, dass wirtschaftliche Akteure als integrale Bestandteile von sozialen, gesellschaftlichen und institutionellen Umgebungen fungieren. Wirtschaftlicher Austausch ist strukturell in den sozialen Kontext eingebettet. Aufgrund dieser Verzahnung verfolgen Personen und Unternehmen nicht nur rein rationale Motive. Richard Whittington, Strategie-Professor an der Oxford Universität, stellte fest, dass Manager innerhalb von Organisationen keine ausschließlich utilitaristischen Akteure sind, die aus rein finanziellen Beweggründen handeln.[103a] Sie sind vielmehr Individuen, die im Rahmen von eng verwobenen sozialen Netzwerken agieren. Diese können ihre Familien, Freundeskreise, berufliche sowie ausbildungsbezogene Hintergründe und auch Religion und Ethnizität sein.

Aufgrund dieser sozialen Einbettung weichen die Handelnden aus eigenen Stücken bewusst von der Nutzenmaximierung ab. Kontextbezogene Rahmenbedingungen unterstützen dabei andere Motive als die Gewinnverfolgung, z. B. Prestige, Macht oder Patriotismus. Alternativ rücken diese Personen von der Profitmaximierung ab, weil sie es müssen. Kultureller Druck erfordert abweichende Strategien, da rationale Ansätze nicht akzeptiert werden würden.

Die Verfolgung dieser alternativen Strategien ist daher in perfekter Weise rational, obwohl die zugrundeliegende Rationale oftmals im Verborgenen bleibt.

## Phänomen Nr. 2: Pfadabhängigkeit

Das Bedürfnis nach sozialer Legitimation und Bestätigung bedingt Veränderungsunfähigkeit und Konsensorientierung. Die soziale Einbettung von Unternehmen hat zur Folge, dass diese nicht ohne Weiteres „aus der Reihe tanzen" können. Sie können nicht einfach die eingefahrene Spur verlassen und aus der Blechlawine ausscheren. Grund hierfür ist eine sogenannte inhärente Pfadabhängigkeit: Die bisherige Weichenstellung begünstigt eine Fortsetzung des bisherigen Kurses und behindert einen Richtungswechsel. Innerhalb von Betrieben bestehen zwischen den Handelnden zahlreiche Verpflichtungen und Abhängigkeiten. Schließlich arbeitet man ja bereits seit Jahrzehnten gut zusammen. Vor diesem Hintergrund kann man nicht plötzlich alles anders machen und die bisherige Arbeit der Kollegen einfach über den Haufen werfen. Und genau das ist ein generelles Problem der Veränderungsunfähigkeit und Konsensorientierung.

Die Notwendigkeit von sozialer Legitimation und Bestätigung ist für Unternehmen heute höher denn je. Dies hat mit der gestiegenen Transparenz und direkten Rückmeldeschleifen zu tun, die mit den sozialen Medien und mobilen Endnutzergeräten Einzug in unser Leben gehalten haben. Die sozialen Medien wirken dabei als Korrektiv. Like-Buttons und Kommentierungsfunktionen führen zu einer Verhaltensanpassung an die Gruppennormen, oftmals als Bedingung der Mitgliedschaft.

Personen und Unternehmen, die eigene Wege gehen wollen, müssen wissen, wohin die Reise gehen soll. Es bedarf Ideenreichtums, um diese neuen Strecken zu entdecken. Diese Kreativität ist in vielen Unternehmen verschüttgegangen. Es erfordert zudem eine Portion Entschlossenheit, zum Anlauf anzusetzen und den Absprung zu wagen. Je mehr man über die Landeplattform weiß, desto besser können die Sprunghöhe, der Absprungzeitpunkt und die Flugrichtung gewählt werden. Dies führt zu einer kontrollierbaren Flugtrajektorie und sichereren Landung.

Häufig wissen Personen oder Unternehmen nicht genau, was sie machen wollen. Die Erkenntnis, für welche Themen sie brennen und wofür ihr Herz schlägt, oder – wie es das Unternehmen Rapha ausdrückt –, wofür sie Farbe bekennen sollten (siehe hierzu das Kapitel 3), dämmert ihnen oftmals erst zu einem sehr viel späteren Zeitpunkt. Doch dann sind die Weichen häufig schon lange gestellt und die Kurskorrekturen bedürfen überproportionaler Anstrengungen. Das zeigt auch ein Blick ins Privatleben: Wenn ein Mensch bereits in jungen Jahren weiß, was sein Traumberuf ist, gibt es kaum etwas, was diesem Ziel im Wege steht. Ein klares Zielverständnis ist ein Startvorteil, der von anderen, die diese Erkenntnis erst viel später erlangen, nicht mehr auszugleichen ist. Es wurde einmal gesagt, dass es eines der größten Privilegien ist zu wissen, was man will, und vor allem, wohin man will. Viele Menschen wählen z.B. ihre Ausbildung, ihr Studium und ihren Beruf auf Basis von Meinungen und Erwartungen. Oft sind es nicht mal die eigenen Erwartungen und Wünsche, sondern die der Eltern, Altersgenossen oder Familie.

Ähnlich verhält es sich mit Unternehmen. Alteingesessenen Unternehmen fällt es schwer, neue Wege zu gehen. Neue Player können dies sehr viel leichter umsetzen. Es bedarf außerdem Mut, eine andere Richtung einzuschlagen. Auf Makroebene sind Unternehmen lediglich „Rädchen, die sich mitdrehen". Jedes Ausscheren aus der Blechlawine könnte zur Massenkarambolage führen. Allein das Setzen des Blinkers und das Abbremsen würde ein Hupkonzert verursachen. Um sich dieser Konfrontation auszusetzen, ist Entschlossenheit notwendig.

## Phänomen Nr. 3: Kultur als „Durchwursteln mit einer Bestimmung"

Unternehmen, die ins Digital Offroad aufbrechen, müssen sich in gewisser Weise „durchschlagen" sowie Geländegängigkeit und Improvisationstalent beweisen. Diese Reise ins Unbekannte wird im Kapitel 9 näher erläutert. Viele Firmenlenker gehen jedoch von einem technisch-rationalen Denkmodell aus. Das heißt, sie nehmen an, dass sie gemäß der Theorie der strategischen Wahlmöglichkeiten von John Child[104] weitgehende strategische Entscheidungsfreiheit genießen.

Lost in Navigation? Wer die Straße verlässt, braucht einen klaren Orientierungspunkt

In der Realität sind Unternehmen in ihren Zielsetzungen jedoch nicht gänzlich frei. Die zur Auswahl stehenden strategischen Optionen werden durch die begrenzten Firmenressourcen sowie eine Vielzahl an Kontextfaktoren bestimmt. Um auf diese Einflüsse und Dynamiken möglichst gut eingehen zu können, müssen Organisationen flexibel aufgestellt sein und pragmatisch agieren. Ein hoher Grad an Manövrierbarkeit erlaubt ihnen, ihren Weg so zu wählen, dass sie ihre Stärken ausspielen und ihre Defizite kaschieren können. Opportunitäten, die sich unerwartet auftun, können so genutzt und Risiken in Form von Schlaglöchern können vorausschauend umfahren werden.

Diese flexible Ausrichtung korrespondiert mit der Kontingenzperspektive in der Organisationsstrategie von Joan Woodward.[105] Diese besagt, dass es nicht *den einen* besten Weg gibt, ein Unternehmen zu organisieren, Mitarbeiter zu führen oder Entscheidungen zu treffen. Vielmehr ist die optimale Vorgehensweise kontingent und von der jeweiligen internen und externen Situation abhängig. Doch bei aller situativen Handhabung von Herausforderungen dürfen Unternehmen nicht ihr Ziel aus den Augen verlieren. Die grobe Richtung sollte ungeachtet aller Ablenkungen beibehalten werden. Professor Charles E. Lindblom von der Yale Universität nannte dies einmal bezeichnender Weise die Wissenschaft vom zielgerichteten Durchwursteln (im Originaltext „The Science of Muddling Through with a Purpose").[106]

*Sich behelfsmäßig durchbringen, ohne Plan zurechtkommen und Aufgaben ohne besondere Kompetenz zu bewältigen, sind Fähigkeiten, die auch von Unternehmen im Digital Offroad gefordert werden.*

Pragmatismus, Lösungswille und Drehmoment sind gefragt, um sich auch aus festgefahrenen Situationen wieder aus eigener Kraft befreien zu können. Die Reifen können auf matschig-weichem Untergrund durchaus einmal abrutschen oder durchdrehen. Mit genügend Schwung, einem niedrigen Gang und Sperrdifferenzialen können solche Stellen jedoch ebenfalls gemeistert werden. Wie im Kapitel 9 noch genauer ausgeführt wird, können auch verschiedene Routen ans gewünschte Ziel führen. Optimale Ergebnisse sind durchaus über gänzlich unterschiedliche Wege zu erreichen. Das Konzept der Equifinalität von Hrebiniak und Joyce besagt, dass sich in Umgebungen mit einem hohen Maß an strategischen Entscheidungsspielräumen unterschiedliche Strategien durchsetzen und höchst erfolgreich sein können.[107]

## Weniger ist mehr

Im Digital Offroad sind sowohl Innovationen, aber auch Ansätze der alten Schule gefragt. Das Orientieren in unbekannter Umgebung ist eine notwendige Herausforderung, der sich die Menschen und Unternehmen seit jeher gestellt haben. Wie konnten sich die Nachkommen der Neandertaler zu Ötzis Zeiten in den Alpen zurechtfinden, die Buschleute die ariden Wüstengebiete Afrikas durchqueren oder die Polynesier den gesamten Südpazifik besiedeln? Sie hatten weder Teleskop, Höhen- und Entfernungsmesser, Kompass noch Sextant. Diese frühen Kulturgemeinschaften kamen gänzlich ohne moderne Hilfsmittel aus.

Ähnlich verhält es sich mit vielen Vorreitern im digitalen Bereich. IBM, der Erfinder sowohl des PC Models 5150 (1981) als auch des Laptops ThinkPad 700C (1992), wusste nicht, wo die Reise mit Computern oder Klapprechnern hingehen würde. Unklar war, ob überhaupt Potenzial bestand. Eine ähnliche Ungewissheit herrschte hinsichtlich der kapazitiven Bildschirme mit Berührungseingabe. Patentiert von Synaptics (1999), wurden Touchscreens erstmals in LG Prada (2006) Mobiltelefonen verbaut. Nach dem Motto „Zweiter, aber besser" griff Apple die Display-Technologie mit Soft Keyboard im Debut des iPhone 2G (2007) auf und katapultierte sie in den Massenmarkt. Damals gab es noch keine mobilen Apps und Cloud-Lösungen (2010), die mittlerweile fast alle Bereiche des Privaten und Beruflichen erreicht haben. Gänzlich ungewiss war auch die Akzeptanz der Berührungs- und Wischfunktionalität, welche die Tasten der bisherigen mobilen Geräte ablöste.

Alle Pioniere, die hinter diesen Entwicklungen standen, wussten nicht, ob es funktioniert. Sie haben es dennoch getan. Trotz oder vielleicht gerade wegen dieser Unklarheiten gelangten sie an ihr Ziel. Verließen sie sich auf das Zufallsprinzip oder haben diese frühen Akteure einfach mehr riskiert und sich mehr angestrengt? Es ist zu überlegen, ob sie einfach ihre Fähigkeiten autodidaktisch weiterentwickelt und stärker ausgeprägt haben. Eine ähnliche Erklärung wäre, dass sie aus der Not heraus ihre Talente besser nutzen mussten.

Übertragen auf die unternehmerischen Gegebenheiten des 21. Jahrhunderts, verlassen sich die Unternehmen weitestgehend auf die Methoden und Ins-

Lost in Navigation? Wer die Straße verlässt, braucht einen klaren Orientierungspunkt

trumente der modernen Unternehmenssteuerung und des systembasierten Reportings. Diese Abhängigkeit zeichnet sich bei vielen Firmen ab, und sie wird durch technologische Innovationen und steigende Rechenleistung weiter vorangetrieben. Wohin soll sich das Unternehmen hinsichtlich des Produkt-Service-Portfolios und seiner generellen kulturellen Ausrichtung bewegen? Große Datenmengen, Verfahren des maschinellen Lernens (wie z. B. das sogenannte Deep Learning), prädiktive Analytik und künstliche Intelligenz, kurz KI genannt, sollen rechnerisch eine Lösung generieren. Diese modernen Hilfsmittel erscheinen in vielen Anwendungsgebieten durchaus hilfreich. Ihre vermeintlich hohe Treffsicherheit basiert jedoch zumeist auf vergangenheitsbezogenen Daten sowie auf dem Gesetz der großen Zahlen. Diese Gesetzmäßigkeit beschreibt, dass sich der Durchschnitt einer umfangreichen Anzahl an geschätzten Datenwerten dem tatsächlichen Wert annähert, obwohl einzelne Schätzungen große Abweichungen aufweisen können. Die vermeintlich hohe Aussagekraft von Auswertungen einer Vielzahl von kumulierten Einschätzungen garantiert daher keineswegs deren Richtigkeit. Die Erfolgswahrscheinlichkeit beruht vielmehr auf Stochastik. Zudem spielt sich das Digital Offroad in einem unbekannten Terrain ab, dessen Bezug die Zukunft und nicht die bereits durchlaufene Vergangenheit ist.

*Für das unternehmerische Neuland der Digitalisierung liegen zumeist noch keine Erfahrungswerte oder spezifische Datenmengen vor.*

Diese sind jedoch für die Nutzung des maschinellen Lernens notwendig. Dessen Leistungsfähigkeit hängt von der Verfügbarkeit, Qualität, Einspeisung und Auswertung gigantischer Datenmengen ab. In Ermangelung dieser Zutaten springen die Mechanismen von prädiktiver Analytik und künstlicher Intelligenz nicht an. Vergleichbar mit der Programmierung eines Schachcomputers müssen die möglichen Züge und Ist-Werte erst eingepflegt werden, bevor der Computer auf Basis der Daten kombinatorische und spieltheoretische Auswertungen durchführen sowie Lösungsalternativen anbieten kann. Ohne die Sammlung einer Vielzahl von Daten setzt der Lerneffekt nicht ein. Um den Datenabgleich und -austausch zu erleichtern, werden neuronale Netzwerke eingesetzt. Neuronale Netze sind eine vergleichsweise junge Ausprägung der künstlichen Intelligenz. Sie sind lernfähig und imitieren die Informationsverarbeitung im menschlichen Gehirn. Das IBM-System Watson arbeitet mit künstlicher Intelligenz. Es kann aus Fehlern lernen sowie Widersprüche selbstständig erkennen.

Die selbstlernenden Algorithmen der Anwendungen der künstlichen Intelligenz sind jedoch, wie oben beschrieben, für das Digital Offroad nur begrenzt einsetzbar. Diese Lösungen scheinen für unbekanntes Gelände nicht immer zielführend. Um in neuen, differenzierten Feldern aktiv zu sein, sollten sich Unternehmen auf weniger analytische Ansätze einlassen und mit diesen experimentieren. Intuition, das vielbeschworene Bauchgefühl, scheint hierbei weitaus hilfreicher zu sein als technokratische Stringenz. Anstelle von rechnerisch hergeleiteten Richtungsangaben ist eine gesunde Portion Selbstnavigation vonnöten. Durch zu viele technische Hilfsmittel – wir kennen dies vom Navigationsgerät im Auto – gehen leicht grundlegende Ortskenntnisse sowie der allgemeine Orientierungssinn verloren.

## Über Stock und Stein – mit Orientierungssinn und Bodenhaftung

Im Digital Offroad sind Innovationen aber auch Lösungen der alten Schule gefragt. Anstatt auf Metaebene zu agieren, sollten Unternehmen zeitweilig den Tempomaten und alle anderen Bordcomputer ausschalten und zum Selbststeuern übergehen. Dies bedeutet: den konkreten Austausch mit den Kunden zu suchen und sich auszutauschen. Eine Analyse aus der Satelliten-Perspektive mittels Big Data und Market Research ist sicherlich dennoch sinnvoll. Diese übergeordnete Sichtweise kann wie eine Webcam oder Drohne ein Weitwinkel-Standbild bzw. Luftbild produzieren. Die gefährlichen Schlaglöcher, Bodenwellen und Kurvenwindungen auf Bodenhöhe können aus dieser Entfernung jedoch nicht rechtzeitig erkannt werden.

Es stellt sich die Frage, wie die Navigation nun konkret stattfinden kann. Wie erwähnt, haben die Errungenschaften der Technik die Notwendigkeit zur selbstständigen Orientierung heute größtenteils obsolet werden lassen. Es gibt jedoch weiterhin noch Situationen, in denen neues Terrain beschritten wird. Diese Situationen begegnen uns allerdings nicht einfach so, sondern sie sind künstlich geschaffen. In Ermangelung der natürlichen Herausforderung suchen Menschen in ihrer Freizeit heute bewusst die Desorientierung.

Die Sportart des Orientierungslaufs, auch Trail Running genannt, greift dieses Bedürfnis auf. Die Teilnehmer folgen einem häufig zuvor unbekannten

Lost in Navigation? Wer die Straße verlässt, braucht einen klaren Orientierungspunkt 6

Kurs durch unwegsames Gelände. Die Trail Runner der klassischen Distanz von 100 Meilen starten zumeist abends und laufen durch die Nacht. Jedes Jahr im August gegen 18 Uhr brodelt die Atmosphäre auf dem Marktplatz von Chamonix in den französischen Alpen. Austrainierte Läufer mit kleinen Rucksäcken, Nordic-Walking-Stöcken und Kompressionsstrümpfen warten angespannt auf den Startschuss des wohl härtesten Trail-Rennens der Welt. Beim Ultra-Trail du Mont-Blanc (abgekürzt UTMB) begeben sich jährlich 2.300 Läufer auf die drei Länder umfassende Reise rund um das Mont-Blanc-Massiv. Der 166 Kilometer lange und mehr als 9.600 Höhenmeter beinhaltende Kurs muss von den Teilnehmern in maximal 46 Stunden absolviert werden.

*Nicht die restlose Ausleuchtung des Weges, sondern das richtige Gefühl für den Untergrund ist wichtig.*

Was können wir von den Ultra-Marathon-Läufern an dieser Stelle lernen? Sie verzichten häufig auf elaborierte Ausrüstungsgegenstände, wie z. B. leuchtstarke Stirnlampen. Grund ist, dass sie damit im Scheinwerferkegel lediglich einen Ausschnitt der Realität komplett ausleuchten. Aufgrund der Tatsache, dass sie laufen, sehen sie die gut beleuchteten Details jedoch auch nicht in voller Detailtiefe. Für die Läufer ist viel ausschlaggebender, dass ihre Augen durch die Leuchtkraft der Dioden so stark geblendet würden, dass sie die Umgebung weiter voraus sowie links und rechts von sich kaum noch erkennen könnten. Aufgrund der extremen Kontraste zwischen Leuchtkegel und Unterholz wäre das Sichtfeld stark eingeschränkt. Ohne Hilfsmittel ist die Umgebung zwar weniger belichtet, die Konturen und die Peripherien sind jedoch mit dem Restlicht häufig sehr gut zu erkennen. Das einzige, auf das sie achten müssen, ist, die Füße etwas höher zu nehmen, um nicht über Wurzeln zu stolpern oder im Matsch stecken zu bleiben. Um die Gefahr des Stolperns und des Umknickens zu minimieren, präferieren viele Läufer Laufschuhe, die eine extrem dünne Sohle aufweisen. Auch hier verzichten sie wieder auf die Nutzung von Hilfsmitteln, in diesem Beispiel auf die Dämpfung in den Laufschuhen, um ein besseres Gefühl für den Untergrund zu erhalten. Ohne Lampe und beinahe barfuß kommen sie im Gelände weitaus besser zurecht als mit LED-Scheinwerfer und grobstolligen Stabilitätsschuhen.

Übertragen auf die Unternehmensrealität, lässt sich aus dem Orientierungslauf ableiten, dass Unternehmen sich auf die Basisfähigkeiten der Navigation rückbesinnen sollten und die Orientierung und Richtungsweisung nicht an die hochgezüchtete Technologie auslagern sollten. Durch die Nutzung altbewährter Fähigkeiten wird eine Fremdsteuerung und das Verlorengehen in der Routenplanung vermieden. Eine klare Absage an „Lost in Navigation"!

## Kundenorientierung als „Nordstern" der Kulturausrichtung

Bei der Neuausrichtung der Kultur im Sinne von Digital Offroad gibt es zwei Fluchtpunkte: Kundenanforderungen und Sinnstiftung. Wie im Kapitel 3 erwähnt, stellt eine individuelle Unternehmenskultur den nachhaltigsten Differenzierungsfaktor im Wettstreit um die Gunst der Kunden dar. Diese erkennen nämlich, ob ein Unternehmen ein authentisches Zielbild verfolgt, ob die Mitarbeiter mit Leib und Seele hinter der gemeinsamen Sache stehen. Passion für den gemeinsamen Traum wird von den Marktteilnehmern wahrgenommen und honoriert.

> VMware, mit über 7 Mrd. US-Dollar Jahresumsatz das weltweit führende Unternehmen für Cloud-Infrastruktur und Unternehmensmobilität aus dem Silicon Valley, hat den Wert „Passion" fest in seinem Kulturkanon verankert. Mit „Passion" bezeichnen die Unternehmensgründer das leidenschaftliche Streben der Mitarbeiter, stets das beste Produkt für ihre Kunden anzubieten. „Ich versetze mich in die Lage des Kunden und stelle mir die Frage: Würde ich dieses Produkt kaufen? Hat es einen echten Mehrwert?", erklärt Bask Iyer, CIO bei VMware, den Kundenfokus in seinem Unternehmen. Mit Fragen wie diesen arbeiten die Mitarbeiter fortwährend daran, den Kundennutzen ihrer Produkte zu verbessern.[108]
>
> Auch bei Zalando steht die Kundenperspektive an oberster Stelle. Der Mitgründer und CEO von Zalando, Robert Gentz, benennt die kompromisslose Kundenorientierung als den entscheidenden Erfolgsfaktor des Online-Modeversands. Gegründet im Jahre 2008, ist Zalando seit 2015 im MDAX gelistet, erzielte 3,6 Mrd. Euro Umsatz im Jahr 2016 und ist mittlerweile der größte Mode-Onlinehändler Deutschlands. „Kunden bestellen nicht bei Zalando, weil wir Kleidung verkaufen. Sie kommen zu uns, weil wir ihnen Lösungen und Convenience bieten", so Gentz.[109]

# Lost in Navigation? Wer die Straße verlässt, braucht einen klaren Orientierungspunkt 6

Der Fokus der Kultur muss auf die Kunden ausgerichtet sein, sonst geht sie am Ziel vorbei. Die Differenzierungsmöglichkeiten an der Kundenschnittstelle müssen ständig neu überdacht werden. Sonst tritt sehr schnell ein Gewöhnungseffekt ein. Kanō Jigorō, ein anerkannter Vordenker in Sachen Kundenorientierung und Begründer der japanischen Kampfsportart Jūdō, beschrieb die Kunst, systematisch Kundenzufriedenheit zu erzeugen, mit folgenden Worten: „Es ist nicht wichtig, besser zu sein als jemand anderes, sondern besser zu sein als gestern".[110] Bei einem Verbleib im Mainstream bekommt der Kunde nur das, was er bereits kennt. Es fehlen überraschende Elemente, die Entzückung bei den Kunden auslösen könnten. Ein Vorgehen nach dem Motto „Was gestern gut war, ist morgen nicht zwangsläufig schlecht", bewirkt beim Kunden nur eine Reaktion: er denkt sich „Wie gehabt". Zwar wird eine gewisse Verlässlichkeit im Sinne von „Da weiß man, was man hat" vermittelt, jedoch führt diese Vorhersehbarkeit nicht zwangsläufig zu einer Steigerung der Zufriedenheit und Verbundenheit. Im Gegenteil, Studien belegen, dass die Zufriedenheit sowohl der Kunden als auch der Mitarbeiter absinkt, obwohl keine erkennbare Verschlechterung der Rahmenbedingungen eingetreten ist.

*Wow-Effekte entstehen nur durch neue Reize, nicht durch inkrementelle Verbesserung bestehender Angebote.*

Das Ausscheren aus der Blechlawine ist nicht nur erforderlich, sondern immanent, wenn man als Unternehmen letztendlich nicht auf der Strecke bleiben möchte. Die Beibehaltung des Status quo, das Weiterfahren im Mainstream, scheint auf Dauer kein hinreichender Garant für Erfolg zu sein. Die Erkenntnisse „Damit alles gleich bleibt, muss sich alles verändern", und „Wer nichts riskiert, der riskiert alles", sind in der digitalen Unternehmenstransformation keine Floskeln, sondern Gesetzmäßigkeiten. Zwar können beispielsweise Bedenken vor den Unwägbarkeiten der Digitalisierung, die Unkenntnis oder der Mangel an technischen Alternativen oder eine stetige Verbesserung der bestehenden Lösungen die Ergebnisse konstant halten oder sogar steigern. Jedoch kann in einer solchen Konstellation unmerklich ein Veränderungs- und Modernisierungsstau entstehen, der dann unter Umständen zeitverzögert in einem kompletten Systemwechsel und einem erdrutschartigen Verlust des Kundengeschäfts mündet.

Das frühzeitige Abbiegen ins Gelände ist eine strategische Notwendigkeit, wobei die Kultur als Richtungsanzeiger dient. Die Sichtverhältnisse, die Umgebung und der Untergrund im Offroad sind dabei anders geartet als auf einer vorgegebenen und gut eingefahrenen Strecke. Wie im Kapitel 5 dargestellt, ändern sich die Rollen der Akteure im Rahmen der digitalen Transformation grundlegend, und es sind vielseitige Fähigkeiten gefragt.

Häufig monieren die Betroffenen in Bezug auf den digitalen Kontext, dass neue Märkte, Technologien oder Produkt-Marktsegmente dort völlig neue Anforderungen stellen. Dies ist jedoch nur zum Teil zutreffend und lediglich ein Ausschnitt der Realität. Zwar gelten für Unternehmen im Kontext von digitalen Geschäftsmodellen, cloud-basierten Infrastrukturen und offenen Datenmodellen etwas verlagerte Gesetzmäßigkeiten. Jedoch liegt die primäre Herausforderung nicht darin, dass die Umgebung anders ist. Die eigentliche Hürde ist, dass Unternehmen in diesen betrachteten Konstellationen selbst häufig anders aufgestellt sind. Während beispielsweise die etablierten Automobilhersteller in ihren angestammten Segmenten der Verbrennungsmotoren zu den Platzhirschen zählen, sind sie in den neuen Antriebstechnologien und digital geprägten Geschäftsmodellen zum Teil „Underdogs". In diesen Bereichen werden die Karten neu verteilt. Vormals dominante Unternehmen haben hier ggf. eine weniger „starke Hand" als neue Wettbewerber. Erst wenn der Perspektivenwechsel gelingt, dass die digitalen Herausforderungen weniger der externen Umgebung als der internen Konfiguration geschuldet sind, kann die Neuausrichtung erfolgen.

*Im Digital Offroad ist ein Unternehmen nicht mehr es selbst.*

Das Wettbewerbs- und Kompetenzprofil eines Unternehmens sieht in der digitalen Umgebung gänzlich anders aus. Die digitale Transformation stellt Vieles auf den Kopf. Vormalige Stärken verlieren an Bedeutung oder entpuppen sich gar als Hindernisse für die weitere Entwicklung. Zwar ist die Umgebung augenscheinlich verändert. Jedoch sind zumeist nicht die externen Einflüsse das größere Manko, sondern die noch unzureichend entwickelten eigenen Reaktionsfähigkeiten. Während die Umgebung sich in bedeutendem Maße verändert, ist das Unternehmen selbst einem extremen Veränderungsdruck ausgesetzt. Dabei spielt die Wahrnehmung eine entscheidende Rolle. Oftmals hinkt das Eigenbild der Fremdeinschätzung hinterher. So lassen sich

# Lost in Navigation? Wer die Straße verlässt, braucht einen klaren Orientierungspunkt 6

z. B. dominante Marktpositionen, etablierte Kernkompetenzen oder hochangesehene Unternehmenskulturen in der digitalen Umgebung nicht automatisch in Stärken übersetzen.

In einer neuen transparenten, multimedialen und kollaborationsgetriebenen Welt können sich die bisher praktizierten Führungsstile vieler Manager mit einem Schlag selbst überleben. Das Führungsverhalten ist Ausfluss der Unternehmenskultur und prägt diese wiederum in reziproker Weise. Für den strategisch wichtigen Aufbruch ins Gelände ist eine veränderungsfähige Unternehmenskultur somit unabdingbar. Denn nicht nur die Kundenanforderungen ändern sich, sondern auch die Anforderungen an firmeneigene Fähigkeiten, in dieser Umgebung eine relevante Lösung anzubieten. Vom hohen Ross abzusteigen und sich von den Stärken vergangener Tage zu verabschieden, ist für viele nicht einfach. Der Kunde erwartet einfach etwas anderes. Anstelle von perfektionistischer Ingenieurskunst werden jetzt Kundenerlebnisse und agile Methodenkenntnis gefordert. Unternehmen, die sich diese neuen Anforderungen aneignen, werden die Potenziale der Digitalisierung erschließen können.

**Lost in Navigation – Fazit**

Bei der Neuausrichtung der Kultur im Sinne der Digital-Offroad-Strategie sind die folgenden Aspekte erfolgsrelevant:

- Unternehmen, welche die Hauptstraße verlassen, müssen ein klares Ziel vor Augen haben. Wer eigene Wege beschreitet, muss wissen, wohin die Reise gehen soll. Bei der Neuausrichtung der Kultur im Sinne von Digital Offroad gibt es zwei Orientierungspunkte: Kundenanforderungen und Sinnstiftung im Sinne eines Purpose.

- Etwas anders zu machen als die anderen, ist zwar ein weit verbreiteter Wunsch, in der Realität ist es jedoch einfacher, der großen Masse zu folgen. Soziale Einbettung und Pfadabhängigkeit führen zu Konsensorientierung und Konformität. Das Ausscheren aus dem Hauptfeld geht mit der Herausforderung einher, es nicht allen Anspruchsgruppen recht machen zu können und bewusst neue Wege zu gehen, die vielleicht deutlich vom bisherigen Pfad abweichen. Dies erfordert Mut zur Konsequenz.

- Unternehmen, die ins Digital Offroad aufbrechen, müssen sich in gewisser Weise „durchschlagen" sowie ihre Geländegängigkeit und ihr Improvisationstalent unter Beweis stellen. Bei der Orientierung im unbekannten Terrain gilt: weniger ist mehr. Hochgerüstete technische Hilfsmittel können leicht zum Verlust der Ortskenntnisse sowie einer Beeinträchtigung des Orientierungssinns führen. Im Digital Offroad sind sowohl Innovationen als auch Ansätze der alten Schule gefragt. Nicht das vollständige Ausleuchten des Weges, sondern das richtige Gefühl für den Untergrund ist dabei wichtig.

# 7 Need for Speed!

*Erfolgreiche Unternehmen agieren schnell – der Rest bleibt auf der Strecke*

Wenn im Offroad-Wagen die Rollenverteilung klar und die Navigation eingespielt ist, brauchen Unternehmen vor allem eines: Geschwindigkeit und Umsetzung! Galt noch in den 1980/90er-Jahren das Credo feudaler unternehmerischer Herrschaftsstrukturen „Groß frisst Klein", war Anfang der 2000er „Schnell frisst Langsam" das Gebot der Stunde. Heute und zukünftig ist neben Schnelligkeit die osmotische Flexibilität gefragt: Es gilt, Marktentwicklungen quasi in Echtzeit zu adaptieren und daraus kundenrelevante Lösungen zu kreieren. Das Unternehmen benötigt dabei Membran-Kompetenzen, die sich permanent an den Kundenwünschen ausrichten. Heute kann man Dinge in unglaublich großen Mengen schnell und effizient produzieren, jedoch wissen die Unternehmen nicht, ob diese Produkte auch von den potenziellen Kunden gewünscht werden. Unabhängig von Größe, Sektor oder Branche brauchen Unternehmen die DNA, Ideen in Produkte und Services zu verwandeln, die Kunden kaufen. Eric Ries, der Vater der Lean-Startup-Methode, rät Unternehmen zur Integration einer dauerhaften Feedback-Schleife von „Bauen, Testen, Lernen". Das permanente Lernen wird dabei zum Überlebens-Ticket. Auch oder gerade große, erfolgreiche Unternehmen können in der gleichen Innovationsgeschwindigkeit und Agilität wie Start-ups agieren.

Die Bezeichnung „Innovation" mutierte zu einem der größten Buzzwords der letzten Dekade. Viele Unternehmen bezeichnen sich zwar als innovativ, sind es aber nicht.

> Ein schönes Beispiel hierfür ist der Markt der Einwegrasierer. Über Jahrzehnte hinweg wurden einzelne Rasierklingen in Metall-Handrasierern verschraubt. Nach diversen Nassrasuren entsorgte man einfach nur die Klinge, und der Rasierer selbst war – nach Einsatz des neuen Scherenblattes – wieder einsatzbereit. In den 1970er-Jahren wurde dann der bis heute bekannte Einwegrasierer entwickelt. Von diesem Zeitpunkt an überboten sich Gillette, Wilkinson & Co. mit millionenschweren Marketing-Schlachten. Zunächst glänzte eine Klinge im Kunststoffrasierer,

dann waren es zwei Klingen, bald schon kam ein Anti-Hautirritationsplättchen dazu. Nach dem Motto „Viel hilft viel" verbaute man zusätzlich noch eine dritte Klinge. Um dem störrischen Problembart endgültig zu Leibe zu rücken, sollte es wenig später die vierte Klinge richten. Nach der fünften Klinge war der Rasierer insgesamt so scharf, dass Wilkinson dem Klingenkopf einen Käfig verpasste. Der Slogan lautete damals: „Der Protector von Wilkinson ist so scharf, dass er hinter Gitter muss." Allein dieses Produkt verschlang sieben Jahre Entwicklungsarbeit. Im Laufe der letzten Jahre kamen noch eine Haarvibrations-Funktion, welche die Haarwurzel stimuliert, und ein Schwingkopf hinzu. Eine wahre Klingenorgie, die jedoch bei jeder neuen Ausbaustufe eher evolutionär und nicht revolutionär war. Mit einem Augenzwinkern verpackten die Hersteller eine gute Marketingidee als Innovation.

Eine echte Innovation hat ganz andere Dimensionen: Es ist nicht nur ein neues Produkt für das Unternehmen, sondern eine Idee, die auch für den Markt komplett neu ist. Eine bislang unbekannte Art von Problemlösung oder Produkt(-gattung). So war z.B. der PC oder Laptop bei seinem Erscheinen eine wirkliche Innovation.

Warum sind echte Innovationen so selten? In den allermeisten Unternehmen herrscht keine mutige Kultur der Innovation, sondern eine angstgeprägte Kultur des Kopierens und Reproduzierens. Doch das ständige Bemühen, die Erfolge der anderen nachzuahmen, ist eine Sackgasse. Im Grunde jedoch haben große Unternehmen extremes Innovationspotenzial. Warum? Sie haben alles, was sie dazu brauchen: gutes Personal, Finanzkraft, Technologie/IT, Industrie-Know-how und Marketing-Power. Echte Spitzen-Innovatoren attackieren neue Märkte – und auch sich selbst. Hierbei haben sich drei Stoßrichtungen als erfolgversprechend erwiesen:
1. Masse: Eine große Anzahl an Ideen testen. Das können Hunderte pro Jahr sein.
2. Streuwinkel: Ein weites Feld an Ideen ausloten – kleine, große, sensible, absurde Ideen.
3. Geschwindigkeit: Ideen möglichst in kurzer Frequenz verabschieden, am besten in Tages- und Wochen-Frequenz.

Der Nachschub an guten Ideen ist überlebenswichtig, da laut Nielsen Media Research im Durchschnitt pro Jahr weltweit ca. 25.500 neue Produkte gelauncht werden. Allerdings floppen 80% dieser neuen Markteinführungen in den ersten Monaten oder Jahren.

Pepsi führte 1990 Pepsi Crystal in Europa und später auch in den Vereinigten Staaten und Kanada ein. Crystal startete als durchsichtige, koffeinfreie Brause und wurde als „klare Alternative" zu normalen Colas positioniert. Die Grundidee dahinter, die Kunden würden die klare Flüssigkeit mit Reinheit und Gesundheit gleichsetzen, war offensichtlich keine gute. Nach einer 50 Mio. US-Dollar teuren Werbekampagne zog Pepsi das Getränk Ende 1993 schließlich wieder zurück.
Aber nicht nur Softdrinks floppen, auch Filmproduktionen können ordentlich in die Hose gehen. 2012 brachte Disney das Science-Fiction-Abenteuer „John Carter" in die Kinos. Schon am Premieren-Wochenende, das immer ein wichtiger Gradmesser für den Gesamterfolg ist, deutete sich das Debakel an: Nur 30 Mio. US-Dollar spülte der Film da in die Kassen. „John Carter" war der erste Realfilm des recht unerfahrenen Regisseurs Andrew Stanton. Studio-Verantwortliche, deren Namen anonym bleiben sollten, erzählten Hollywood-Journalisten, dass der in diesem Geschäft unerfahrene Stanton nicht auf Marketing-Experten gehört und zu viel Kontrolle über den Film an sich gerissen habe. Am Ende bescherte der Film Disney insgesamt einen Verlust von 350 Mio. US-Dollar – davon 100 Mio. US-Dollar allein für das Marketing.[111]

## Reagenzglas-Ökonomie hilft gegen Flops

Aber trotzdem hätte der Albtraum für Pepsi und Disney verhindert werden können. Nur wie? Durch Rapid Prototyping. Das bedeutet so viel wie „schneller Bau eines Modells". Dabei handelt es sich um eine elegante Methode, schon frühzeitig in der Planung eine Art „Probe-Modell" zu bauen. Somit können schon zu Beginn Fehler oder Schwächen erkannt und behoben werden, bevor innerhalb des richtigen Produktionsprozesses hohe Kosten anfallen, um erst dann entdeckte Fehler zu beheben. Doch wie genau funktioniert Rapid Prototyping?

Generell dient der Begriff Rapid Prototyping als Dachbezeichnung für viele Verfahren einer schnellen und unkomplizierten Modellanfertigung. Rapid Prototyping ist eine Spezialform des normalen Prototyping. Die Herangehensweise stammt aus der Fertigungstechnik. Hier findet eine durch Maschinen automatisierte Produktion von Prototypen statt, bei der die Maße und Beschaffenheit durch digital bestehende Modelle eingelesen und somit der Maschine vorgegeben werden. Ziel des Rapid-Prototyping-Verfahrens ist es z.b., 3D-Modelle von materiellen Produkten mittels eines 3D-Printers zu drucken.

Eine neue, sehr elegante Variante des Rapid Prototyping, um noch schneller und kostengünstiger ans Ziel zu kommen, ist das Pretotyping. Beim Pretotyping der sogenannten Reagenzglas-Ökonomie lassen sich so gut wie alle neuen Produkte und Dienstleistungen im „Reagenzglas" testen, bevor daraus ein Prototyp wird. Pretotyping kümmert sich nicht in erster Linie darum, ob man ein Produkt bauen kann, sondern vielmehr darum, ob man es tatsächlich bauen sollte. Pretotypen sind schnelle, billige Tests, bei denen ausgelotet wird, ob eine bahnbrechende Innovation für ihren Markt attraktiv ist. Viele sind verblüffend einfach umsetzbar. Pretotype-Tests finden lange statt, bevor signifikante Investitionen in der Entwicklung getätigt werden. Alle diese Techniken haben für die Beteiligten nur Vorteile:

- Pretotyping-Anwender konzentrieren sich auf die Filterung der Ideen.
- Investoren erhalten schnelles Feedback und verwerfen so risikobehaftete Pläne frühzeitig.
- Die Unternehmen sparen enorme Ressourcen, die derzeit für die Entwicklung von Lösungen verschwendet werden, welche letztlich kein Kunde will.

Pretotyping sollte ein fester Bestandteil jeder „Need for Speed"-Philosophie sein. Extrem schnelles, unkonventionelles Markt-Feedback mit konkretem Kunden- und Produktservice-Feedback wird zum kritischen Erfolgsfaktor.

Eine Studie von Strategy&, der Unternehmensberatung von PwC, zeigt: Die großen Tech-Unternehmen verfügen mittlerweile über derart üppige Forschungs- und Entwicklungsbudgets, dass dort kleinere Unternehmen schwer mithalten können. Amazon investierte allein im Geschäftsjahr 2017 rund 16 Mrd. US-Dollar, Intel, Samsung und Volkswagen knapp je 12 Mrd. US-Dollar in F&E. Im Deutschland-Vergleich liegt VW auf Platz Nr. 1, gefolgt von Daimler, Siemens, Bayer und BMW.

Pretotyping liefert gerade auch kleineren Unternehmen eine hervorragende Toolbox, um in ganz kurzer Zeit Ideen schnell testen, aber auch schnell wieder verwerfen zu können. Es ist die perfekte Medizin gegen anhaltende, irrationale Angst oder Abneigung gegen Fehler. Wenn diese Phobie unbehandelt bleibt, führt dies zu verminderter Kreativität und mangelnder Innovationskraft.

Entwickler, Produktmanager und Geschäftsführer tappen mit Pretotyping nicht länger im Dunkeln, indem sie ihre Annahmen auf Glauben oder persönlichen Geschmack stützen, sondern bekommen damit Realtime-Marktforschungsergebnisse. Aber auch Investoren werden so schlaflose Nächte erspart. Es gibt keine monate- oder sogar jahrelangen Entwicklungen mehr von Produkten oder Services, die kein Kunde wirklich braucht. Oft sind Investoren an Mainstream-Ideen interessiert, da sie aus Erfahrungswerten schöpfen und vermeintlich auch auf schnelle Markterfolge bauen, egal, ob nachhaltig erfolgreich oder nicht.

> *„Die größte Herausforderung beim Erfinden besteht nicht darin,*
> *neue Ideen zu entwickeln, sondern herauszufinden,*
> *welche dieser Ideen am Markt erfolgreich sein wird."*
> Alberto Savoia, Pretotyping-Vordenker

Jedoch sind die häufigsten Gründe, warum neue Innovationen scheitern, nicht die lausige Markteinführung oder Qualitätsprobleme am Produkt oder Service, sondern der Grund ist viel fundamentaler: Das Team hat schlichtweg das falsche Produkt gebaut. Alberto Savoia, Pretotyping-Vordenker und einer der ersten Ingenieur-Direktoren bei Google in der Firmenzentrale in Mountain View prägte diese Definition: „Make sure – as quickly and as cheaply as you can – that you are building the right *it* before you build *it* right."[112]

In der Praxis wird im Pretotyping mit diversen Techniken gearbeitet. Um es konkreter zu machen und um Anregungen für die eigene Umsetzung zu geben, gehen wir detaillierter auf vier Typen ein.

# Fake Door

Fake Door testet das Interesse und die Kaufbereitschaft der Kunden zu Produkten oder Services, die es noch gar nicht gibt.

Glauben Sie, dass der Verkauf von Spaghetti bei McDonald's eine großartige Idee wäre? Angenommen, Sie sind im Marketing des Burger-Giganten und reichen die Idee, McSpaghetti anzubieten, beim Management ein. Kurze Zeit später kommt die Antwort, dass so ein Projekt zu riskant und teuer in seiner Umsetzung wäre. Sie könnten diese Antwort nun entweder so hinnehmen, oder Sie starten einen Test: Beginnen Sie damit, McSpaghetti auf die Speisekarte einer McDonald's-Testfiliale zu setzen, auch wenn Sie keine Pasta verkaufen. Zählen Sie die Anzahl der Bestellungen, die pro Tag eingehen. Sollte ein Kunde McSpaghetti bestellen, bitten Sie um Verzeihung, dass der Artikel leider gerade ausverkauft ist. Um den Kunden nicht zu frustrieren, bieten Sie ihm einen Rabatt auf ein alternatives Produkt an. Nach einer Woche haben Sie valide Daten über die Anzahl der Tagesbestellungen, also wertvolle Marktforschungsdaten erhalten, aber bisher keinen einzigen Cent für Marketing, Personal oder Ausrüstung ausgeben müssen.

Für den Fall, dass mehr als 20% der Personen Ihre McSpaghetti bestellen, zündet die nächste Versuchsstufe. Auch hier gehen Sie ganz unkompliziert vor. Zum Beispiel könnten Sie Spaghetti aus einem nahegelegenen Restaurant kaufen oder eine begrenzte Menge an Spaghetti zubereiten und das Gericht dann an die Kunden verkaufen.

Ihr nächstes Etappenziel ist nun zu verfolgen, ob und wie viele Stammkunden tatsächlich Wiederholungskäufer sind. Sie können fragen: „Haben Sie dieses Gericht schon vorher bestellt?". Oder Sie können einfach die Anzahl der Wiederholungsaufträge notieren. Wenn Sie nun mit echten Zahlen ausgestattet sind, fällt es leichter, dem Management einen fundierten Vorschlag zu unterbreiten, wie McSpaghetti dauerhaft ins Sortiment aufgenommen werden könnte.

Jetzt fragen Sie sich vielleicht, warum Sie bis jetzt in keiner McDonald's-Filiale leckere McSpaghetti bestellen konnten? Sie ahnen es wahrscheinlich schon: Der Hunger der McDonald's-Kunden auf Nudeln war am Ende nicht groß genug. Das Gericht fand nie einen festen Platz auf der Speisekarte.

## Der mechanische Schachroboter

Mit der Roboter-Box werden komplexe und teure Computer oder Maschinen durch Menschen ersetzt. Der Ursprung dafür datiert zurück ins Jahr 1769, als der erste Schachroboter vom österreichisch-ungarischen Hofbeamten und Mechaniker Wolfgang von Kempelen konstruiert und gebaut wurde. Die Maschine schien eigenständig Schach gegen einen Menschen spielen zu können. Welch eine Sensation! Das Gerät verblüffte seine Zuschauer und sorgte reihenweise für großes Erstaunen. In Wahrheit verbarg sich jedoch ein talentierter, kleiner Schachspieler in der Apparatur. Er sah die Spielzüge über einen Spiegel und platzierte die Spielfiguren mithilfe eines mechanischen Greifarms auf dem Schachfeld. Dieses Gerät wurde in Kopien bis ins Jahr 1929 auf Vorführungen und Ausstellungen eingesetzt.

Doch auch heute noch eignet sich der Schachroboter gut dazu, das anfängliche Interesse an Produkten oder Dienstleistungen zu testen, bevor Gründer oder Unternehmen viel Geld in komplexe Technologien wie Software oder Hardware investieren.

> Ein Beispiel dafür war der erste Geldautomat, der seinen Regelbetrieb 1967 in der Nähe von London aufnahm. Doch bevor in teure Technologie investiert wurde, testete man die Akzeptanz dieser neuen Geldausgabemaschine mit einem klein gewachsenen, im Apparat versteckten Mann. Er gab nach Eingabe der Auszahlungssumme und Kontonummer die Geldscheine zunächst händisch abgezählt durch einen Ausgabeschlitz an den Kunden heraus. So konnte mit vergleichsweise geringem Aufwand zuerst das Interesse für solch eine Dienstleistung am Markt getestet werden, bevor man an die aufwendige Entwicklung ging.

## Die „Pretend to own"-Methode

Vermutlich kennen Sie Pop-up-Stores. Diese provisorischen Läden, die hin und wieder in Innenstädten aus Testgründen spontan eröffnen und nach kurzer Zeit wieder schließen, sind ein gutes Beispiel für die „Pretend to own"-Methode (ins Deutsche übersetzt: so tun, als ob Produkte einem gehören). Meist werden dazu für einen kurzen Zeitraum z. B. von drei Monaten vorübergehend leerstehende Geschäftslokale angemietet. So schlägt man zwei Fliegen mit einer Klappe: Man spart sich die Kosten für eine teure Ladenausstattung, da sie meist in solchen Läden bereits vorhanden ist, und man geht nicht das törichte Risiko ein, einen Fünf- oder gar Zehn-Jahres-Mietvertrag abzuschließen, ohne dabei zu wissen, ob das neue Geschäftskonzept einschlägt.

Auch wenn es z. B. um den Aufbau einer Elektroauto-Vermietung in einer Großstadt geht, lässt sich diese Methode nutzen. Kann die Geschäftsidee funktionieren? Um eine Antwort auf diese Frage zu finden, könnte durch die kurzzeitige Anmietung weniger Fahrzeuge zuerst die potenzielle Nachfrage getestet werden, ohne gleich im Voraus eine komplette Flotte anzuschaffen.

## Die Pinocchio-Methode – Bau einer nicht funktionalen, „leblosen" Version des Produktes

Die Pinocchio-Methode ist dafür geeignet, die Attraktivität über den Formfaktor und die Ästhetik eines neuen Produktes zu testen. Diese Methode fußt auf Jeff Hawkins, dem Erfinder des Palm Pilot. Bevor Hawkins den Palm baute, trug er tagsüber einen Holzblock in der Tasche mit sich herum, um zu testen, welches Gewicht, welche Form und Größe der Palm maximal haben durfte, damit er bequem in die Jackentasche passt.

> Ein gutes Beispiel dafür, was passiert, wenn das Pinocchio-Verfahren nicht angewendet wird, ist das MessagePad Apple Newton: Als es 1993 auf dem Markt kam, entpuppte es sich schnell als deutlich zu groß, es passte in keine Hosen- oder Sakko-Innentasche. Der Newton floppte, die Produktion wurde 1998 eingestellt.

Need for Speed! 7

*Make sure you are building THE RIGHT IT before you build IT right.*

Dort, wo tragfähige Ideen oder Services von Vorgesetzten durch Prinzipienreiterei behindert oder vereitelt werden, sind Mitarbeiter gut beraten, sich lieber für ein nicht vorab genehmigtes Projekt im Nachhinein zu entschuldigen, als um Erlaubnis zu „betteln". Kürzlich wurde John Lydon, Geschäftsführer von McKinsey in Australien und Neuseeland, gefragt, welche Veränderungen er als Führungskraft unternommen hat, um bei einem sich wandelnden Marktfokus erfolgreich zu bleiben, und welche Lehren er daraus bei der Führung eines Teams auf diesem Weg der Veränderung gezogen hat. Johns Antwort war kurz und klar: „Bitte um Vergebung, nicht um Erlaubnis."

## Wie der französische Schnellzug TGV zur digitalen Plattform wurde

Manchmal bewirkt externer Marktdruck Wunder. So geschehen 2010, als die Diskussion aufkam, den europäischen Eisenbahnmarkt zu liberalisieren. Die Folge davon wird sein, dass die staatlichen Bahngesellschaften ihr Ländermonopol ab 2020 endgültig verlieren und damit deutlich intensiver mit neuer Konkurrenz zu kämpfen haben. Inmitten dieser Veränderungswelle befand sich die stolze französische Staatsbahn SNCF mit ihrem prestigeträchtigen Train à Grande Vitesse (TGV). Über Jahrzehnte gehörte der TGV zur Weltspitze. Exzellente Ingenieure und eine gut gefüllte Forschungs- und Entwicklungskasse sorgten für einen international guten Ruf mit immer neuen Geschwindigkeitsrekorden. Im Jahr 2007 stellte ein modifizierter TGV einen neuen Rekord von 574,8 km/h auf. 2008 erkannten die SNCF-Manger jedoch, dass die Herstellung von immer schnelleren Zügen nicht ausreichen würde, um anspruchsvolle, europäische Kunden zu begeistern und zu halten. Denn diese Kunden werden bald eine Reihe von Bahngesellschaften zur Auswahl haben. SNCF stand kräftig unter Zeit- und Erfolgsdruck, neue, attraktive Kundenkonzepte zu entwickeln.

Schnell wurde allerdings klar, dass die große, starre und konservative französische Staatsbahn mit der Aufgabe überfordert war. Die SNCF als Gigant mit mehr als 180.000 Mitarbeitern in 120 Ländern brauchte dringend eine Innovations-DNA. Ein kreatives Start-up sollte sich der Herausforderung annehmen. Die Beratungsfirma ExploLab entschied kurzerhand, das SNCF TGV Lab zu gründen. Diese neue Einheit war für die Identifizierung, Priorisierung, Pilotierung und Validierung innovativer Service-Ideen verantwortlich. Die Kreativen erkannten schnell, dass der TGV ähnlich wie ein Smartphone funktioniert, also lediglich eine Plattform war. Die Qualität eines Smartphone hängt jedoch wesentlich von der Verfügbarkeit und Qualität seines Betriebssystems und der Apps ab.

Bisher gab es aber nur die „klassische" Entwicklungsabteilung, die die Highend-Züge durch strenge Produktentwicklungsprozesse von fünf bis zehn Jahren schleuste. Um neue schnelle und attraktive Kundenlösungen anzubieten, war dieser Zyklus deutlich zu lang. Das flinke, agile Start-up TGV Lab sollte hier Abhilfe schaffen. Neue Kunden-Services und Dienstleistungen, die in Monaten, wenn nicht gar Wochen verfügbar waren, mussten her.

Die Geschäftsbereiche wiesen jedem Projekt einen Sponsor zu und arbeiteten über einen Zeitraum von sechs Monaten eng mit den TGV-Lab-Mitarbeitern zusammen, um das Projekt zu leiten.

Sobald sie bereit waren, präsentierten die Teams die endgültigen Ergebnisse und Empfehlungen (Go oder No-Go) an die zuständigen Geschäftsbereichsleiter. Diese konnten entscheiden, das Projekt je nach den Ergebnissen des Pilotprojektes zu erweitern oder nicht.

Angesichts der begrenzten Ressourcen und Zeit des TGV Lab kamen nur sparsame Innovationstechniken infrage. Die Lösung: Rapid Prototyping, um schnelle Ideen zu entwerfen, statt finale Lösungen zu schaffen.

Diese ersten Rohideen wurden dann mit internen Experten, Kunden und einem breiten Ökosystem von Technologiepartnern (darunter viele Tech Startups) diskutiert, und es wurde Feedback eingeholt. TGV Lab war so in der Lage, schneller, besser und kostengünstiger mit dem eigenen schmalen Budget zu haushalten. So konnten auch unsichere Geschäftsmodelle getestet und validiert werden. Oberste Prämisse war bei allem: „Wir dürfen scheitern". Tatsächlich verkörpert die Arbeitsweise von TGV Lab damit die Silicon-Valley-Innovationsphilosophie „Frühzeitig scheitern, schnell scheitern, daraus lernen und besser machen."

Wenn ein Projekt des TGV Lab auf kleiner Flamme scheitert, kann SNCF größere und teurere Fallstricke vermeiden.

### Need for Speed – Fazit

Folgende Maßnahmen und Tools sind empfehlenswert, um das „Need for Speed"-Mindset im Unternehmen einzuführen:

- Starre, langfristige Projektpläne bilden nicht mehr die Flexibilität und Schnelligkeit ab, die Unternehmen heutzutage brauchen. Stattdessen werden die Prinzipien „Trial and Error" und „Learn and Iterate" zur Philosophie und Denkhaltung.

- Große Unternehmen haben bereits alles verfügbar, um mit echten Innovationen neue Marktpotenziale zu erschließen: gutes Personal, Finanzkraft und Technologie. Kombiniert mit einer Vielzahl von Ideen, Streuwinkel und Geschwindigkeit wird daraus ein echtes Erfolgsrezept.

- Pretotyping als kostengünstige Realtime-Marktforschung unterstützt den Ansatz der „Reagenzglas-Ökonomie": Schnelle, kleine und kostengünstige Testszenarien geben impulsartig Auskunft über die Chancen bzw. Risiken einer Innovation.

- Sobald das Unternehmen sich dazu entschieden hat, die langweilige, öde Blechlawine zu verlassen, um stattdessen Offroad weiterzufahren, kann es mit diesen Maßnahmen im Gelände beschleunigen. Schließlich ist das Unternehmen unter anderem auch deswegen ausgeschert, um schneller als im zähflüssigen „Kultur-Stau" voranzukommen.

## 8 Fehler sind famos – Reifenwechsel leicht gemacht

> *Try again. Fail again. Fail better.*
> Tattoo auf dem Unterarm des Schweizer Tennisprofis Stan Wawrinka.
> Ursprünglich stammt das Zitat von Samuel Beckett,
> irischer Nobelpreisträger und einer der bedeutendsten
> Schriftsteller des 20. Jahrhunderts.

Wie häufig fällt ein Kleinkind hin, bis es laufen kann? Einer Studie der New York University zufolge hundertmal, und zwar pro Tag[113]! Das Kind zieht sich am Stuhl hoch und fällt hin. Es hält sich am Knie der Mutter fest und fällt wieder. Auch die ersten eigenen Schritte enden auf dem Hosenboden. Erwachsene hätten längst aufgegeben. Aber das Kleinkind versucht es immer wieder, bis es schließlich ohne fremde Hilfe laufen kann. Tausende Fehlversuche bis zum großen Erfolg: ein Schritt nach dem anderen, erst zaghaft, dann sicherer, aber erstmals, ohne zu fallen. In diesem Augenblick ist dem kleinen Racker der jubelnde Applaus der Eltern sicher.

Im Berufsalltag wäre das undenkbar. Wir leben in einer Leistungsgesellschaft, in der nur Erfolge zählen und Menschen für ihre Niederlagen verurteilt werden. In den meisten Unternehmen herrscht eine Null-Fehler-Toleranz. Dieser Perfektionsanspruch hat seine Berechtigung: Kunden erwarten eine angemessene Qualität. Unternehmen möchten Beschwerden gar nicht erst aufkommen lassen und setzen alles daran, Fehler zu vermeiden. Und wenn es dann doch einmal passiert, neigt man dazu, den Mantel des Schweigens darüber zu breiten: Wer gibt schon gerne einen Fehler zu? Man fürchtet eine schlechte Beurteilung des Chefs, im schlimmsten Fall droht gar eine Abmahnung. Gerade bei wiederholtem Scheitern kann es im Beruf schnell brenzlig werden. Wenn Fehler im Unternehmen brachial sanktioniert werden, sichern sich Mitarbeiter ab, um nicht angreifbar zu sein. Ein starres, innovationsfeindliches Klima entsteht. Kein Vergleich zum Laufenlernen bei einem Kleinkind.

Dabei sind Fehler häufig ein wichtiger Zwischenschritt auf dem Weg zu bahnbrechenden Innovationen. „Das Scheitern ist ein integraler Bestandteil des

Innovationsprozesses. Fast alle Innovationen resultieren aus den Erfahrungen früherer Fehler", sagt Edward D. Hess, Wirtschaftsprofessor und Autor des erfolgreichen Buches „Smart Growth".[114] Es gibt unzählige Beispiele, bei denen Unternehmen erst herbe Rückschläge erleiden mussten und im Anschluss daran mithilfe der gemachten Erfahrungen durchschlagende Erfolge erzielen konnten. Nach dem desaströsen Abschneiden des PC „Lisa", eines der ersten Computer mit grafischer Benutzeroberfläche und Maus, konnte Apple große Erfolge mit den Nachfolge-Modellen der „Macintosh"-Reihe verbuchen.

Die meisten Firmen aus dem Silicon Valley verankern eine Fehlerkultur sogar in ihren Unternehmenswerten. Eric Schmidt, Executive Chairman von Alphabet, schreibt in seinem Buch „How Google Works" dazu: „Um innovativ zu sein, muss man lernen, richtig zu scheitern. Man muss aus seinen Fehlern lernen".[115] Auch in der Wissenschaft hatten bahnbrechende Entdeckungen ihren Ursprung in Fehlern.

> Die Forschungsgeschichte, die sich um das Penicillin rankt, ist legendär. Der schottische Bakteriologe Alexander Fleming hatte 1928 vor den Sommerferien eine Nährbodenplatte mit Bakterien angelegt, doch diese dann voller Vorfreude auf die bevorstehende Auszeit im Labor vergessen. Bei seiner Rückkehr nach den Ferien entdeckte Fleming, dass auf dem Nährboden inzwischen ein Schimmelpilz (Penicillium notatum) gewachsen war und sich die Bakterien dort nicht vermehren konnten. Schon einige Jahre später wurde der Wirkstoff Penicillin erfolgreich als Medikament verwendet. Der Siegeszug der Antibiotika hatte begonnen.

Isaac Asimov, einer der populärsten Science-Fiction-Autoren und der Entwickler der Robotergesetze, formulierte es treffend: „Der aufregendste Ausruf in der Forschung ist nicht ‚Heureka!' (Ich hab's!), sondern das verdutzte ‚Das ist ja komisch!'". Mittlerweile ist die „Trial and Error"-Vorgehensweise, also die Versuch-und-Irrtum-Methode, in der Wissenschaft anerkannt und weitverbreitet. Das Forschungszentrum der Robert Bosch GmbH im schwäbischen Renningen bei Stuttgart beschäftigt rund 1.700 Mitarbeiter und wird häufig als das „Stanford von Bosch" tituliert. Der Forschungscampus steht unter dem Motto „Vernetzt für Millionen Ideen". Der Konzern setzt dort auf offenen Austausch zwischen den Fachbereichen. Experimente unter der Devise „Trial and Error" sollen die Innovationskraft des Automobilzulieferers stärken. „Um bahnbrechende Neuerungen hervorbringen zu können, müssen wir eine Kultur des Risikos etablieren. Dass Projekte scheitern, gehört dazu.", erklärt der Bosch-Forschungschef Dr. Michael Bolle.[116]

Wieso ist eine Fehlerkultur gerade bei Unternehmen, die aus dem Kultur-Einerlei ausbrechen möchten, notwendig? Sobald sich ein Unternehmen dazu entscheidet, mit einer individuellen Unternehmenskultur unerforschte Wege abseits des Kultur-Mainstreams einzuschlagen, hat das auch für die Geschäftsplanung weitreichende Folgen: Eine auf Planungssicherheit basierende Fehlervermeidungs-Kultur wird abgelöst durch eine positive Fehlerkultur. Dieser Wandel äußert sich zum einen in einer höheren Fehlertoleranz, zum anderen in dem Bewusstsein, dass die Route, die letztendlich ans Ziel führen wird, unbekannt ist. Die Führungsetage akzeptiert also, dass die Zukunft weder völlig planbar noch kontrollierbar ist. Das Unternehmen manövriert ohne Straßenkarte flexibel durch das unerschlossene Terrain. Zu dieser Offroad-Fahrt gehören dann folgerichtig auch (Fahr-)Fehler und (Reifen-)Pannen. Die Fahrt wird nach einem solchen Zwischenfall keineswegs beendet. Nach der Reparatur geht es mit den gemachten Erfahrungen auf einer neuen Route weiter.

## Andere Länder, andere Fehlertoleranzen

„Irren ist menschlich" und „Fehler machen klug" sind schlaue Sätze. Doch in kaum einem Land werden Fehler und Versagen so geächtet wie in Deutschland. Der renommierte Fehlerforscher Professor Michael Frese, Wirtschaftspsychologe an der Leuphana Universität in Lüneburg, hat die gesellschaftliche Fehlertoleranz von über 60 Ländern verglichen. Deutschland belegt in seiner Studie den vorletzten Platz. Nur in Singapur werden Fehler noch weniger verziehen.[117] Hauptursache dort ist der in der Landeskultur verankerte Stolz. In Deutschland ist die niedrige Fehlertoleranz im Grunde genommen die Kehrseite der deutschen Wirtschaftsstärke-Medaille. Deutschland wurde zum Exportweltmeister und stellt die meisten Weltmarktführer nicht zuletzt deshalb, weil in der Produktion Fehler vermieden werden. Dieser Perfektionismus sorgt dafür, dass das Label „Made in Germany" weltweit als Gütesiegel anerkannt ist und für hervorragende Qualität steht.

Der unterschiedliche Umgang mit Fehlern in Gesellschaften führt auch zu unterschiedlichen Fehlerkulturen innerhalb von Unternehmen. Menschen werden schließlich ihr ganzes Leben lang durch die Gesellschaft sozialisiert, bevor sie als Mitarbeiter zu einem Unternehmen stoßen. Die Gesellschaftskultur hat somit einen unmittelbaren Einfluss auf die Unternehmenskultur. „Wie wir alle bin ich in einer Kultur des Gehorsams aufgewachsen, in der das Motto war: Wir dürfen keine Fehler machen, wir müssen brav sein, sonst kommen Rute und Strafe.", fasst Werner Kieser, Gründer der „Kieser Training"-Fitnesskette mit über 100 Filialen weltweit, seine Erfahrungen zusammen.[118]

Stellen wir uns zwei Chefentwickler in der jeweiligen F&E-Abteilung ihrer Unternehmen vor: Herr Müller in Deutschland und Mr. Smith in den USA. Herr Müller favorisiert eine fehlerfreie Projektplanung und sagt: „Lasst es uns lieber noch einmal durchspielen", wohingegen Mr. Smith eher auf sein Bauchgefühl hört. Er ruft: „Let's go – legen wir los!". Die US-amerikanische Computerpionierin Grace Hopper († 1992) brachte diese Besonderheit ihrer Landeskultur treffend auf den Punkt: „Es ist immer einfacher, hinterher um Entschuldigung zu bitten, als vorher eine Genehmigung zu bekommen." Die Arbeit der von ihren Mitarbeitern genannten „Amazing Grace" auf dem Gebiet der Programmiersprachen war derart wegweisend, dass viele Experten ihr nachsagen, den Computern das Sprechen beigebracht zu haben.

In den USA geht man deutlich entspannter mit wirtschaftlichen Fehlversuchen um. Dies lässt sich auch bei Unternehmensgründungen und dem Verfolgen neuer Geschäftsideen beobachten. Gescheiterte Projekte werden als etwas Gutes betrachtet, solange man die richtigen Lehren daraus ziehen konnte. Viele Gründer heben in Interviews sogar hervor, dass das Scheitern ein wichtiger Schritt zu ihrem späteren Erfolg war. Auch der Handelsriese Amazon musste auf dem Weg zum Erfolg einige herbe Rückschläge hinnehmen, so z. B. einen erfolglosen Versuch mit einem Versteigerungssystem, das von den Kunden nicht angenommen wurde. „Erfindungen und Misserfolge sind dasselbe, es kann das eine ohne das andere nicht geben.", weiß Jeff Bezos, Gründer und CEO von Amazon.[119] Professorin Dr. Dolores Schendel, Vorstandsvorsitzende von Medigene AG, TecDax-Biotechnologie-Unternehmen mit Hauptsitz in Martinsried bei München, beschreibt die Unterschiede in den Landeskulturen im Rahmen von gescheiterten Unternehmensgründungen so: „Die Akzeptanz für Neustarts ist jedoch in Deutschland nicht beson-

## Fehler sind famos – Reifenwechsel leicht gemacht 8

ders ausgeprägt. Da ist die Stimmung in den USA anders und Geldgeber für einen Turnaround oder einen Neustart kann man mit einer guten Idee dort viel einfacher gewinnen."[120]

Prof. Ulrich Weinberg vom Hasso-Plattner-Institut in Potsdam bringt es auf den Punkt: „In den USA wird ein gescheiterter Unternehmer als jemand angesehen, der um eine Erfahrung reicher ist. Und nicht wie eine gescheiterte Persönlichkeit."[121] In Deutschland hingegen werden gescheiterte Gründer häufig gebrandmarkt. „Wenn man einmal ein Projekt in den Sand gesetzt hat, ist man schnell der Versager", weiß auch Christian Lindner, Bundesvorsitzender der FDP, aus eigener Erfahrung zu berichten.[122] Ehemalige Gründer haben es nach einem Fehlversuch in Deutschland deutlich schwerer, auf den Arbeitsmarkt zurückzukehren. In vielen Personalbüros existieren erhebliche Vorbehalte bei einem Wiedereinstieg. Gerade das Vorurteil, dass der Bewerber wohl nicht sonderlich gut sein könne, wenn er schon eine Pleite hingelegt hat, hält sich hartnäckig. In den USA hingegen sind vormalige Gründer begehrte Mitarbeiter, selbst gescheiterte, denn sie gelten aufgrund ihrer gewonnenen Erfahrungen als übermäßig qualifiziert. Vor allem in der pulsierenden Gründerszene des Silicon Valley ist eine ausgeprägte Fehlerkultur spürbar. Dort herrscht eine Kultur der zweiten Chance.

*In den USA wird nicht das Scheitern verurteilt, sondern das Aufgeben.*

Woher stammt dieser positive Umgang mit Fehlern in den USA? Dies ist auf mehrere Gründe zurückzuführen. Neben einer generell höheren Fehlertoleranz in anglo-amerikanischen Kulturen spielen zwei ökonomische Gründe eine entscheidende Rolle: Zum einen ist das Volumen des Venture Capital in den USA außergewöhnlich hoch. 2016 war es fünfzehnmal höher als in Deutschland – proportional zur Wirtschaftsleistung der beiden Länder.[123] Zum anderen fokussieren sich amerikanische Unternehmensgründer zuerst auf den Umsatz, bevor sie sich um den Gewinn kümmern. Dies führt dazu, dass die üblichen theoretischen Gesetze der Ökonomie außer Kraft gesetzt werden, nach denen ein Unternehmen primär einen Gewinn erzielen muss. Für viele deutsche Unternehmensgründer und deren Investoren sind rote Zahlen dagegen ein absoluter Albtraum und häufig ein Grund, frühzeitig den Stecker zu ziehen.

Aus Fehlern lernen – was einfach klingt, ist in der Realität nicht leicht umzusetzen. Neben dem beschriebenen Einfluss der Gesellschaftskultur spielt auch unsere Psyche eine nicht zu unterschätzende Rolle. Das menschliche Gehirn nimmt bevorzugt nur das wahr, was die eigenen Vorstellungen bestätigt. Durch diesen „Confirmation Bias" wird das positive Selbstbild beschützt, indem eigene Fehler ausgeblendet werden. Dazu passt das als „narrative Verzerrung" bekannte Phänomen: Wegen unserer Vorliebe, in sich stimmige Geschichten zu erzählen, werden Widersprüche – wie z.b. eigene Fehler –, die nicht zur (Erfolgs-)Geschichte passen, einfach ignoriert. Generell tendieren Menschen dazu, die eigene Verantwortung für Fehler herunterzuspielen. In der Psychologie ist dies als „Fundamental Attribution Error" bekannt. Menschen neigen dazu, die Verantwortung für ihre Fehler nicht bei sich selbst zu suchen, sondern auf die Umstände zu schieben: „Ich konnte doch gar nichts dafür …"

Aufgrund dieses starken Einflusses der menschlichen Psyche auf die Wahrnehmung von Fehlern empfiehlt es sich, begleitende Schulungen bei der Implementierung einer positiven Fehlerkultur anzubieten. Die Mehrzahl der Mitarbeiter ist sich über diese psychologischen Phänomene nämlich nicht im Klaren. Werden diese Fallstricke jedoch spielerisch offengelegt, also den Mitarbeitern bewusst gemacht, wird der gewünschte tolerantere Umgang mit Fehlern im Tagesgeschäft eher gelingen. Hierzu eignen sich beispielsweise Strategien aus der Lernforschung wie das Error Management Training (EMT) zur Unterstützung. Bei diesem Ansatz werden Mitarbeiter intensiv ermutigt, Fehler zu machen, um aus den gemachten Erfahrungen weiter zu lernen und sich zu verbessern.

Das extreme Gegenstück einer positiven Fehlerkultur im Unternehmen ist eine regelrechte „Bestrafungskultur", die heutzutage leider noch in vielen Unternehmen vorzufinden ist. Mitarbeiter haben Angst, Fehler zu begehen, da sie die möglichen Konsequenzen fürchten. In solchen Strukturen herrscht oft ein lähmendes Denken: „Ich mache lieber nichts, dann mache ich auch keine Fehler". Diese Einstellung bringt den daraus folgenden Stillstand im Unternehmen zum Ausdruck. Ebenso haben die Mitarbeiter Angst, eigene Fehler zuzugeben. Im schlimmsten Fall ziehen sie auch das Anschwärzen ihrer Kollegen in Erwägung. „Am Stuhl eines anderen zu sägen", wird für die eigene Karriereplanung dann wichtiger, als an eigenen Innovationen zu arbeiten. Dienst nach Vorschrift, fehlender Mut zum Risiko, Ablehnung von Neuerungen, Vertuschung von Fehlern: All dies sind Merkmale einer innovationsfeindlichen Bestrafungskultur. Die Arbeitsatmosphäre wird vergiftet, Mitarbeiter ziehen sich zurück und nehmen am Unternehmensgeschehen nicht mehr aktiv teil. Dies alles führt zu einem betriebskulturellen Teufelskreis, den Unternehmenschefs frühzeitig erkennen und verhindern müssen.

## Nicht alle Fehler sind gleich

Fehler sind per se weder gut noch schlecht. „Fehler sind kein notwendiges Übel. Sie sind überhaupt kein Übel, sondern unvermeidlich, wenn man neue Wege gehen will.", sagt Ed Catmull, Gründer und Präsident des Filmstudios Pixar.[124] Unternehmen sollten weder jeden Fehler ausufernd zelebrieren, noch jeden Fehler von Grund auf verteufeln. Es ist vielmehr erfolgsentscheidend, zwischen guten und schlechten Fehlern differenzieren zu können. Unternehmen müssen die richtigen Fehler begehen, aus denen sie wichtige Lehren ziehen können. Wenn man eine bessere Fehlerkultur im Unternehmen einführen möchte, lohnt es sich daher, die unterschiedlichen Arten von Fehlern zu beleuchten. Dazu eignet sich eine kurze Zeitreise in die Antike. Schon im Athen des vierten Jahrhunderts v. Chr. beschrieb der Philosoph Aristoteles drei grundsätzliche Fehler-Typen.
- Ein „Unglück" bezeichnet einen nicht vorhersehbaren Unfall. Solche Fehler sind so gut wie nicht zu vermeiden. Im Kontext der heutigen Wirtschaft wäre das z. B. ein plötzlich zusammenbrechender Absatzmarkt.
- „Schlechtes Tun" hingegen ist ein vermeidbarer Fehler, der durch grobe Fahrlässigkeit oder gar böse Absicht entsteht.
- Als reine „Fehler" benannte Aristoteles solche Zwischenfälle, die zwar zu verhindern gewesen wären, allerdings versehentlich zustande kamen, so beispielsweise durch irrtümliche Annahmen.

Für die heutige Wirtschaftswelt empfiehlt sich eine auf diesen Definitionen aufbauende, jedoch leicht abgewandelte Kategorisierung von Fehlern:
- Vermeidbare Fehler lassen sich z. B. durch Checklisten, Richtlinien, Notfallpläne und eingeübte Verfahrensweisen reduzieren.
- Intelligente Fehler hingegen sind für den Innovationsprozess essenziell und sollten daher unbedingt zugelassen werden.

Professor Sim Sitkin von der Duke University in North Carolina hat für wichtige lehrreiche Fehler den Begriff des „Intelligent Failure" geprägt. Er empfiehlt Unternehmen, kontinuierlich intelligente Fehlern zu begehen, um daraus wichtige Rückschlüsse für innovative Produkte ziehen zu können.[125] Dies erfordert zwar eine ausgeprägte Risikobereitschaft, macht sich für Unternehmen aber in einer höheren Innovationskraft bezahlt. Der irische Schriftsteller Oscar Wilde drückte es folgendermaßen aus: „Der Profi macht nur neue Fehler. Der Dummkopf wiederholt seine Fehler. Der Faule und der Feige machen keine Fehler." Kurz gesagt bedeutet das für Führungskräfte: vermeidbare Fehler reduzieren, intelligente Fehler fördern.

Wie können Unternehmen im hektischen Arbeitsalltag zuverlässig zwischen vermeidbaren und intelligenten Fehlern unterscheiden? Bei Gore, dem Hersteller von Gore-Tex, wird eine positive Fehlerkultur im Unternehmen gelebt; Experimente und Tests sind ausdrücklich erwünscht. Zur Unterscheidung in die zwei Fehlerkategorien dient dort das sogenannte Wasserlinien-Prinzip: Fehler über der Wasserlinie sind erlaubt, Fehler unter der Wasserlinie nicht. Wie bei einem Schiff, für das ein Loch über der Wasserlinie unbedenklich, eines unterhalb jedoch umso gefährlicher ist. „Wenn Sie einen Fehler über der Wasserlinie machen, wird es das Schiff nicht versenken", sagte Wilbert L. Gore, Erfinder und Namensgeber von Gore-Tex.[126] Wo exakt befindet sich aber die Wasserlinie in einem Unternehmen? Dazu stellen sich die Gore-Mitarbeiter, bevor sie ein Experiment starten, eine simple Frage: „Falls dieser Test schiefgehen sollte, könnte das unser Unternehmen in Gefahr bringen?" Lautet die Antwort „Ja", ist der kritische Bereich unter der Wasserlinie betroffen. Dort muss ein Fehler unbedingt vermieden werden; das Experiment wird demzufolge nicht durchgeführt. Bei einem „Nein" steht dem Versuch dagegen nichts im Wege.

Am Wasserlinien-Prinzip von Gore lässt sich zeigen, dass „der Kunde" das Kriterium bei der Entscheidung für oder gegen einen Test sein kann. Unternehmen stellen sich hierbei die Frage, ob ein Scheitern des Tests dazu führt, dass ihre Marke in der Kundenwahrnehmung einen Schaden davonträgt. Mike Eskew, ehemals CEO des Logistikunternehmens UPS, stellte klar: „Wenn wir einen Fehler begehen, werden es die Kunden niemals mitbekommen." Trotzdem war Eskew ein starker Verfechter einer expliziten Fehlerkultur. Er regte seine Mitarbeiter fortwährend dazu an, neue Experimente durchzuführen, um das Kundenerlebnis weiter zu verbessern. Mit der entscheidenden Einschränkung: Die Tests wurden in einem solchen Rahmen durchgeführt, dass eventuelle Fehler für die Kundschaft unbemerkt blieben. Eskew sprach hier bei der Kundenbeziehung von einer sogenannten fehlerfreien Zone.[127]

Der Vollständigkeit halber ist zu betonen: Ein gelassener Umgang mit Fehlern ist nicht für alle Unternehmen das Richtige. In manchen Industrien wie der Raum- oder Luftfahrt kann jeder noch so kleine Fehler katastrophale Folgen nach sich ziehen. Ebenso in einem Kernkraftwerk oder in der Notaufnahme eines Krankenhauses. Experten sprechen in diesem Zusammenhang von HROs, den „High Reliability Organizations". Das Management von HROs verfolgt das vollständige Vermeiden von Fehlern als oberste Zielvorgabe. Eine Null-Fehler-Mentalität ist in solchen Unternehmen zwingender Bestandteil der Firmenkultur, d. h., die gesamte Organisation ist eine „fehlerfreie Zone". Die Professoren Karl Weick und Kathleen Sutcliffe bezeichnen diese Firmenphilosophie passenderweise als „Achtsamkeitskultur".[128] Auch für bestimmte Abteilungen eines Unternehmens macht eine positive Fehlerkultur wenig Sinn. Produktionsfehler in einer Fabrik beispielsweise sind immer mit hohen Kosten verbunden. Hier kann die Unternehmensführung mithilfe des in den Kapiteln 2 und 4 beschriebenen Dualismus von Kulturen – Beidhändigkeit bzw. Ambidextrie – für ein optimales Fehlermanagement sorgen und bestimmte „fehlerfreie Zonen" ausrufen.

Wie lässt sich eine authentische Fehlerkultur im Unternehmen etablieren? Eine solche Kultur kann immer nur top-down gestartet werden. Die Unternehmensführung trägt die Verantwortung dafür, die Mitarbeiter an den neuen, offeneren Umgang mit Fehlern heranzuführen. Dazu muss das Topmanagement das übliche Stigma, das Fehlern anhaftet, für alle Mitarbeiter spürbar reduzieren. „Ein Management, das überkritisch auf Fehler reagiert, zerstört jede für das Weiterwachsen eines Unternehmens unerlässliche Eigeninitiative.", so William L. McKnight, langjähriger Chairman von 3M.[129] Führungskräfte müssen sich vom reinen Optimierungs- und Effizienzgedanken lösen und Fehler als ein notwendiges Nebenprodukt erfolgreicher Innovation ansehen.

> Als Alan Mulally 2006 neuer CEO beim US-amerikanischen Autobauer Ford wurde, erhielt er in den wöchentlichen Vorstandsmeetings von allen Topmanagern unisono nur positive Berichte. Ungläubig blickte Mulally in die Runde: „Wollen Sie mir sagen, dass alles reibungslos funktioniert? Gibt es nichts, was nicht so gut läuft?" Als einer der Manager zögerlich auf einen Missstand hinwies, wurde es ruhig im Raum. Doch Mulally hob die peinliche Stille auf und klatschte zur Ermunterung lauten Beifall. Das Eis des „Fehler-niemals-Zugebens" bei Ford war gebrochen. Von diesem Moment an wurde in den Meetings offen über Fehler und Verbesserungspotenziale gesprochen.

Wenn der Chef seine eigenen Fehler zugibt, beschleunigt das die Einführung einer Fehlerkultur enorm. Denn Führungskräfte sind für die Mitarbeiter immer Vorbilder. Wenn sie ihre eigenen Fehler offen eingestehen, werden die Mitarbeiter ermutigt, Fehler ebenfalls zuverlässig zu melden. Ein solches Vorbild für seine Mitarbeiter ist beispielsweise Gisbert Rühl, der Vorstandsvorsitzende von Klöckner, der im Intranet regelmäßig über seine Fehler schreibt (siehe Kapitel 5). Diese Offenheit gegenüber Fehlern sollte sich durch die gesamte Organisation ziehen. Bei einem Weltmarktführer aus Schweden, der nicht genannt werden möchte, fragen Manager ihre Mitarbeiter in jedem der zweiwöchentlichen 1:1-Meetings: „Was war dein größter Fehler?". Diese Frage ist keineswegs rhetorisch gemeint, sondern verläuft wie ein roter Faden durch alle Abteilungen im Unternehmen. Sie unterstützt so eine Fehlerkultur über alle Hierarchieebenen hinweg.

Einige Unternehmenschefs fordern Fehler sogar aktiv von ihren Mitarbeitern ein. So geschehen bei Google X (heute nur noch „X"), der Forschungseinheit von Alphabet. Nachdem der erste Praxistest einer fliegenden Windturbine – eine mit Rotoren ausgestattete flugzeugähnliche Konstruktion zur mobilen Energiegewinnung – fehlerfrei verlaufen war, hätte man frenetischen Jubel im Forschungsteam erwarten können. Doch stattdessen bat Unternehmenschef Larry Page den Projektverantwortlichen: „Sorge dafür, dass fünf von den Dingern abstürzen."[130] Wieso diese seltsam anmutende Bitte um Fehler? Larry Page weiß, dass auf dem Weg zu erfolgreichen Innovationen auch einzelne Schritte schiefgehen müssen. Daher wurden weitere Tests durchgeführt, unter widrigen Bedingungen, sowohl bei Sturm als auch bei Windstille. Page und Google-Mitgründer Sergey Brin lieben ambitionierte Projekte. Ihnen genügt schrittweise Verbesserung nicht, sondern sie suchen stets nach bahnbrechenden Innovationen, den „Moonshots". Eine zehnprozentige Verbesserung eines Produkts ist den Google-Gründern dafür zu wenig, eine Verzehnfachung ist eher nach ihrem Geschmack. Bei Alphabet und Google spricht man daher vom „10x thinking": Page und Brin sind davon überzeugt, dass eine wegweisende, tatsächliche Innovation zehnmal besser sein muss als alles, was zuvor existierte.

Der sprichwörtliche „Mut zu Fehlern" kann auch bereits in den Unternehmensleitlinien verankert werden. Nordzucker hat zu diesem Zweck das Wort „Courage" in seinen Wertekanon mitaufgenommen. Der Zuckerproduzent aus Braunschweig hat sich dabei explizit für die französische Version des Wortes „Mut" entschieden. Der Begriff steht nicht nur dafür, mutig zu sein, sondern sich auch für seine Überzeugung einzusetzen und dabei als Vorbild für andere zu agieren: „Innovationen vorantreiben, Ziele verfolgen, aus Fehlern lernen, all das erfordert Courage", sagt die Personalchefin Inga Dransfeld-Haase.[131]

Facebook-Chefin Sheryl Sandberg weiß: „Die meisten Firmen, die untergehen, scheitern wegen Fehlentwicklungen, die viele Leute gesehen haben – aber niemand hat etwas gesagt." Sheryl Sandberg ist eine leidenschaftliche Verfechterin einer offenen Fehlerkultur innerhalb des Unternehmens, bei der es dazugehört, dass Fehler ehrlich miteinander besprochen werden. „Ich habe meine Mitarbeiter aufgefordert: Führt brutal ehrliche Gespräche mit Kollegen, mindestens einmal im Monat.", empfiehlt Sandberg als Maßnahme, um eine neue Fehlertoleranz in der Firma zu verankern. Als Vorbild dient das sogenannte Debriefing aus dem Militär: Hierbei findet nach jedem Einsatz eine detaillierte Analyse statt, was funktioniert hat und was schiefgelaufen ist. Durch einen solchen zielführenden Austausch – ohne Angst der Beteiligten vor persönlichen Konsequenzen – können Unternehmen aus Fehlern Kapital schlagen.[132]

Einen Wermutstropfen gibt es jedoch: Unternehmenschefs können nicht von heute auf morgen ihren Mitarbeitern „Macht ruhig Fehler!" zurufen und erwarten, dass sogleich eine bessere Fehlerkultur im Unternehmen eingeführt ist. Damit Mitarbeiter tatsächlich bereit sind Risiken einzugehen, benötigen sie zuerst ein psychologisches Sicherheitsnetz, die in Kapitel 4 beschriebene

„Psychological Safety" oder, wie es Eddie Murphy in der Oscar-nominierten Filmkomödie „Der Prinz von Zamunda" ausdrückt: „Um das Fliegen zu lernen, muss man erst auf zwei Beinen stehen können. Man kann nicht gleich mit dem Fliegen beginnen!". Erst wenn sich die Mitarbeiter gewiss sind, dass ein Fehler nicht zu drastischen Konsequenzen führt, werden sie auch Neues wagen. Ein Klima der Sicherheit ist somit die Grundvoraussetzung einer positiven Fehlerkultur.

## Der Einfluss der Organisationsstruktur auf die Fehlerkultur

Flache Hierarchien sind ebenfalls ein wichtiger Treiber hin zu einer solchen Kultur im Unternehmen. Denn in flachen Organisationsstrukturen fällt es den Mitarbeitern leichter, über Fehler zu sprechen. Klar ist: Ranghöhere Kollegen werden nur selten offen kritisiert. „Der Chef trägt die Verantwortung und wird schon das Richtige tun", ist ein typischer Gedanke.

Die Luftfahrtbranche hat den Zusammenhang zwischen Hierarchie, Kommunikation und Fehlerkultur schon früh erkannt und seit den 1970er-Jahren das Fehlermanagement bei der Besatzung stark verbessert. Kapitän, Co-Kapitän und die gesamte Crew duzen sich. Zuvor galten Kapitäne als unangreifbare Cockpit-Könige, denen man nicht widersprechen durfte, was zu mehreren katastrophalen Unglücken führte. Mit den neuen Kommunikations-Richtlinien haben die Airlines de facto eine flache Hierarchie im Flugzeug etabliert. „Duzen rettet Leben", bestätigt auch Fehlerforscher und Luftfahrt-Experte Dr. Jan Hagen, Professor an der European School of Management and Technology Berlin.[133]

Ein verringertes Machtgefälle führt in Organisationen dazu, dass die Kommunikation erleichtert und eine neue Fehlerkultur intensiver ausgelebt wird.

Das Outdoor-Unternehmen Schöffel fördert seine Innovations- und Fehlerkultur ebenfalls durch flache Strukturen. Insbesondere Designer und Innovationsmanager arbeiten bei dem Mittelständler im bayerischen Schwabmünchen in hierarchie-freien Räumen. „Wir haben Teams und Abteilungen radikal zerschlagen", erläutert der Unternehmenschef Peter Schöffel.[134]

## 360-Grad-Feedback: überschätzter Trend oder sinnvolles HR-Instrument?

Im Zuge des Trends zur besseren Fehlerkultur in Unternehmen wird häufig auch das sogenannte 360-Grad-Feedback genannt. Bei dieser immer beliebter werdenden Methode der Mitarbeiterbeurteilung erhalten Führungskräfte nicht nur von ihren Vorgesetzten und Kollegen, sondern auch von ihren Mitarbeitern ein umfassendes Feedback zur erbrachten Leistung. Doch eignet sich ein 360-Grad-Feedback tatsächlich zur Unterstützung einer positiven Fehlerkultur? Eine Studie zum Thema „Humankapital Index" hat den Zusammenhang zwischen Personalpraktiken und wirtschaftlichem Erfolg von 600 Unternehmen in mehr als 16 Ländern untersucht.[135] Die Effektivitätsmessung von Personalpraktiken ist seit jeher eine große Herausforderung der Organisationsentwicklung. Die exakte Quantifizierung der Erfolgswirkung ist aufgrund der Vielschichtigkeit der qualitativen HR-Aspekte nicht trivial. Im Rahmen der Studie wurden Charakteristika der Personalarbeit von Unternehmen dem Gesamtmittelrückfluss an die Anteilseigner (TSR – Total Shareholder Return) unter Verwendung der Kenngröße „Tobin's Q" gegenübergestellt. Tobin's Q ist eine ökonomische Kenngröße, welche die Fähigkeit einer Organisation zur Wertschaffung über die physischen Assets hinaus erfasst. Das Ergebnis: Entgegen der weithin etablierten Meinung hat das Instrument des 360-Grad-Feedbacks demnach keine leistungsfördernde Wirkung, ganz im Gegenteil. Dies erklärt der Autor mit dem Sachverhalt, dass Führungskräfte auch unpopuläre, mutige Entscheidungen treffen müssen, um am Markt erfolgreich zu sein. Durch die kollektivistische Natur des 360-Grad-Feedbacks wird jedoch die individuelle Risikobereitschaft reduziert, da die Akteure implizit angehalten werden, es einer breiten Anspruchsgruppe „recht zu machen" und eine Einigung „auf einem gemeinsamen Nenner" anzustreben. Obgleich die hierarchieübergreifende Rückmeldeschleife es ermöglicht, Fehlentwicklungen und unerwünschte Abweichungen im Führungsverhalten aufzudecken, fördert das Instrument nicht die Fehlertoleranz, sondern löst tendenziell einen Absicherungsreflex aus. Im Kontext eines positiven Umgangs mit Fehlern ist das 360-Grad-Feedback daher eher hinderlich. Fehler sollten vielmehr über einen offenen, jedoch abgegrenzten Diskurs identifiziert werden, wobei der Lerneffekt im Vordergrund steht.

## Gebt dem Scheitern eine Bühne!

Die Mexikanerin Leticia Gasca leistete mit ihrer eigenen beruflichen Pleite einen wichtigen Beitrag für die Akzeptanz von Fehlern. Begeistert von der Social-Media-Welle gründete sie 2012 in Mexiko-Stadt ein Social-Start-up und scheiterte kläglich. Doch anstelle sich zu grämen, erzählte sie Freunden und Bekannten von ihren Fehlern. Dabei merkte sie schnell, wie wichtig es für sie war, ihre Erfahrung zu teilen. Sie fühlte sich erleichtert, und ihre Zuhörer waren ebenfalls begeistert. Die Idee der „FuckUp Nights" war geboren. Leticia lud immer mehr Leute zu den Abenden ein. Es entstand eine Selbsthilfegruppe für gescheiterte Entrepreneurs. Die Veranstaltungen verbreiteten sich wie ein Lauffeuer auf der ganzen Welt. Heute finden die auch „Failure Nights" genannten Treffen in über 200 Großstädten weltweit statt. Die Event-Reihe ist ein regelrechter Trend bei Managern und Entrepreneurs. Im Schnitt kommen 200 bis 300 Zuschauer pro Veranstaltung. Die Teilnehmer berichten professionell und unterhaltsam, immer mit einer Prise Humor und Selbstironie, über ihre Fehlschläge. Für viele der Redner sind die Abende wie eine Therapie-Sitzung, wie eine Katharsis. Für die Zuhörer sind die Erzählungen der Gescheiterten nicht nur reine Unterhaltung, sondern sie lernen auch von den Fehlern der Redner. Die zunehmende Verbreitung der Failure Nights unterstützt die gesellschaftliche Akzeptanz von Fehlern. Das Scheitern bekommt eine Bühne und wird salonfähig. Fehler werden zelebriert.

Die Erfolgsgeschichte der Failure Nights bewirkt, dass das negative Image des Scheiterns überdacht wird und die Gesellschaft einen gescheiterten Unternehmer nicht sofort als Versager abstempelt. Es finden inzwischen weltweit unter dem Namen „FailCon" sogar ganze Konferenzen rund um das Thema Scheitern statt. In Deutschland feierte die erste FailCon im Jahr 2012 in Berlin Premiere.

Solche Fehler-Foren sind auch innerhalb von Unternehmen sinnvoll, um die Entwicklung der Fehlerkultur zu begleiten. Schon allein dadurch, dass eine Failure Night (optimalerweise) von der Geschäftsführung ausgerufen wird, erhält die Belegschaft ein starkes Signal: dass man offen mit Fehlern umgehen und den Mut zum Risiko belohnen möchte. Vor allem beim Start einer solchen Event-Reihe ist es empfehlenswert, dass insbesondere ranghohe Mitarbeiter über ihre Fehler berichten. Dieses Vorgehen „von oben" ermuntert Mitarbeiter aller Hierarchien, aktiv an einer Failure Night teilzunehmen, weil sie nicht mehr das Gefühl haben, wegen ihrer Misserfolge an den Pranger gestellt zu werden.

Das Verlagshaus Gruner + Jahr veranstaltet regelmäßig die hausinterne „G+J Fuck-up Night".[136] Mitarbeiter erzählen dort von ihren Ideen für neue Printprodukte, die von der Unternehmensspitze in den Papierkorb befördert wurden. Chefredakteure sprechen über Zeitschriften, die bei den Lesern gefloppt sind und eingestellt wurden. Julia Jäkel, Vorstandsvorsitzende von Gruner + Jahr, unterstreicht mit der Veranstaltung die Fehlerkultur in ihrem Verlagshaus: „Wer Angst vor dem Scheitern hat, wird mutlos."[137]

Firmeninterne Failure Nights sorgen dafür, dass der Leitsatz „Aus Fehlern lernen" ganzheitlich gelebt wird: Mitarbeiter lernen nicht nur aus den eigenen Fehlern, sondern auch von denen der anderen. „Dem Scheitern darf nichts Negatives anhaften. Wichtig ist, dass man dabei lernt, seine Erfahrungen macht und diese auch mit anderen teilt.", sagt Bosch-Konzernchef Volkmar Denner.[138]

Eine Variation dieser Fehler-Events sind die sog. Failure Fridays, die in immer mehr Unternehmen eingeführt werden. Während eines morgendlichen Meetings am Freitag stellen die Mitarbeiter ihre Fehlschläge vor und diskutieren dann zum Wochenausklang gemeinsam die daraus ableitbaren Learnings.

In manchen Unternehmen gibt es neben solchen Fehler-Veranstaltungen auch Fehler-Awards. Firmen sollen Preise für Fehler verleihen? Was bizarr klingt, ist durchaus sinnvoll, um der Belegschaft eine Fehlerkultur glaubhaft zu vermitteln. „Sie müssen Leute für das Scheitern belohnen", sagt Astro Teller, Forschungschef von Alphabet.[139] Google-Mitarbeiter können sich um den Pinguin-Award bewerben. Wer mit seinem Projekt so richtig gegen die Wand gefahren ist und sich traut, auf der Bühne vor seinen Kollegen offen über die Erfahrungen, insbesondere über die Learnings daraus, zu sprechen, wird mit dem Award belohnt. So ermutigt Google seine Mitarbeiter, stets neue Ideen auszuprobieren. Sie dürfen testen und experimentieren, ohne Angst, bei einem Misserfolg sofort bestraft zu werden.

Sie fragen sich, warum der Preis den Namen „Pinguin Award" trägt? Wenn Pinguine Fische jagen, wagt zuerst ein einzelner Vogel den Sprung ins Wasser. Währenddessen warten seine Artgenossen auf der Eisscholle, ob ein hungriger Seelöwe oder Hai im Wasser lauert. Erst wenn die Situation sicher ist, folgen die anderen Pinguine dem mutigen Vor-Springer ins Wasser. Ein folgenschwerer Irrtum führt somit nicht zum Tod der gesamten Pinguin-Familie. Mit dieser Taktik sichern die Tiere gekonnt ihr Überleben, wovon sich die Google-Preisverleiher bei der Namensfindung inspirieren ließen. Unternehmen können also einiges vom Verhalten der Pinguine in freier Wildbahn lernen.

Doch nicht nur Unternehmen im Silicon Valley feiern bravouröse Fehlschläge ihrer Mitarbeiter.

Der indische Industriekonzern Tata verleiht seit 2007 einen „Dare to Try"-Award. Ausgezeichnet werden missglückte Innovationsprojekte, deren Kern aber eine revolutionäre Idee enthält, die sich im Folgenden als nützlich erweist. Im ersten Jahr gab es gerade mal zwölf Einreichungen, da die Mitarbeiter skeptisch waren. Im fünften Jahr hatte sich die Zahl der Einreichungen schon mehr als versiebenfacht.[140]

Die New Yorker Werbeagentur Grey vergibt den „Heroic Failure Award". Initiator des Awards war Tor Myhren, damals Chief Creative Officer bei Grey. Bevor er zu Grey kam, musste er am eigenen Leib erfahren, was es heißt, brutal zu scheitern. Myhren war 2006 für den „schlechtesten Super-Bowl-Werbespot aller Zeiten" verantwortlich. Diese Erfahrung verfolgt ihn bis heute – doch sie lehrte ihn, wie wichtig es ist, scheitern zu dürfen, um danach umso erfolgreicher zu werden.

Selbst die US-Raumfahrtbehörde NASA vergibt einen ähnlichen Preis: den „Lean Forward, Fail Smart Award". Dies ist umso bemerkenswerter, da die NASA bei ihrer Arbeit Fehler um jeden Preis vermeiden muss und im Rahmen des Apollo-Programms sogar ein eigenes Verfahren zur präventiven Fehlervermeidung entwickelt hat (das sogenannte FMEA-Verfahren).

Ein positiver Nebeneffekt der Fehler-Awards im Unternehmen: Durch die offene Kommunikation wird verhindert, dass der gleiche Fehler im Anschluss noch einmal von anderen Mitarbeitern begangen wird.

Auch bei Spotify, dem schwedischen Musik-Streamingdienst, wird eine Fehlerkultur im Büroalltag institutionalisiert. Viele Teams dort haben sich eine eigene „Failure Wall" angeschafft, eine für alle Mitarbeiter sichtbare Wandtafel, auf der sie ihre Fehler und gescheiterten Projekte veröffentlichen. Bei jedem Fehler führen die Teams sofort im Anschluss eine gemeinsame Ursachenanalyse durch, um aus den gemachten Erfahrungen zu lernen. Darüber hinaus finden bei Spotify mehrmals im Jahr sogenannte Experimentier-Wochen statt, in denen Mitarbeiter ihre Ideen für neue Features entwickeln und ihren Kollegen vorstellen können – ohne dabei Angst vor negativer Kritik haben zu müssen. Durch diese Maßnahmen fördert das Musikportal die Experimentierfreude seiner Mitarbeiter und schafft ein fehlerfreundliches Umfeld.[141]

## Jedem Fehler wohnt ein Wert inne

Ein nützliches Tool zur Förderung einer positiven Fehlerkultur ist es, Fehlern einen monetären Wert beizumessen. Professor Julian Birkinshaw von der London Business School empfiehlt Unternehmen, dazu einen „Return on Failure" (ROF) zu berechnen.[142] Auf der Habenseite eines Fehlers sind dabei die Erkenntnisse zu verzeichnen, die über Kundenbedürfnisse, Potenziale, Markttrends, aber auch über unternehmensinterne Prozesse und die Art der Zusammenarbeit gewonnen werden konnten. Diese Learnings müssen mit den entstandenen Kosten verrechnet werden. Jene umfassen neben den direkten Arbeits- und Materialkosten auch entstandene externe Kosten, wenn z.B. die Kundenbeziehung oder die Marke beschädigt wurde. Interne „Kosten" wie Frustration oder Enttäuschung bei den Mitarbeitern werden ebenfalls in die Berechnung mitaufgenommen.

Auch wenn viele dieser Faktoren auf Annahmen beruhen, hilft dieser Ansatz den Projektverantwortlichen, eine über das reine Bauchgefühl hinausgehende Systematik zur Fehlerbewertung zu entwickeln. Die unterschiedlichen „Return on Failure"-Ergebnisse werden im Idealfall im Unternehmen geteilt. Sie erlauben es, Fehler anhand ihres ROF miteinander zu vergleichen. Dabei ist es Ziel, einen überdurchschnittlich hohen Wert für einen Fehler zu erzielen. Denn eines ist klar: Intelligente Fehler erzielen deutlich höhere ROF-Werte als vermeidbare Fehler.

## Und wenn sich dann doch wieder ein Fehler einschleicht?

Was passiert mit einem Mitarbeiter in einem fehlertoleranten Unternehmen, wenn er einen Fehler macht? Ein wichtiger Bestandteil einer Fehlerkultur ist die Art und Weise, wie das Unternehmen nach einem Fehler mit den involvierten Personen umgeht. Persönliche Schuldzuweisungen, das „Fingerpointing", dürfen auf keinen Fall im Vordergrund stehen, wenn Fehler aufgearbeitet werden. Das sogenannte Blame Game führt häufig dazu, dass die Schuldfrage die wahren Fehlerursachen überschattet. Dann fällt es schwer, wertvolle Erkenntnisse aus dem Fehler zu ziehen. Auch komplexe Fehlerketten bleiben so meist unentdeckt. „Wichtig ist ein sachlicher und nüchterner Umgang mit Fehlern, der niemanden bloßstellt. Wir alle machen Fehler, Vorwürfe lösen das Problem nicht.", sagt Sophia von Rundstedt, CEO der gleichnamigen Karriereberatung.[143]

Wie eine vorbildliche Fehleranalyse funktioniert, zeigt das Vorgehen der US-amerikanischen Verkehrsbehörde National Transportation Safety Board (NTSB), deren Aufgabe die Aufklärung von Unglücksfällen, z.B. Flugzeugabstürzen, ist. Die NTSB wertet Unglücke sachlich und neutral aus. Sie benutzt einen formellen Prozess, um Fehler zu besprechen, zu analysieren und daraus zu lernen (um Empfehlungen an Airlines oder Luftfahrtbehörden auszusprechen). Die Identifizierung der Fehlerursache steht im Fokus, nicht die Benennung von Personen.

Die Übertragung eines solch sachlichen Vorgehens in das Tagesgeschäft eines Unternehmens ist sicherlich nicht leicht, doch eignet es sich als sinnvolle Orientierung und Benchmark bei der Untersuchung von Fehlern.

In diesem Zusammenhang ist auch das „Don't shoot the messenger"-Prinzip zu empfehlen. Wenn ein Mitarbeiter einen Fehler aufdeckt und anspricht, darf er als Überbringer der Botschaft keine persönlichen Konsequenzen fürchten müssen.

## Die wichtige Rolle der Personalabteilung

Eine positive Fehlerkultur fängt bereits bei der Mitarbeitersuche an. Hier sind die Personalverantwortlichen gefordert. Wie im Silicon Valley sollten Recruiter einen gescheiterten Unternehmer mindestens gleich gut, wenn nicht sogar besser als andere Kandidaten bewerten. Aufgrund ihrer Erfahrungen und der bewiesenen Eigeninitiative sind solche Bewerber meist besonders geeignet, um eine Fehlerkultur im Unternehmen mitzutragen.

Empfehlenswert sind auch konkrete Interviewfragen wie: „Sind Sie in Ihrer Karriere schon einmal gescheitert? Welche Learnings konnten Sie daraus ziehen?". Durch solche und ähnliche Fragen lassen sich Kandidaten identifizieren, die zu einer fehlertoleranten Unternehmenskultur passen.

Die Allianz-Versicherung hat sich eine Fehlerkultur schon im Rahmen des Employer Brandings auf die Fahne geschrieben. Auf der Job-Webseite des Konzerns sendet das Werteversprechen „Allianz is the home for those who dare", ins Deutsche übersetzt: „Allianz – das Zuhause für alle, die sich trauen", eine klare Botschaft an die Bewerber. Dr. Christian Finckh, Personalvorstand der Allianz, bestätigt: „Es ist uns wichtig, eine Kultur zu etablieren, bei der Fehler akzeptiert werden."[144]

Kinder wollen alles ausprobieren, alles so schnell wie möglich erlernen, egal, wie oft sie dabei hinfallen. Sie versuchen es immer wieder. Diese unbefangene Leichtigkeit des Lernens sollte als Vorbild dienen für eine moderne Fehlerkultur im Unternehmen. Experimentierfreudige Mitarbeiter sind die Basis für die kontinuierliche Innovationskraft eines Unternehmens.

## Je größer das Unternehmen, desto beschwerlicher der Weg zur Fehlerkultur

Oft fällt es gerade großen Unternehmen schwer, eine Fehlerkultur zu entwickeln. Strukturen, Prozesse und Effizienz-Richtlinien können eine Fehlerkultur schon im Keim ersticken. Dabei ist es sogar empfehlenswert, mit wachsender Größe immer größere Fehler zu begehen. Denn wenn die Fehler, die gemacht werden, zu klein sind, können sie im Unternehmen keine weitreichenden Veränderungen bewirken.

In Deutschland versuchen vornehmlich Großunternehmen und Konzerne, die für Start-ups typische Atmosphäre in ihren neu geschaffenen Digital Hubs zu simulieren (siehe Kapitel 2). Allerdings mit einem doppelten Boden: in einem geschützten Bereich abseits der Kernorganisation. Die Siemens AG möchte mit der hauseigenen Innovationsschmiede next47, deren Namen das Gründungsjahr des Unternehmens 1847 aufgreift, an den Pioniergeist der Gründungszeit anknüpfen. Die neue Unit soll nach dem Vorbild der Start-ups aus dem Silicon Valley arbeiten. „Fail fast", „Fail cheap", „Out of the box": Nach all diesen Prinzipien dürfen sich die ca. 100 Jungen Wilden austoben und experimentieren. 2016 verkündete der damalige Technikvorstand Siegfried Russwurm, dass Siemens in den nächsten fünf Jahren über eine Milliarde Euro in den Ableger investieren werde. Allerdings wird eine positive Fehlerkultur auch bei next47 noch nicht hundertprozentig gelebt. Wer bei Siemens in die neue Einheit wechseln möchte, geht ein hohes berufliches Risiko ein, denn: next47 sei „nicht etwas zum Spielen", so Russwurm, die Mitarbeiter könnten nach dem Scheitern einer Idee nicht einfach wieder zurück in ihre frühere Abteilung.[145] Hier besteht noch Potenzial zum Feinjustieren. Gerade ein Innovation Hub darf sich sehr wohl als „Spielwiese" definieren, sonst besteht die Gefahr, dass dort nur diejenigen Projekte verfolgt werden, deren Erfolg schon im Vorfeld sicher erscheint. Dies wiederum würde dem eigentlichen Sinn und Zweck einer solchen Einheit entgegenlaufen: nämlich aus Fehlern zu lernen, um erfolgreiche Innovationen hervorzubringen.

## Fail fast, fail cheap!

Eine moderne Fehlerkultur zeichnet sich auch durch eine hohe Umsetzungsgeschwindigkeit aus. „Fail fast" lautet eines ihrer Mottos, wie wir es bereits in Kapitel 7 beschrieben haben. Unternehmen können es sich nicht mehr leisten, ein Produkt jahrelang in aller Seelenruhe bis zur Marktreife zu entwickeln. Die Digitalisierung verändert im Rekordtempo ganze Branchen. Wenn ein Unternehmen endlos testet, läuft es Gefahr, dass ein Wettbewerber zum Überholen ansetzt und das neue Produkt eher auf den Markt bringt.

Um eine Idee schneller entwickeln zu können, nutzen Unternehmen verstärkt das Pretotyping-System. Ein Pretotyp ist die Vorstufe eines Prototyps und lässt sich deutlich schneller realisieren (siehe hierzu näher das Kapitel 7). Als man bei Google die Idee der Google Glass hatte, klebten die Entwickler kurzerhand ein Smartphone auf ein Brillengestell, um das Erlebnis einer smarten Brille zu simulieren. Das dauerte eine Minute und ging damit weitaus schneller als das Bauen eines Prototyps. Diese agile und test-basierte Vorgehensweise hat noch einen weiteren Vorteil: Sie ist vergleichsweise kostengünstig. Mögliche Denkfehler im Zusammenhang mit einer Idee werden frühzeitig erkannt und können rasch behoben werden. „Fail fast, fail cheap" ist daher ein sinnvoller Leitspruch für eine positive Fehlerkultur in Unternehmen.

Es besteht kein Zweifel: Eine positive Fehlerkultur lässt die Lernkurve eines Unternehmens signifikant steigen. In den letzten Jahren ist ein regelrechter Management-Hype rund um das Thema „Fehlerkultur im Unternehmen" zu beobachten. Wenn den Mitarbeitern möglichst viel Freiraum für Risiko und auch für Fehler eingeräumt wird, darf dabei ein essenzieller Punkt nicht vergessen werden: Voraussetzung einer Fehlerkultur ist, dass man wertvolle Erfahrungen aus den entstandenen Fehlern sammelt. Unnötige, vorhersehbare Fehler gilt es weiterhin zu vermeiden. Anders ausgedrückt:

*Eine positive Fehlerkultur ist kein Freibrief für den Schlendrian.*

Nur wenn es gelingt, zwischen Fehlern zu differenzieren, und wenn sich ein Unternehmen auf diese Weise vorwiegend auf solche intelligenten Fehler konzentrieren kann, die sich auf dem Weg zu einer Innovation oder bei der Selbstoptimierung als nützlich erweisen, trägt die Fehlerkultur zum Erfolg des Unternehmens bei. Denn Fehler zu tolerieren bedeutet, sie als notwendige Komponente von Lern- und Innovationsprozessen zu würdigen und in einem abgesteckten Toleranzbereich auch zu fördern. Erst damit kann aus Fehlern ein erfolgreiches Scheitern werden.

**Fehler sind famos – Fazit**

So etablieren Sie nachhaltig eine positive Fehlerkultur:

- **Fehlerkultur als Führungsaufgabe:** Die Geschäftsführung geht mit gutem Beispiel voran, indem sie eigene Fehler eingesteht und die Erfahrungen hieraus teilt. Das neue Leitbild einer Fehlertoleranz wird in Verhalten übersetzt und für alle Mitarbeiter erlebbar. Auch die Verflachung von Hierarchien wirkt sich förderlich auf eine Fehlerkultur aus.

- **Fehlerkultur Alltagsrelevanz geben:** Damit die Fehlerkultur kein Lippenbekenntnis der Unternehmensführung bleibt, muss sie für die Mitarbeiter spürbar werden. Fehler-Awards, Failure Nights oder Failure Fridays, die die Fehlerkultur institutionalisieren, sind Möglichkeiten, das Scheitern zu enttabuisieren. Auch der fehlertolerante Umgang mit Mitarbeitern im Arbeitsalltag, denen Fehler unterlaufen sind, ist entscheidend.

- **Fehler differenzieren und bewerten:** Nicht alle Fehler sind gleich. Führungskräfte müssen zwischen guten und schlechten Fehlern unterscheiden können. Intelligente Fehler werden gefördert, vermeidbare Fehler hingegen so gut wie möglich vermieden. Auch Maßnahmen wie die Berechnung eines „Return on Failures" und das Ausrufen von „fehlerfreien Zonen" sind sinnvoll.

Wenn diese Punkte befolgt werden, kann schon nach kurzer Zeit eine positive Fehlerkultur im Unternehmen entstehen. Die Art und Weise, wie das Unternehmen mit Misserfolgen umgeht, verändert sich dann grundlegend. Die folgende Anekdote über Thomas Edison, US-amerikanischer Erfinder und Unternehmer, steht exemplarisch für eine solche positive Fehlerkultur. Am Ende eines langen Tages im Labor, nach mittlerweile wochenlangen, erfolglosen Versuchen, eine marktreife Glühbirne zu entwickeln, seufzte einer seiner Mitarbeiter resigniert: „Wir sind gescheitert …". Edison blickte überrascht auf und entgegnete: „Ich bin nicht gescheitert. Ich kenne jetzt tausend Wege, wie man keine Glühbirne baut." Sind Sie der Fahrer des Offroaders und haben Sie schon mehrere Reifenpannen und Routen, die ins Leere führten, hinter sich, denken Sie an Edison.
Sagen Sie: „Jetzt wissen wir schon einmal, wo es nicht langgeht", schalten Sie dann einen Gang höher und beschleunigen Sie von Neuem.

# 9 Road to Hāna: Auch Umwege führen zum Ziel

Starkregen voraus. Wild tobend spritzt die weiß schäumende Gischt über die Felsbrocken. Unaufhaltsam bahnen sich die Wassermassen ihren Weg quer über die Fahrbahn. Gerade noch rechtzeitig kommt das Fahrzeug zum Stehen. Kurz zuvor hatten sich hier binnen 20 Minuten mehr als 25 Millimeter Starkregen entladen. An der nördlichen Steilküste von Maui, die zweitgrößte der acht Hauptinseln im hawaiianischen Archipel, sind die Regenmengen rekordverdächtig. Im großen Hochmoor, einer meteorologischen Messstelle etwas oberhalb des Haltepunktes, beträgt der jährliche Niederschlag durchschnittlich 10.272 Millimeter.[146] Das als regnerisch geltende London kommt hingegen nur auf durchschnittlich 584 Millimeter im Jahr. Der häufig zur Mittagszeit einsetzende lokale Steigungsregen wird in Hawaii „Wai Wela" oder „flüssiger Sonnenschein" genannt. Und in der Tat scheinen nun Sonnenstrahlen schräg unter der Wolkendecke hindurch. Zusätzlich spannt sich ein Lichtbogen in den Spektralfarben zwischen dem tiefblauen Pazifik unterhalb und den üppig bewaldeten Berghängen des Haleakalā Vulkans oberhalb auf. Das lichtdurchflutete Szenario erinnert an Iz Ka'ano'i Kamakawiwo'oles Ukulele-Version des Lieds „Somewhere over the rainbow" aus dem 1939 mit Judy Garland verfilmten Klassiker „Der Zauberer von Oz".[147]

Bei aller Schönheit der Umgebung ist die Straße jedoch unpassierbar. Das natürliche Hindernis in Form der überfluteten Fahrbahn, das sich so urplötzlich hinter einer Straßenbiegung auftat, ist ebenso gefährlich wie beeindruckend. Das Sedimentgestein hier oben gibt dem Wasserschwall einen edlen smaragdfarben glänzenden Schimmer. Gleichzeitig zeigt die sprudelnde Flüssigkeit ihre ungebändigte Kraft. Immer wieder verlieren unterspülte Gesteinsquader den Halt, werden weggerissen und stürzen polternd in die Tiefe bis ins Meer. Gerade noch in der Südsee-Idylle, tut sich dem perplexen Reisenden der Blick in den Abgrund auf. Hier ist erst einmal kein Durchkommen. Der Blick auf das Smartphone zeigt „kein Empfang" und damit auch erst einmal keine aktuellen Sprach- und Textnachrichten sowie Beiträge aus den sozialen Medien. Die Konnektivität hat genau hier im Polynesischen Dreieck ihre Grenzen erreicht.

Was zeigt uns dieser Ausflug ins regnerische Paradies? Unternehmen sollten auf ihrer Reise durch die digitale Transformation auch weniger befahrene Straßen wählen. Diese bieten weitaus mehr Authentizität und Inspiration. Die Herausforderungen, denen man bei diesem Abenteuer begegnet, können als neue Chancen genutzt werden. Eine Zwangspause, zu der es durchaus auch ohne überflutete Straße mal auf dem Weg ins digitale Zeitalter kommen kann, zwingt zur Entschleunigung. Der digitale Entzug bietet Unternehmen die Gelegenheit, innezuhalten und sich über die Bedeutung dieser Reise ins Unbekannte bewusst zu werden.

## #vanlife – das ortsunabhängige Leben im Hippie-Bus

Digitalisierung und einfaches Leben gehören zusammen – ja, sie macht dieses in der heutigen Form sogar erst möglich. Das in den sozialen Medien beliebte Hashtag #vanlife glorifiziert die Selbstverwirklichung im Wohnmobil. Dieser Lebensstil wird auf der Straße nach Hāna zur Realität. Vor zwei Stunden hatte die Fahrt auf dem Highway 360 begonnen. In Pai'a, einem Hippie-Dorf der Extraklasse, in dem vor allem Alt-68er, Künstler und Exzentriker anzutreffen sind, hatten wir unseren Trip gestartet. Mick Fleetwood, Schlagzeuger der Gruppe Fleetwood Mac, und Steven Tyler, Sänger von Aerosmith, zählen dort zu den prominenten Ortsansässigen. Gemeinsam mit ihren Bands haben sie in den vergangenen 40 Jahren mehr als 250 Millionen Alben verkauft. Wie diese beiden weltweit höchst erfolgreichen Rockmusiker, haben zahlreiche Stars diese Aussteiger-Enklave als Rückzugsort gewählt. Im Lebensmittelladen Mana Foods, in dem auch lokal angebaute Produkte von Oprah Winfreys 25 Hektar großer Bio-Ranch auf Hawaii verkauft werden, findet sich eines der wohl umfangreichsten Sortimente an organischen Lebensmitteln des Bundesstaats. Hier hatten wir am Morgen Proviant für die Reise geladen. Das Erscheinungsbild in Pai'a ist von Anwohnern mit Dreadlocks, Batikblusen und Birkenstock-Sandalen geprägt. Was anderenorts als alternativer Lebensstil gilt, ist in dieser Gemeinschaft die vorherrschende Ausrichtung. Die Subkultur ist dort Leitkultur.

Der VW T1 Transporter ist hier noch häufig anzutreffen. Trotz punktuellem Flugrost ist das legendäre Reisemobil mit der geteilten Windschutzscheibe aktueller denn je. In der Flower-Power-Generation galt der VW-Bus als un-

Road to Hāna: Auch Umwege führen zum Ziel

konventionell. In den Jahrzehnten danach fand das Wohnen in einem Bus wenig Anerkennung. Es wurde mit einer unterprivilegierten Unterbringung in einem Trailer-Park abseits der prosperierenden Vororte gleichgesetzt, wie es US-Rapper Eminem in seinem autobiografischen Film „8 Mile" für Detroit dargestellt hat.[148] Mittlerweile ist das mobile Refugium in neuem Glanz erstrahlt und zum Ausdruck eines hippen Minimalismus-Lifestyles geworden.

Gemäß der Zeitschrift „The New Yorker" hat sich hinter dem Hashtag #vanlife eine „Bohème Social Media"-Bewegung gebildet, die bereits mehrere Millionen Personen umfasst.[149] „Das Leben im Kleinbus", wörtlich übersetzt, ist eine ästhetische und mentale Bewegung, mit der sich viele Menschen der heutigen Konsumgesellschaft identifizieren können. Man könnte meinen, dass sich Hightech und Aussteigertum widersprechen. Aussteiger möchten ja gerade die Zivilisation hinter sich lassen. Dies bedeutet jedoch nicht zwangsläufig eine Lowtech-Ausrichtung, ganz im Gegenteil. Digitalisierung und einfaches Leben ergänzen sich auf symbiotische Weise. Die Anziehungskraft geht von der Vorstellung aus, dass man ortsunabhängig leben und arbeiten kann.

*Viele Berufe benötigen keine Präsenzzeiten mehr und können von überall auf der Welt über Online-Verbindungen ausgeübt werden.*

Die technologische Entwicklung des leistungsstarken 4G mobilen Internets ist in der Tat ein Hauptgrund, warum sich #vanlife so breit etablieren konnte. Die mobilen Homeoffices auf Rädern sind heutzutage mit kraftvoller Technologie ausgestattet. Der Internetzugang für WiFi-befähigte Geräte wie Tablets und Laptops kann in abgelegenen Gebieten mit geringer Netzabdeckung über Hilfsmittel wie z.B. MiFi Jetpacks – das sind ultrakompakte Signalverstärker – sowie 4G-X Signal Booster mit starken Antennen aufgebaut werden. Zusätzlich können Satelliten-Kommunikationssysteme mit topografischen Offline-Karten und satellitenbasierten Textnachrichten sowie Notrufsignalen genutzt werden. Die nötige Energie wird über eine autarke Stromversorgung mittels 300 Watt Solarpaneelen, 3.000 Watt Hybrid Energie Inverter/Ladegerät und 200 Amp-Stunde Lithium Batterie Array bereitgestellt.

## Digital Nomads – zu 100% remote

Der Berufszweig der „Digital Nomads" ist eine Ausprägung dieser Kultur. Digitale Nomaden suchen sich ihren Arbeitsplatz nach Belieben aus. Am Strand von Hawaii, in einer Blockhütte in Island oder jede Woche in einer anderen Stadt auf einer Weltreise – solange das Datenvolumen groß genug ist, und die Internetverbindung steht, spielt der Aufenthaltsort keine Rolle. „Die ganze Welt ist mein Büro", hört man die als Webdesigner, Programmierer oder Onlinemarketer tätigen Menschen häufig sagen. Der Vorteil dieses neuen Berufsbildes liegt auf der Hand: Digital Nomads genießen ihre Ungebundenheit, die Freiheit, an jedem Ort der Welt arbeiten zu können. Das „Büro unter Palmen" erfreut sich immer größerer Beliebtheit bei Arbeitnehmern, die die Arbeit mit ihrem Wunsch, die Welt zu sehen, kombinieren möchten. Ein positiver Nebeneffekt können die aufgrund der Zeitverschiebung möglichen schnellen Turnaround-Zeiten sein, wenn sich der Digital Nomad beispielsweise in Asien aufhält und das Unternehmen in Deutschland sitzt. Die Arbeit wird dann quasi über Nacht erledigt. Wie in Kapitel 3 erwähnt, sind Millennials die erste Generation, die mit mobiler Technologie und sozialen Medien aufgewachsen ist. Aus diesem Grund verändert diese technologiegeprägte Mitarbeitergruppe die Arbeitsumgebung nach ihren spezifischen Erwartungen. Studien haben ergeben, dass 64% dieser Gruppe die Möglichkeit haben wollen, von zu Hause aus zu arbeiten, und 66% verlangen zumindest flexible Arbeitszeiten.[150]

*Das ortsunabhängige Arbeiten wird zum dominierenden Standard.*

Bereits heute gibt es Listen von Top-Arbeitgebern, die ihre Mitarbeiter komplett ortsunabhängig beschäftigen.[151] Diese Möglichkeit bietet innovativen und technologieaffinen Firmen einen beträchtlichen Wettbewerbsfaktor gegenüber anderen Marktteilnehmern, die weiterhin auf Vor-Ort-Präsenz, Großraumbüros mit Cubicles und der damit häufig verbundenen Pendlerzeit setzen.

Zu den Unternehmen mit einer „Fully Remote"-, also virtuellen Bürokultur zählt TaxJar. Die 2013 gegründete profitable und stark wachsende Firma erbringt Steuerberatungsdienstleistungen für klein- und mittelständische Kunden auf Basis eines komplett virtuellen Geschäftsmodells. Dabei ist die ortsunabhängige Arbeitsweise der Mitarbeiter das prägende Element der Firmenkultur. Gemäß TaxJar arbeiten alle Beschäftigten remote.[152] Der selbstgewählte Aufenthaltsort richtet sich rein nach deren eigenen Bedürfnissen und Präferenzen. Für die meisten TaxJar-Mitarbeiter ist dieser Ort das eigene Zuhause. Für andere ist es der lokale Coffee-Shop, die Veranda des Sommerhauses oder eben der Camper. Einzige Vorgabe ist, dass es ein WiFi-Netz gibt und die Umgebung es erlaubt, dass die Mitarbeiter ihre Arbeit bestmöglich verrichten können. Sie alle kommunizieren im Tagesverlauf über das Kollaborationstool Flowdock und jedes Team verfügt über separate Online-Räume, um sich zu spezifischen Punkten abzustimmen. Es finden täglich audiovisuelle Treffen in sogenannten Stand-ups von 15 Minuten statt, um über die Aufgabenpläne für den Tag zu gehen. Wöchentlich trifft man sich virtuell auf Unternehmensebene, um die strategischen Handlungsprioritäten zu besprechen. Zusätzlich gibt es jeden Freitag ein unternehmensweites soziales/kulturelles Treffen, um einfach entspannt zu sprechen. TaxJar macht all dies, weil das Unternehmen weiß, dass es das Team zusammenbringen muss, während die handelnden Personen weit voneinander entfernt sind. Und es ist so einfach wie ein Kinderspiel: Sie drücken ganz simpel auf einen Knopf und chatten in einer Videostandschaltung. Alle sind sich der enormen Vorteile dieser Arbeitsweise bewusst. Niemand macht sich Gedanken über die Rushhour oder ob man rechtzeitig aus dem Büro kommt, um die Kinder von der Schule abholen zu können. Es gibt kein Gerangel um verfügbare Konferenzräume oder Parkplätze. Was TaxJar an Mietkosten für teure Büroräume spart, kommt teilweise auch den Mitarbeitern zugute: die Liste der Nebenleistungen von TaxJar ist umfangreich. Sie enthält eine wettbewerbsfähige Vergütung, die vollständige Übernahme der Krankenversicherungskosten, kostenloses Amazon Prime, Kindle, Fitbit- und Spotify-Mitgliedschaften, Erstattung der monatlichen Gym-Kosten, Reiseanreize, unbegrenzten Urlaub, Arbeit mit Top-Talenten in einer jungen, profitablen und wachsenden Firma mit überdurchschnittlicher Marktkapitalisierung, verpflichtenden Urlaub am Geburtstag (!), Verwendung neuester Technologien, monatlich 50 US-Dollar für eine individuell ausgewählte Nebenleistung, Firmenausflüge zweimal pro Jahr sowie Firmen-Überraschungen und Swag-Verlosungen. Bei TaxJar lieben es die Mitarbeiter, Teil einer virtuellen Gemeinschaft zu sein. Sie nutzen bewusst die Möglichkeiten, die diese einzigartige Umgebung ihnen bietet. Antrieb von vielen ist, Herausforderungen ihrer

Kunden in der realen Welt durch Technologie zu lösen und gleichzeitig als Digital Nomads ortsunabhängig viel Freude an der Arbeit zu haben.

Das Leben im Bus, das sich viele Menschen als romantisch und nicht so sehr als spartanisch vorstellen, ist Ausfluss des Bedürfnisses nach Ungebundenheit. Es trägt dem Wunsch nach Freiheit Rechnung, in der Natur, am Strand, in den Bergen oder unterwegs auf der Reisestrecke jeden Tag neue Eindrücke zu sammeln. Seine Anhänger haben erkannt: Je mehr Besitztümer angehäuft werden, desto mehr Energie muss auf die Besitzstandswahrung verwendet werden. Das Sprichwort „Besitz belastet" bringt diese Geisteshaltung auf den Punkt. Konsum ist mit einem negativen Grenznutzen verbunden. Ein übermäßiger Verbrauch dezimiert sowohl fremde Ressourcen als auch die eigenen Reserven. Im privaten Bereich bezieht sich dies auf den Überkonsum beim Shoppen, in den sozialen Medien und beim Essen. Im betrieblichen Umfeld manifestiert sich die Maßlosigkeit in ungehemmten Bonusauszahlungen und nicht nachvollziehbar hohen Summen im Rahmen von Transaktionen.

Maßhalten spart hingegen externe Mittel und die eigene Energie. Sobald die Erkenntnis eintritt, dass weniger mehr und grundsätzlich ausreichend ist, folgt als logische Konsequenz ein Leben in Maßen. Ein verantwortungsvolles Zurückfahren des Konsums ist die Folge.

## Zwischen Kunst und Kommerz

Ein bekannter Vertreter der #vanlife-Bewegung ist Dietrich Varez. Er ist für seinen kompromisslosen und unkonventionellen Ansatz zum Leben sowie zu seiner Arbeit bekannt. Der 1939 in Berlin geborene Künstler, der seit seinem achten Lebensjahr auf Hawaii lebt und zu den bekanntesten ikonoklastischen Malern der Inselkette zählt, hat jahrelang mit seiner Familie in einem Zelt das selbstgenügsame Leben eines Pioniers geführt. Sie sammelten Regenwasser für den Eigenverbrauch und hatten 30 Jahre lang keine Elektrizität. Die unbefestigte Zufahrt zu dem abseits gelegenen Grundstück wurde als mit einem Geländewagen kaum passierbar beschrieben. Diese Abgeschiedenheit bot ihm nach eigenen Angaben die nötige Ruhe, die er für seine

Arbeit benötigte. Seine Kunst bezieht sich auf Szenen der hawaiianischen Mythologie, Legenden und des traditionellen hawaiianischen Lebens sowie stilisierte Darstellungen der hawaiianischen Flora und Fauna. Zu seinen bekanntesten Werken zählen Kīpahulu und Pele at Haleakalā, beides Motive, die im Hāna-Distrikt angesiedelt sind. Anfänglich gab er seine Kunstwerke kostenlos weiter. Trotz extrem gestiegener Popularität besteht seine Philosophie weiterhin darin, die Preise für seine Kunst niedrig zu halten und einer möglichst breiten Zielgruppe anzubieten. Varez sieht sich verpflichtet, außerhalb der künstlichen Begrenzungen und Konventionen der internationalen Kunstwelt zu agieren. So limitiert er weder seine Editionen, noch versteigert er seine Werke. „Mein Ziel ist, Kunst zu schaffen – und zwar Kunst in meinem Verständnis –, die für gewöhnliche Leute zugänglich ist. Die Kunstexperten interessieren mich nicht. Meine Kunst soll im Haus deiner Mutter und im Haus meiner Mutter hängen". In Interviews brachte er eine tiefempfundene Ambivalenz zum Ausdruck, als professioneller Künstler wahrgenommen zu werden. Er verbindet wirtschaftlichen Erfolg mit dem Ausverkauf der eigenen Werte.[153]

*Erfolg im digitalen Zeitalter basiert auf Authentizität und gesellschaftlicher Verantwortung.*

Doch nicht alle Anhänger der #vanlife-Bewegung sind dem Kommerz so abgeneigt wie Varez. Jack Hody Johnson, der neben Bruno Mars wohl bekannteste Populärmusiker Hawaiis, verfolgt eine ganz andere Strategie. Mit prognostizierten Jahreseinkünften von 75 Millionen US-Dollar führte der gebürtige Hawaiianer im Jahr 2017 das von der Zeitschrift „People with Money" herausgegebene Ranking der bestbezahltesten Sänger der Welt an.[154] Trotz dieser Zahlen lebt der multitalentierte Sänger, Komponist, Umweltschützer, Unternehmer, Schauspieler, Produzent, Dokumentarfilmer und ehemalige Profi-Surfer bescheiden. Mit seiner fünfköpfigen Familie bewohnt er ein eingeschossiges Haus mit Energiesparlampen und Abwasseraufbereitung an der Küste und trifft sich weiterhin zum spontanen Musizieren mit Freunden am Strand. Wie kein anderer verkörpert er die entspannte Lässigkeit der Hang-Loose-Grundeinstellung, die er mit seinen meist nur mit einer Akustik-Gitarre oder dem Piano begleiteten Liedern, wie z.B. „Banana Pancakes" oder „Sharing Song", in einer Mischung aus Lagerfeuer-Folk und Surf-Pop transportiert. Auf der Titelseite des Rolling-Stone-Magazins wurde

Johnson als der lässigste Rock-Superstar aller Zeiten tituliert.[155] Seine Authentizität verdankt er nicht zuletzt seinem Umweltengagement mit Fokus auf der Erhaltung des Meereshabitats. Im Jahr 2008 übernahm er zusammen mit seiner Frau Kim das Konzept des Greenings, das auf Verbrauchsreduktion und Wiederverwertung von Rohstoffen basiert. Er spendete 100% der Einnahmen aus seinen Tourneen an gemeinnützige Umweltorganisationen in diesem Bereich. Johnson fasst das Prinzip der Selbstgenügsamkeit wie folgt zusammen: „Wir haben alles, was wir brauchen, genau vor uns, und alles, was wir brauchen, ist genug."

*Unternehmen greifen den Öko-Esprit und die Gemeinnützigkeit als Treiber des Kundenbeziehungsmanagements auf.*

Der erfolgreiche und sehr beliebte Smoothie-Hersteller Innocent verfolgt diese nachhaltige Unternehmensphilosophie auf Basis des Gemeinschaftsgedankens. Im Zentrum seines Leitbilds stehen die Nachhaltigkeit der Marke, der Zutaten, der Produktion, der Verpackung und der Gewinne. Niedrigpreisig sind die kleinen Fruchtsaftfläschchen von innocent nicht. Das Unternehmen bedient das Premium-Segment. Die 2004 gegründete innocent foundation hat sich zum Ziel gesetzt, die Ärmsten der Welt beim Aufbau einer nachhaltigen Zukunft und die Bekämpfung des Hungers in der Welt zu unterstützen. Das Unternehmen spendet jährlich mindestens 10% des Gewinns für diesen Zweck. Die Gemeinnützigkeit wird dabei genial mit dem Kundenbeziehungsmanagement verknüpft. Unter anderem rief das Unternehmen seine Kunden zum Stricken von kleinen Mützchen auf, für welche die Firma jeweils 20 Cent an das Rote Kreuz für bedürftige Senioren spendete. Die handgestrickten Mützchen, die z.B. als lustige Eierwärmer genutzt werden können, wurden als Aufsätze der innocent-Fruchtsaft-Flaschen wieder in Umlauf gebracht. Auf diese Weise wurde im Zeichen des guten Zwecks eine Community zwischen den Hobby-Handarbeitern, welche die Mützchen strickten, der Firma innocent, die entsprechend spendete, und den Kunden, die individuelle Mützchen erhielten, geschaffen. Der Clou: Alle konnten mitstricken und ihrer Kreativität freien Lauf lassen. 2013 strickten die Deutschen 244.357 Mützchen. Jede Mütze war individuell und komplett anders als die anderen.

Wer Mitglied der innocent-Familie wird, profitiert von zahlreichen Aktionen und Gewinnchancen sowie Einladungen zu Veranstaltungen oder bekommt Freundschaftssprüche auf Postkarten. Zusätzlich hat innocent ein spezielles „Kiwipedia" in Anlehnung an die Enzyklopädie mit umgekehrter Silbenfolge entwickelt. Man ist interessiert daran, direktes Feedback zu erhalten und aus erster Hand zu erfahren, was innocent verbessern kann. Das Unternehmen gibt sich bewusst nicht sehr ernsthaft. Der spielerische Gedanke kommt nicht zu kurz, da viel Quatsch auf der Verpackung steht, z. B. soll die Flasche vor dem Öffnen geschüttelt werden und nicht danach. Bei Rückfragen kann man sich gerne jederzeit an das „Bananafon" wenden oder einfach spontan ohne Voranmeldung beim Unternehmen, dem sogenannten Fruit Tower, vorbeikommen. Innocent kann sich aufgrund einer differenzierten Unternehmenskultur und der Positionierung in einem attraktiven Produktsegment mit den Großen der Branche messen. Das Unternehmen arbeitet u. a. mit Konzernen wie Coca-Cola zusammen. Verkaufspunkte, z. B. Restaurants, Cafés oder Shops, bekommen Auflagen, die der Unternehmensphilosophie entsprechen. Diese korrespondieren direkt mit den Firmenwerten, welche Nachhaltigkeit, Weltverbesserung, Nicht-Perfektionismus, Gesellschaftsverantwortung und Umweltbewusstsein in den Vordergrund stellen. Ziel ist es, dass die Geschäftstätigkeit keine negativen, sondern zumindest neutrale und am besten positive Folgen auf die Umgebung hat. Innocent sieht sich hier in einer Vorreiterrolle. Die Firma möchte andere Menschen und Unternehmen für ihre Idee gewinnen und somit eine Bewegung in Gang setzen.

## Kooperation statt Konkurrenz

Im Zuge der digitalen Veränderung steht das Gemeinschaftserlebnis im Vordergrund. Diese Ausrichtung wird nicht nur, wie in Kapitel 3 beschrieben, zunehmend von den neuen Mitarbeitern aus der Millennium-Generation eingefordert. Sie steht im Zentrum des Geschäftsinteresses, da neue Geschäftsmodelle auf Basis von Ökosystemen nur durch eine Gemeinschaft getragen werden können. „Wir konkurrieren nicht, sondern kooperieren miteinander – das ist der Schlüssel zu einer positiven Entwicklung der Community und zum Erfolg des Programms", sagt Kainani Kahaunaele, Gründerin der Bildungsinitiative Mana Mele. Unter der Schirmherrschaft der Jack und Kim Johnson Ohana Stiftung bringt die Initiative Mana Mele 250 hawaiianische Top-Künstler und zehn Einrichtungen aus den Bereichen Gemeinwesen, Kultur und Umwelt im Rahmen von Multimedia-Projekten zusammen und greift dabei auf innovative Methoden zurück.[156]

*Mobile Hightech-Kreativräume ermöglichen eine praxisbezogene Vermittlung der fachlichen und kulturellen Anforderungen der Digitalisierung.*

Das „4-in-1 Solar Mobile Studio", das weltweit erste solarbetriebene mobile Tonstudio, befähigt die Jugend mit Unterstützung der lokalen Top-Stars dazu, ortsunabhängig Musik, jugendbezogene Nachrichten und die nächste Generation der Kulturvertreter zu entwickeln. Das mobile Studio basiert auf einem legendären „Silver Bullet" Airstream Wohnwagen, dessen charakteristisches Aluminiumgehäuse im Aviation-Design vom Flugzeugkonstrukteur William Hawley Bowlus gestaltet wurde. Dieser hatte zuvor den Bau von Charles Lindberghs Flugzeug „The Spirit of St. Louis" geleitet. Der Wohnwagen, der auch als „Astrovan" bei NASA-Missionen zum Einsatz kam, so z.B. als mobile Quarantänestation, um die Apollo-11-Astronauten nach der Landung von befürchteten Mond-Viren zu reinigen[157], verkörpert Hightech und Leichtbau. Um dies zu verdeutlichen, wurde der Anhänger in einer Werbekampagne 1940 von einem Fahrradfahrer gezogen. Die Prämisse lautet: „Bei einem Airstream hat jedes Inch eine Funktion – es gibt keine eingeplante Überflüssigkeit". Die Vision der 1921 in Kalifornien gegründeten Firma ist der Bau einer mobilen Unterkunft, die wie ein Luftstrom fließt, leichtgewichtig von einem Auto gezogen werden kann, eine erstklassige Unterbringung gewährleistet und durch höchste Qualität eine lebenslange Investition in Happiness darstellt.[158] Durch die Ausstattung mit Solarpaneelen und die Einrichtung eines Tonstudios ist aus dem Mana-Mele-Wohnwagen, der von Community zu Community gebracht wird, eine mobile High-End-Musik-Multimedia-Akademie entstanden, die von Fachexperten als wahrlich innovatives Vehikel der Veränderung angesehen wird.

Das ABC-Curriculum der Akademie besteht aus Academics (A), Business (B) and Culture (C). Die Jugendlichen lernen in 32 Modulen in Zusammenarbeit mit den bestehenden Bildungseinrichtungen Mathematik, Sprachen und Kunst sowie Naturwissenschaften und schließen die Ausbildung mit einem vollwertigen Highschool-Diplom ab. Die Initiative bietet Ausbildung nicht nur im herkömmlichen Sinn, sondern auch die Möglichkeit, Kreativität auszuleben, produktiv zu sein und die gemeinsame Kultur weiterzugeben. An Bord des Busses befinden sich abwechselnd hunderte Mana Mele Collective Artists & Mentors, Ingenieure, Tontechniker, Filmemacher sowie Video-Produktionsfirmen. Sie helfen dabei, dass die Annäherung an die Digitalisierung spielerisch und in einer der Kultur förderlichen Art und Weise erfolgt. Sie haben erkannt, dass die Investition in Innovation, Exzellenz, saubere Energie und Gemeinschaft sowie in die Zukunft der nächsten Generation die höchste Priorität für den Fortbestand der Kultur hat.

Die Mana-Mele-Initiative lässt sich 1:1 für die Unternehmenstransformation nutzen. Mobile Hightech-Kreativräume ermöglichen es z. B., die Mitarbeiter, Manager und den Führungsnachwuchs praxisbezogen auf die digitale, multimediale Unternehmenswelt vorzubereiten und gleichzeitig die Unternehmenskultur weiterzuentwickeln. Der Gemeinschaftssinn innerhalb der Organisation, aber auch und vor allem über die Unternehmensgrenzen hinweg, ist in Form der Collective Artists & Mentors die treibende Kraft bei diesem Vorhaben.

## Im Dienste der Nachhaltigkeit

Dieser Idealismus wird auch in der Landwirtschaft geteilt. Denn der Schlüssel zu Wohlstand ist Gesundheit, auch im Unternehmenskontext. Erfolgreiche Firmen operieren nicht auf Kosten der Umwelt. Sie bilden vielmehr eine Einheit mit ihr. Viele gemeinnützige Helfer sind auf Feldern und Plantagen im Dienste der Nachhaltigkeit aktiv. Seit 1995 hat sich das Konzept der WWOOFs auf Hawaii etabliert, das sich die Förderung der organischen Landwirtschaft mithilfe von freiwilligen Helfern zum Ziel gesetzt hat. WWOOF steht für „Willing Workers on Organic Farms".[159] Entgegen der etwas missverständlichen Bezeichnung hat die 1971 in Großbritannien gegründete Initiative weniger mit Selbstausbeutung von landwirtschaftlichen Hilfskräften als mit kulturellem Austausch und Erfahrungssammlung zu tun. Aufgrund ihrer inneren Einstellung sowie zur Verwirklichung gemeinsamer Werte sind Menschen bereit, unentgeltlich für Kost und Logis als Hospitanten in organischen Bauernhöfen mitzuarbeiten. Erfahrungsberichte heben hervor, dass die WWOOFs dabei sehr viel über sich selbst, die Interaktion mit anderen und eine verantwortungsvolle Lebensweise lernen. Die Missionsbekundungen der knapp 50 WWOOF-Betriebe in Maui ähneln im Wortlaut derjenigen von ONO Organic Farms, welche die „Schaffung eines existenzfähigen und nachhaltigen wirtschaftlichen Unterstützungssystems für einen ganzheitlichen Lebensstil in der Agrikultur" anstrebt.[160]

ONO-Besitzer Chuck Boerner, der seit 1973 vor Ort organische Landwirtschaft betreibt, bringt es auf den Punkt: „Der Schlüssel zu unserem Wohlstand ist unsere Gesundheit". An sieben Tagen in der Woche jeweils von 10 bis 18 Uhr betreibt ONO einen Freiluftmarkt in der nahegelegenen Ortschaft Hāna und verkauft handgepflückte Tropenfrüchte, frisch gerösteten Kaffee und frisch gerösteten Kakao – alles organisch. Zusätzlich werden die Produkte weltweit online vertrieben und es werden professionelle Beratungsleistungen zur biologischen Landwirtschaft in den USA und Europa angeboten. Die 20-Hektar-Farm, die zu einer der größten Öko-Betriebe im US-Bundesstaat Hawaii zählt, ist komplett nachhaltig aufgestellt. Die Gebäude wurden von der Familie in Eigenregie erbaut, Elektrizität wird von Solaranlagen generiert, die Trinkwasserversorgung wird über natürliche Quellen sichergestellt und der Abfall in Restmüll, Brennbares, Wiederverwertbares und Kompost getrennt.

Kehren wir zurück zur Straßenüberflutung. Die Wassermassen ebben langsam ab, der Straßenbelag kommt zum Vorschein und die gelben Straßenbegrenzungen zeichnen sich wieder ab. Der einheimische Singvogel Maui Creeper in den umgebenden Bäumen sowie die Red-Jungleflow-Hühner am Straßenrand verlassen ihre Deckung und schütteln die Nässe des Regens aus dem Gefieder. Die Wolken steigen langsam an den Steilhängen empor und geben den Blick frei. Die Aussicht auf die Konturen des Küstenstreifens entlang der rauen Nordseite von Maui eröffnet sich in ihrer atemberaubenden Schönheit.

*Überflutet oder nicht – die Road to Hāna ist zweifelsohne*
*eine der Traumstraßen dieser Welt.*

Mehr als alles andere ist sie aber eine Reise zu sich selbst. De facto führt die Straße nirgendwohin; das Dorf Hāna ist die Endstation. Eine weitere Umrundung der Insel im Uhrzeigersinn ist zwar möglich, jedoch ist die Straße holprig, unbefestigt und wegen restriktiver Auflagen in den Mietwagenverträgen sehr häufig nicht zu befahren. Die meisten Ortschaften auf dieser Strecke sind leichter in der Gegenrichtung vom Süden aus zu erreichen. Das bedeutet: Der Weg ist das Ziel. Spätestens bei der Ankunft in Hāna wird deutlich, dass man den Hāna Highway nicht auf sich genommen hat, um nach Hāna zu gelangen. Die Ortschaft ist nicht das Ziel. Sie ist lediglich ein Fluchtpunkt mit symbolischem Charakter. Mit dem Dorf, das sehr bezeichnend auch häufig „himmlisches Hāna" genannt wird, verbinden Menschen die Vorstellungen eines weltlichen Paradieses.

## Lost Horizon – die Digitalisierung hat symbolischen Charakter

Wendet man diese Metapher auf das betriebswirtschaftliche Umfeld an, so symbolisiert Hāna die angestrebte Digitalisierung von Geschäftsmodellen und organisatorischen Konfigurationen. Diese ist ein Fernziel, vergleichbar mit dem fiktiven Ort Shangri-La, der von dem britischen Autor James Hilton 1933 in seinem Roman „Lost Horizon" beschrieben wurde. Der Horizont liegt auch hier im Verborgenen, sowohl real als auch im übertragenen Sinne. Dieser Roadtrip auf der Nordflanke des hawaiianischen Archipels ist keine Pauschalreise, sondern ein sehr individuelles Abenteuer – auf eigene Gefahr und zum Teil mit ungewissem Ausgang. Der Zeitpunkt zum Umkehren ist an dieser Stelle bereits überschritten. Es gibt kein Zurück.

*Digitalisierung ist eine Straße ins Ungewisse,*
*ein Fluchtpunkt mit symbolischem Charakter.*

Auch die Digitalisierung ist nicht aufzuhalten. Sie lässt kein Zurück zu. Es wäre auf der schmalen, in den Fels gegrabenen Straße, insbesondere für größere Fahrzeuge, kein ausreichender Wendekreis dafür vorhanden. Also kommt lediglich die Flucht nach vorne in Frage. Im eng getakteten Slalom geht es an den Steinbrocken, die auf der Fahrbahn verstreut sind, vorbei. Einige Felsen berühren die Unterbodenverkleidung oder heben die Räder des Fahrzeuges. Die Kurven und Windungen dieser Küstenstraße sind legendär. Zusätzlich zu einer guten Fahrtechnik ist ein hohes Aufmerksamkeitsniveau erforderlich. Es ist anzuraten, den Blick stets auf den vorausliegenden Straßenabschnitt zur richten und nicht die üppige Landschaft zu bewundern. Zu schnell kann eine kurze Unachtsamkeit oder Ablenkung zu einer gefährlichen Situation führen. Die bewusste Konzentration auf den Straßenverlauf hilft auch, eine sich eventuell einstellende kurvenbedingte Übelkeit zu vermeiden. Durch das ständige Herumreißen des Lenkrades zur Einleitung von abrupten Richtungsänderungen werden die Insassen permanent den Fliehkräften ausgesetzt. Die zahlreichen Kurven suggerieren, dass das Fahrzeug nicht die direkte Route nimmt. Wie bei vielen Unterfangen, definiert sich die Reise nach Hāna nicht über ein Direttissima oder die Nettodistanz gemessen in direkter Luftlinie. Es gilt vielmehr, einen realen Parcours, eine Bruttodistanz zu überwinden. Unabhängig von der effektiven Wegstrecke führen mehrere Pfade zum avisierten Zielpunkt.

*Es gibt per se keine bessere oder schlechtere Route.*
*Jede Strecke kann zum gewünschten Ziel führen.*

Dies lässt sich exakt auf die Digitalisierungsbestrebungen in Unternehmen projizieren. Bei der digitalen Umstellung der Systeme, Strukturen und Prozesse gibt es kein Einheitsvorgehen im Sinne von „One size fits all". Im Zeitverlauf werden zwangsläufig Schleifen gedreht und Rekursionen durchlaufen. Es werden rote Fahnen gehisst, Lichthupen eingeschaltet und Warnsignale abgesetzt. Bei einem reibungslosen Ablauf kann beschleunigt werden. Beim Auftreten von Hindernissen oder Risiken werden Vorhaben eskaliert oder zur Lösung temporär gestoppt.

Das Fortkommen auf dem Hāna Highway hängt von einer Vielzahl von Einflussfaktoren ab, wie z. B. Tageszeit, Wetterverhältnissen, Straßenführung und -beschaffenheit, Verkehrsaufkommen, Fahrzeugzustand, Treibstoffversorgung und Verpflegungssituation. Ebenso bestehen in einem Transformationsprojekt zahlreiche Abhängigkeiten z. B. hinsichtlich Zeitlinie, Budgetierung, Arbeitssträngen, anderen Projekten, Instrumenten und handelnden Personen.

Die Windungen der verschlungenen Straßenführung geben jeweils nur die Sicht bis zum nächsten Meilenstein bzw. Entscheidungspunkt frei. Ähnlich hangelt sich ein Digitalisierungsprojekt sukzessive von einer Qualitätsschranke zur nächsten. Dies bedeutet nicht zwangsläufig, dass die Reise durch Ineffizienzen gekennzeichnet ist. Die Schleifen und Kurven sind notwendig, um sich der Umgebung anzupassen und sich überhaupt dort bewegen zu können. Sicherlich könnte man die Straße nach Hāna mithilfe einer Vielzahl von Tunnel durch die Bergkämme sowie mit Brücken über die Flusstäler begradigen. Der Bau einer solchen Infrastruktur verlangt jedoch umfangreiche Investitionen und Vorlaufzeiten.

Der Vorteil einer guten infrastrukturellen Erschließung ist auch bei der Digitalisierung relevant. Unternehmen, die bereits vorausschauend Strukturen, Prozesse, Rollen und Berechtigungskonzepte unternehmensweit vereinheitlicht haben, können darauf aufbauend sehr viel einfacher eine Übertragung in digitale Systeme und Workflows bewerkstelligen. Eine derart vereinheitlichte Umgebung liegt in den meisten Unternehmen jedoch nicht vor. Der hierfür erforderliche Aufwand wurde häufig nicht erbracht. Die Harmonisierung wurde vertagt, um diese im Rahmen einer ganzheitlichen Initiative anzugehen. Dieses vermeintliche Defizit muss jedoch kein Nachteil sein. Die Hauptmotivation nach Hāna zu reisen, besteht nicht darin, möglichst geradlinig durch Tunnel zu fahren. Die Anziehungskraft liegt in den verwinkelten Buchten, den schmalen Fahrbahnen und steilen Abhängen, welche den Reisenden neue Eindrücke und Erkenntnisse bescheren. Zusätzlich werden die technischen Fahrkünste weiterentwickelt und die Problemlösungsfähigkeit geschult. Eine Begradigung würde in gewisser Weise den originären Impetus zur Reise verkennen.

*Ein Ankommen in der Digitalisierung findet auf der Strecke statt:*
*Der Weg ist das Ziel.*

Auf der Digitalisierungsreise gibt es zahlreiche Haltestellen, aber zumeist keine genau definierte Endstation. Die digitale Entwicklung ist daher ein fortwährender Prozess, der über unterschiedliche Stufen verläuft. Im digitalen Wettrennen gibt es keine Ziellinie. Die entscheidenden Vorstöße werden im Verlauf erzielt. Es geht nicht darum, möglichst schnell anzukommen. Man muss nicht permanent mit durchgedrücktem Gaspedal unterwegs sein. Viel wichtiger ist es, punktuell zu beschleunigen, wie im Kapitel 7 zum Thema Rapid Prototyping ausgeführt. Auf der Straße nach Hāna gilt eine Geschwindigkeitsbeschränkung von 25 Meilen pro Stunde. Diese wird zu Recht durch strikte Kontrollen erzwungen, da die Straße gemäß einer Listung der New York Post zu den Top Ten der meist gefürchteten Straßen der Welt zählt.[161] Regelmäßig kommen Autos von der engen, gewundenen Straße ab und stürzen in die Tiefe. Die 52 Meilen lange Strecke umfasst ungefähr 600 Haarnadelkurven und 54 einspurige Brücken, die vom Verkehr aus beiden Richtungen genutzt werden. Diese Nadelöhre erfordern ein besonnenes Vorgehen. So gibt es z.B. eine Road Etiquette für die einspurigen Brücken. Die oberste Prämisse ist dabei Geduld – denn es gibt viele Autos, mit denen man die Straße teilt. Publikationen wie das Buch „Surviving Paradise"[162] haben zu einem Ansturm an Besuchern geführt. So befahren täglich zwischen 1.500 und 2.000 Fahrzeuge die Strecke.

Welche Rückschlüsse lassen sich aus dem Roadtrip und aus dem Lebensstil der Maui-Kommune ziehen? Die Reise auf dem Hāna Highway ist vergleichbar mit der digitalen Transformation im Unternehmenskontext. Der Entschluss, sich auf den Weg zu machen, fällt Unternehmen nicht leicht. Die Reise ist beschwerlich und mit enormen Herausforderungen behaftet. Es gibt Kurven, Gegenverkehr, Verengungen, Stillstand, Warteperioden und Überflutungen. All diesen Widrigkeiten muss mit Geduld begegnet werden. Auch findet die Reise in einer ganz neuen Umgebung statt. Es handelt sich nicht um eine kommerzialisierte Autobahnumgebung mit Tankstellenrestaurants und Rasthöfen mit Massenabfertigung. Die Fahrt findet in einer alternativen Umgebung statt, die aber dadurch nicht zwangsläufig weniger leistungsfähig ist. Von Zeit zu Zeit ist es wohltuend, sich aus der Konsumgesellschaft und der permanenten Reizüberflutung herauszubewegen: weg vom Kommerzdenken, hin zur Rückbesinnung auf wahre Werte. Diese Erfahrung setzt die Sachverhalte in Relation, schärft den Blick für die wichtigen Dinge und trägt zu einer Neukalibrierung der Paradigmen bei.

Obgleich viele der prominenten Bewohner von Pai'a, Anhänger von #vanlife oder die Ausnahmekünstler Dietrich Varez und Jack Johnson alles andere als mittellos sind, wählen sie ein einfaches Leben. Sie haben erkannt, dass Nachhaltigkeit und Authentizität die einzig wahren Prämissen darstellen. In diesem Sinne sollten Unternehmen, die eigentlich über eine opulente Ausstattung verfügten, bewusst maßhalten und sich beschränken. Die Beanspruchung von übermäßig vielen Ressourcen ist nicht nur Verschwendung, sie kostet auch unnötig viel Energie – vor allem die eigene.

WWOOF gelingt es anscheinend mühelos, Individuen weltweit von einer gemeinsamen Mission zu begeistern und zur Mitarbeit zu mobilisieren. Dies ist ein weiterer Punkt, aus dem Unternehmen lernen können. Die Digitalisierung ist bisher kein Selbstläufer, die vorbehaltlos von allen Anspruchsgruppen im Unternehmen unterstützt wird. Eine Mission, die Identifikation und Inspiration bei den Beschäftigten auslöst, fehlt häufig noch. Bei der Öko-Gemeinde aus Maui ist dies keinesfalls ein selbstloses oder illusorisches Unterfangen. Es geht explizit um die Etablierung eines wirtschaftlich tragfähigen Systems. Die Digitalisierung muss entsprechend einen klar definierten Geschäftsfall abbilden. Ebenso, oder vielleicht noch wichtiger, geht es um einen ganzheitlichen Lebensstil. Was die Öko-Community eigentlich offeriert, ist ein Lebensgefühl, ein Leben im Einklang mit der Umgebung. Diese Art der Sinnstiftung wird in Maui großgeschrieben. Sie bildet die Grundlage des Wohlstands.

Eine Mission, die auf ein wirtschaftliches Ziel ausgerichtet ist, stößt zwar auf Akzeptanz. Der wahre Erfolgsfaktor ist jedoch die Vermittlung eines angestrebten Lifestyles, der mit dem Kauf eines Produktes bzw. Services oder der Mitarbeit im Unternehmen einhergeht. So verkauft Apple keine Computer, sondern das Gefühl, die Welt zu verändern. Aus diesem Grund kaufen viele Menschen die Produkte oder wollen für diese Firma arbeiten. Wie Simon Sinek in seinem bekannten TEDx-Beitrag treffend aufzeigte, geht es nicht um das „Was", sondern um das „Warum".[163]

*Die Straße nach Hāna ist begeisternd und furchteinflößend zugleich. Sie ist damit vergleichbar mit der digitalen Reise, die viele Unternehmen vor sich haben.*

Sie ist eine Fahrt ins Ungewisse. Auf der Touristen-Informationsseite von Maui tauschen sich Reisende im Vorfeld ihres Trips besorgt in den Online-Foren aus, ob sie wohl den Herausforderungen der berühmt-berüchtigten Straße gewachsen sind. Ähnliche Befürchtungen existieren in der Wirtschaftswelt: Manager und ihre Mitarbeiter haben Bedenken, was sie wohl im Zuge der Digitalisierung erwarten wird. Der Entschluss, die Reise anzutreten, ist der wichtigste Schritt. Die Hindernisse, die ihnen auf dem Weg begegnen, sind zwar eine Herausforderung, aber handhabbar.

Der Hāna Highway versinnbildlicht die digitale Transformation in Unternehmen. Die Straße ist keine Hochgeschwindigkeitsstrecke, und die eigentliche Reise ist letztendlich bedeutender als das Ziel.

## Road to Hāna – Fazit

Die beschriebenen Beispiele entlang der hawaiianischen Traumstraße symbolisieren mehrere Erfolgsfaktoren für die Digitalisierung:

- Unternehmen sollten auf ihrer Reise zur digitalen Transformation auch weniger befahrene Straßen wählen. Die Reise ist mit enormen Herausforderungen behaftet und erfordert Geduld. Unvermeidbare Zwangspausen geben Freiräume zur Entschleunigung.
- Digitalisierung und Vereinfachung gehören zusammen. Die digitale Revolution ist kein Komplexitätstreiber, sondern macht schlanke Kernprozesse im Sinne von „zurück zu den Wurzeln" in der heutigen Form sogar erst möglich.
- Wirtschaftlicher Erfolg basiert nicht auf einem Ausverkauf der Werte, sondern auf Authentizität. Gemeinnützigkeit ist dabei ein wirkungsvoller Treiber des Kundenbeziehungsmanagements. Erfolgreiche Firmen operieren nicht auf Kosten der Umwelt. Sie bilden vielmehr eine Einheit mit ihr. Unternehmen im digitalen Umfeld setzen auf Kooperation statt Konkurrenz, wobei das Gemeinschaftserlebnis im Vordergrund steht.
- Um erfolgreich zu sein, erfordert Digitalisierung den maßvollen Umgang mit den verfügbaren Ressourcen. Die Beanspruchung von übermäßig viel Mitteln ist nicht nur Verschwendung. Maßlosigkeit kostet auch unnötig viel Energie, vor allem die eigene.
- Der enge, kurvige und risikoreiche Hāna Highway versinnbildlicht die digitale Transformation in Unternehmen. Die Straße ist keine Hochgeschwindigkeitsstrecke. Digitalisierung hat oftmals symbolischen Charakter. Umwege sind weniger die Ausnahme als der Regelfall. Dabei gibt es per se keine bessere oder schlechtere Route. Jede davon bietet die Möglichkeit, maximalen Erfolg zu erzielen. Welchen Weg man einschlägt, ist letztendlich bedeutender als die Zielerreichung. Der Entschluss loszufahren, ist dabei der wichtigste Schritt.

# 10 All terrain, all the time: mit dem neuen wandlungsfähigen Unternehmen durchstarten

„Fünfzig – rechts – drei – plus"*

Beifahrer Christian Geistdörfer zu Rallye-Pilot Walter Röhrl während der Rallye Monte Carlo 1980 in einem Fiat 131 Abarth, bei der Walter Röhrl als Sieger von der Strecke ging

Die Rallyefahrer-Legende Walter Röhrl, der bis heute einzige deutsche Rallye-Weltmeister, errang die meisten seiner Triumphe an der Seite seines Beifahrers Christian Geistdörfer. War der Streckenabschnitt vor ihnen auch noch so staubig, die Kurve noch so scharf, die Sicht noch so schlecht, Geistdörfer navigierte sie durch alles hindurch. „Fünfzig – rechts – drei – plus", mit zackigen Kommandos im Stakkato-Takt wies Geistdörfer seinem Fahrer den Weg. Die Pacenotes, also Streckennotizen, hatte sich Geistdörfer vor dem Rennen in einem kleinen Büchlein notiert, im Rallye-Jargon „Gebetbuch" genannt, welches er während der Rallye mit seinen Händen fest umklammerte. Das unglaubliche Talent Röhrls, intuitiv und blitzschnell zu lenken und zu schalten, wurde optimal ergänzt durch sein fleischgewordenes Navigationssystem Geistdörfer. „Der Beifahrer ist das Gehirn des Wagens", sagen viele Rallye-Piloten.

Die Offroad-Strategie als Erfolgsfaktor für die digitale Transformation erlaubt es dem Unternehmen, sich wie ein eingespieltes Rallye-Duo aus Pilot und Beifahrer im Gelände zu bewegen. Eine gesunde Paranoia, eine positive Fehlerkultur, flache Hierarchien und weitere Offroad-Eigenschaften lassen das Unternehmen flexibel auf Marktveränderungen reagieren, diese sogar antizipieren, um dann proaktiv entgegenzusteuern. Eine scharfe Kurve, ein verstecktes Schlagloch, ein steiler Abhang: Widrigkeiten wie diese bremsen das Unternehmen längst nicht mehr aus. Disruptionen, Marktverwerfungen, neue Technologien, neue Absatzwege, neue Player – nichts kann das Off-

---

\*  Geistdörfers Kommando „Fünfzig – rechts – drei – plus" bedeutet, dass in fünfzig Metern eine Rechtskurve mit einem Kurvenradius von ca. 90 Grad auf den Fahrer wartet, die etwas schneller durchfahren werden kann.

road-Unternehmen aus der Bahn werfen. Es wird eins mit seiner Umgebung, d. h. eins mit seinem Markt.

Gemäß dem Motto „Embrace the change" begrüßen Offroad-Unternehmen den allgegenwärtigen Wandel und arrangieren sich mit der neuen Realität. Ihren Mitarbeitern ist bewusst: Stabile Märkte ohne Disruptionen und mit langem Abstand zwischen Neuerungen gehören der Vergangenheit an. Stattdessen verlangt die neue Marktdynamik von Unternehmen, sich schnell an neue Gegebenheiten anpassen zu können. Wie Jack Ma, Gründer und CEO von Alibaba, dem chinesischen Internetkonzern, bei jeder Gelegenheit vor seinen Mitarbeitern mantraartig wiederholt: „Für Unternehmen ist der Wandel die beste Chance". Der Wandel ist nicht nur kontinuierlich, er nimmt dabei auch immer mehr an Fahrt auf. Das Tempo des technischen Fortschritts wird unaufhaltsam schneller und schneller. Die Digitalisierung treibt die nächsten Innovationssprünge vor sich her. Philipp Justus, Geschäftsführer Central Europe bei Google, bringt es auf den Punkt:

*„Der digitale Wandel wird nie wieder so langsam sein wie heute".[164]*

Das Terrain, in dem sich das Offroad-Unternehmen fortbewegt, ist weder erschlossen noch kartografiert. Sobald das Unternehmen die Blechlawine auf der Kultur-Autobahn verlassen hat, fährt es frei durch das sich vor ihm ausbreitende Gelände. In manchen Fällen genügt es jedoch nicht, von der Straße abzufahren, um sich von seinen Wettbewerbern abzuheben. Die Digitalisierung ist eine der revolutionärsten Entwicklungen der Menschheitsgeschichte – in manchen Situationen bleibt einem Unternehmen nur, sich selbst zu disrupten, um überleben zu können. Die bisherige Strategie muss dann mit einem komplett veränderten Geschäftsmodell radikal auf den Kopf gestellt werden. In diesem Fall bedarf es einer noch tiefgreifenderen Verwandlung: Das Unternehmen muss den festen Boden unter den Rädern verlassen und sich in andere Elemente begeben. Das bedeutet, dass sich – bildlich gesprochen – der Offroad-Geländewagen zu einem Helikopter oder einem wendigen Schnellboot verwandelt. Denn mit der Offroad-Strategie ist das Unternehmen nicht ausschließlich an die Erdoberfläche gebunden. Ob zu Land, zu Wasser oder in der Luft – das erfolgreiche Unternehmen bleibt wandlungsfähig und verharrt nie auf einer festgeschriebenen Route. Diese vollständige Anpassungsfähigkeit erinnert dann an die „Transformers" in der gleichnamigen Hollywood-Filmreihe.

Bei einer Digital-Offroad-Strategie ist das Reaktionsvermögen des Unternehmens so hoch, dass es jederzeit schnell auf jedwede Veränderungen in seiner Umwelt reagieren kann. Aufgrund der zunehmenden Marktdynamik dann möglicherweise auch disruptiv. Ähnlich wie in dem Sportfilm „Feuer, Eis und Dynamit" von Willy Bogner, in dessen Verlauf Roger Moore als Hauptdarsteller spektakuläre Rennen mit dem Snowboard, Mountainbike, Rallye-Auto, Wildwasser-Kajak und beim Klettern am Steilhang absolviert, manövriert das erfolgreiche Unternehmen ohne Probleme in allen Elementen.

Während eines Gesprächs der Autoren mit der Vorstandsrunde eines Industriekonzerns sagte der CEO: „Wer weiß, ob wir in zehn Jahren noch unsere Stahlplatten verkaufen, indem wir sie per LKW an unsere Kunden liefern? Wir können es uns zwar noch nicht ausmalen, aber was wäre, wenn sich der Kunde mit einem 3D-Drucker das Material an Ort und Stelle selbst ausdruckt?" Gedankenspiele wie diese verweisen auf die ungeahnten Ausmaße zukünftiger Disruptionen. Natürlich lassen sich solche Marktverschiebungen schwer prognostizieren, die Grenzen zu unwirklichen Fantastereien sind fließend und die Folgen der Digitalisierung in vielen Feldern noch nicht absehbar. Ein Unternehmen, welches jedoch die Fähigkeit besitzt, zügig auf potenzielle Umwälzungen zu reagieren und diese auch ein Stück weit vorauszudenken, wird im Wettbewerb stets die Nase vorn haben.

Ein Unternehmen, das sich seit Jahrzehnten immer wieder neu erfindet, ist der indische Konzern Asian Paints. In den 1980er-Jahren war Asian Paints Indiens größter Produzent von Farben und Lacken. Zwanzig Jahre später diversifizierte das Unternehmen – vertikale Integration aus dem Lehrbuch – in den Bereich der Chemikalien. Einige Jahre später nahm die Unternehmensführung dann auch den Endkunden ins Visier: Asian Paints wandelte sich vom reinen Hersteller zum Beratungsunternehmen für Heimwerker. Das Unternehmen bot nun den Kunden einen umfassenden Service rund um Lösungen für die Inneneinrichtung an. Kurze Zeit später folgte mit dem Einstieg in den Markt der Einbauküchen und Badezimmer eine zusätzliche Ausweitung des Endkunden-Bereiches. Damit hatte sich Asian Paints endgültig zu einem Unternehmen für den privaten Häuslebauer und Heimwerker transformiert. Wie konnte es sich über all die Jahre hinweg immer wieder erfolgreich neu erfinden? Entscheidend für den Erfolg der Repositionierungen von Asian Paints sind zwei grundlegende Faktoren: Kundenfokus und Flexibilität. Wie im Kapitel 6 beschrieben, ist die Kundenorientierung ein essenzieller Leitstern auf der Transformationsreise ins Ungewisse. Die Wandlungsfähigkeit eines Unternehmens, seiner Strukturen und Mitarbeiter ist ebenfalls ein Erfolgsfaktor der Offroad-Strategie. „Wir erleben eine digitale Revolution. Das Internet und die mobile Vernetzung haben das Leben von Millionen Menschen komplett verändert.", stellt Manish Choksi, CIO und Strategiechef von Asian Paints, fest. „Wir müssen unser Produktportfolio ständig an die sich immer wandelnde Nachfrage anpassen.", so Choksi weiter.[165]

Auch der Elektronikkonzern Samsung hat sich im Lauf seiner Geschichte mehrfach neu erfunden und sein Geschäftsmodell auf den Kopf gestellt – und dies bereits lange vor der digitalen Revolution. Gegründet 1938 in Südkorea als kleines Fischgeschäft, wurde der Laden gleich zweimal in kurzer Folge zerstört: zuerst in den Wirren nach dem Zweiten Weltkrieg, dann 1953 während des Koreakriegs. Doch Gründer Lee Byung-chull ließ sich nicht entmutigen und machte das Unternehmen zum größten Lebensmittelhersteller Südkoreas. In den 1960er-Jahren weitete Samsung sein Portfolio aus: Textil, Mode, Baugewerbe, Versicherungen, Schiffsbau – bis schließlich im Jahre 1969 der Einstieg in die Elektrotechnik folgte. Dieser Bereich, Samsung Electronics, mit Haushaltsgeräten und Produkten aus der Unterhaltungselektronik, erwies sich als wegweisend für den anhaltenden Erfolg des Konzerns. Der nächste Wendepunkt in der Firmengeschichte erfolgte 1997: Aufgrund der Asienkrise entschied die Unternehmensführung, sich nur noch auf wenige Geschäftszweige zu fokussieren, und trennte sich im Folgenden von der Mehrheit seiner Tochterunternehmen. Seitdem bildet die Elektroniksparte den größten Teil des Unternehmens und schreibt die Erfolgsgeschichte von Samsung weiter. Auch im heutigen Zeitalter der Digitalisierung bleibt das Unternehmen agil und wandlungsfähig. Dr. Francis Ho vom Samsung Strategy and Innovation Center: „Als 200-Milliarden-Dollar-Konzern muss man bei jedem Projekt immer schon einen Schritt weiterdenken."[166] Das Samsung-Management fördert seit jeher eine ausgeprägte Innovationskultur durch gezielte Mitarbeiterentwicklung und Fortbildungsmaßnahmen. Der CEO von Samsung Electronics, Jong-Kyun Shin, fasst den Kern der Firmenphilosophie in zwei Worten zusammen: „Unermüdliche Innovation".[167]

Nicht alle Unternehmen sind in der Lage, ihre Unternehmenskultur über Nacht radikal auf den Kopf zu stellen. Firmen, die zu groß, zu traditionell oder zu komplex aufgestellt sind, um ihre Denk- und Arbeitsweisen unternehmensweit rasch hin zu maximaler Agilität trimmen zu können, bietet sich jedoch eine alternative Möglichkeit: Sie können sich mithilfe zweier paralleler Führungsansätze bzw. Unternehmenskulturen den neuen Herausforderungen stellen. Zur Umsetzung dieser Variante eignet sich beispielsweise das Konzept der beidhändigen Führung mit der rechten und linken Hand (Ambidextrie), das wir im Kapitel 4 näher beschrieben haben.

Management-Guru John Kotter greift in seinem wegweisenden Artikel „Die Kraft der zwei Systeme" diesen Ansatz auf.[168] Er empfiehlt Unternehmen, ein zweites Betriebssystem einzuführen.

- Das erste hierarchische Betriebssystem, das alleine angesichts der heutigen Veränderungsdynamik zu langsam wäre, bleibt unverändert für die alltägliche Steuerung des Unternehmens zuständig.
- Das zweite Betriebssystem hingegen kommt ohne Organisationshierarchien aus und zieht seine Kraft primär aus den Mitarbeitern, die – auf freiwilliger Basis – motiviert bis in die Haarspitzen an innovativen Projekten arbeiten. Die zweite Dimension fördert somit Kreativität und Innovationsfreude im Unternehmen, ohne die lähmenden Fesseln von Prozessen, Regeln und Bürokratie.

Ein solches Parallelsystem macht Unternehmen schnell und beweglich. Chancen und Gefahren werden frühzeitig erkannt, Ideen werden zügig umgesetzt. Kotter bezeichnet dies als neue „strategische Fitness" eines Unternehmens.

Wichtig bei allen dualen Ansätzen ist: Eine zweite Ebene darf die bisherige Organisation nicht überfrachten, indem z.B. zusätzliche Abteilungen geschaffen werden. Es geht vielmehr darum, ein agiles Netzwerk im Unternehmen zu installieren, welches das erste System, die erste Kulturdimension, sinnvoll komplementiert. Das zweite System legt sich dann wie ein leichter Schleier über die bestehende Organisation. Denn ansonsten besteht die Gefahr, dass eine überkomplexe, mehrdimensionale Struktur heranwächst, die das Unternehmen noch mehr lähmt als zuvor.

Zugegeben, ganz so einfach ist dieses Umdenken nicht – wie in der Science-Fiction-Filmtrilogie „Zurück in die Zukunft", in deren dritten Teil Doc Brown zu Marty McFly sagt: „Du musst dir angewöhnen, vierdimensional zu denken!", und Marty eingesteht: „Ich weiß. Damit hab ich noch echte Probleme." Immer mehr Unternehmen versuchen, eine solche zweite Ebene durch die Schaffung eines Digital Labs, Innovation Hubs oder Ähnliches einzuführen. Trennt man die beiden Systeme räumlich voneinander – in Deutschland ist Berlin der favorisierte Standort für die Digitalableger –, wird die bestehende Organisationsstruktur im Stammsitz nicht durch die neue Dimension überfrachtet. Allerdings sollte dann Wert auf einen regelmäßigen Austausch zwischen beiden Standorten gelegt werden, um Abstoßungserscheinungen zu vermeiden (näher dazu die Ausführungen zu den Digital Labs in Kapitel 2).

## Beständigkeit und Anpassungsfähigkeit: ein erfolgreiches Duo

Kein Zweifel, Unternehmen müssen im Angesicht der digitalen Revolution flexibler werden. Bei allen berechtigten Forderungen nach mehr Agilität darf jedoch eines nicht vergessen werden: Erfolgreiche Unternehmen sind nicht nur äußerst anpassungsfähig, sondern besitzen daneben trotzdem – oder vielleicht gerade deswegen – einen ausreichenden Grad an Beständigkeit. Anders ausgedrückt: Zwei der wichtigsten Eigenschaften, die erfolgreiche Unternehmen gleichzeitig innehaben, sind Beständigkeit und Flexibilität.

Die Beständigkeit eines Unternehmens spielt beispielsweise dann eine wichtige Rolle, wenn es um das Erfüllen von Kundenerwartungen und Qualitätsstandards geht. Eine solche Verlässlichkeit ist selbst in Zeiten der Digitalisierung nicht zu unterschätzen. Denn wandlungswillige Unternehmen dürfen angesichts der digitalen Revolution nicht kopfüber in Panik und übertriebenen Aktionismus verfallen. Eine hohe Zuverlässigkeit den Marktpartnern gegenüber ist daher mitunter erfolgsentscheidend. Auch die Verlässlichkeit nach innen, gegenüber den Mitarbeitern, spielt eine wesentliche Rolle. Ein gesundes Maß an Stabilität erweist sich als zuträglich für die Mitarbeiterzufriedenheit, die in einem dauerhaften Zustand der Unsicherheit ansonsten spürbar sinken würde (zum Stichwort „psychologische Sicherheit" siehe das Kapitel 4).

Die Anpassungsfähigkeit eines Unternehmens ist insbesondere bei innovativen Projekten und bei der Transformation bestehender Geschäftsmodelle gefordert. Eine hohe Flexibilität lässt ein Unternehmen in Zeiten des stetigen Wandels immer wieder schnell agieren. Sie kann z. B. durch das zweite Betriebssystem oder die rechte Hand der Ambidextrie gesteigert werden. Klar ist: Unternehmen müssen in Zukunft deutlich flexibler als bisher aufgestellt sein, um dauerhaft zu überleben. Der vom britischen Sozialphilosophen Herbert Spencer geprägte Ausdruck „Survival of the fittest" lässt sich auch im Kontext der Marktwirtschaft anwenden. „The fittest" – wohlgemerkt im Sinne von „am anpassungsfähigsten" – bedeutet, dass diejenigen Unternehmen, die sich am besten auf den Wandel einstellen, ihre Wettbewerber hinter sich lassen werden. Die Resilienz eines Unternehmens wird somit ausschlaggebend für dessen zukünftigen Erfolg (siehe hierzu auch Kapitel 4).

In erfolgreichen Unternehmen herrscht ein ausgewogenes Verhältnis zwischen Beständigkeit und Flexibilität. Die perfekte Balance gestaltet sich dabei für jedes Unternehmen individuell, je nach Branche und Wettbewerbsumfeld. Das ideale Mischungsverhältnis ist darüber hinaus dynamisch. Es verändert sich ständig. Die fortwährende Feinjustierung zwischen Verlässlichkeit und Anpassungsfähigkeit ist somit eine der essenziellen Aufgaben des Topmanagements. Das Mindset einer gesunden Paranoia (siehe Kapitel 2) kann Unternehmen dabei helfen, diese beiden elementaren Eigenschaften gleichsam auszuüben.

> Sehr hoch war die Anpassungsfähigkeit des japanischen Versicherers Tokio Marine Holdings, einer der größten Versicherungskonzerne der Welt. Das Unternehmen reagierte im Jahr 2011 besonders schnell auf die sich plötzlich verändernden Kundenwünsche: Als viele Kunden anstelle der üblichen Langzeitverträge plötzlich Policen für kurze Zeiträume verlangten – um z. B. das Auto eines Freundes für einen Tag versichert ausleihen zu können oder für ein spontanes Skiwochenende krankenversichert zu sein – traf das Topmanagement eine wegweisende Entscheidung. Gemeinsam mit dem Mobilfunkbetreiber NTT DoCoMo entwickelte Tokio

Marine neue Kurzzeit-Versicherungen, z. B. eine „One-Day"-Autoversicherung. Mit mobiler und location-basierter Technologie können Kunden die Police spontan über ihr Smartphone abschließen. Eine Revolution in der tradierten Versicherungsbranche, in der Gewinne größtenteils aus den langen Laufzeiten der verkauften Policen generiert werden. Mit dieser flexiblen Initiative konnte Tokio Marine die ungewohnte Nachfrage passgenau bedienen und beschritt damit neue Wege im Rahmen seiner anhaltenden Transformation.

## Leuchtturmprojekte und konstanter Kundenfokus

Mithilfe einer Offroad-Strategie wird es für Unternehmen leichter, sogenannte Leuchtturmprojekte zu verwirklichen. Bei diesen Projekten setzt ein kleines, agiles Team eine neue Idee in vergleichsweise kurzer Zeit um. Solche Initiativen besitzen eine Vorbildfunktion und zeigen dem Rest des Unternehmens auf, was tatsächlich machbar ist. „Wir empfehlen, auf Leuchtturmprojekte zu setzen, die eine hohe Strahlkraft haben und auch Skeptiker im Unternehmen überzeugen können.", sagt Mathias Weigert, Geschäftsführer der Unternehmer-Schmiede, einer Beratung in Berlin, die Unternehmen bei der digitalen Transformation begleitet.[169] Leuchtturmprojekte können mit ihrer Signalwirkung den Funken des Wandels auf die gesamte Organisation überspringen lassen und die übrigen Mitarbeiter förmlich mitreißen. Hierzu eignen sich auch insbesondere die in Kapitel 7 beschriebenen Methoden des Rapid Prototypings und Pretotypings. „Fail fast" ist eine ideale Devise bei der Durchführung von Leuchtturmprojekten.

Das US-Unternehmen General Electric (GE) weitete einzelne Leuchtturmprojekte zu einem eigenen Unternehmensbereich aus. Seit 2011 transformiert sich der Industriekonzern zu einem Digital Player. Die hierfür gegründete Unternehmenssparte GE Digital mit mittlerweile mehr als 20.000 Mitarbeitern entwickelt digitale Lösungen im Bereich Industrie 4.0. Nur einige Jahre zuvor erzielte das von Thomas Edison gegründete Unternehmen den Großteil seines Umsatzes noch aus dem Verkauf und der Reparatur von Industrieanlagen. GE Digital schuf daraus ein neues, digitales Geschäftsmodell: Man verlagerte den Fokus auf passende Software-Plattformen für eben jene Industrieanlagen. General Electric hat die Zeichen der Zeit früh erkannt. „Das digitale Mindset muss in der gesamten Organisation eingebettet sein. Angefangen von einer digitalen Unternehmensstrategie, bis hin zum einzelnen Mitarbeiter", bestätigt William Ruh, CEO von GE Digital.[170]

Auch das Modehaus Burberry setzt seit einigen Jahren erfolgreich auf die Digitalisierung, und geht dabei stets agil und kundenfokussiert vor. Der Wendepunkt geschah Mitte der 2000er-Jahre, als sich die Geschäftsführung aufgrund stagnierender Umsatzzahlen eingestehen musste, dass es dem Modelabel an Innovationskraft und einer Differenzierung zu den Wettbewerbern fehlte. Mit einem Fokus auf das Wichtigste, nämlich den Kunden, konnte das Unternehmen das Ruder seitdem erfolgreich herumreißen. „Digital First" diente der Modemarke dabei als Leitlinie, um eine engere Kundenbindung aufzubauen. „Eine Burberry-Filiale zu betreten ist wie auf die Burberry-Webseite zu kommen", beschrieb Angela Ahrendts, Burberry-CEO bis 2014, die optimale Einkaufserfahrung.[171] Diese „Seamless Customer Experience", also das nahtlos ineinander übergehende Kundenerlebnis, zu schaffen, wurde zum übergeordneten Ziel des Modehauses. Die Grenzen zwischen Offline- und Online-Erlebnis sollten verschwimmen.

Wie setzte Burberry diese hochgesteckten Ziele in die Tat um? Die Marke mit den klassischen Karos führte eine Vielzahl an technischen Innovationen in ihren Filialen ein. Ein Beispiel: Kommt ein Kunde mit einem Kleidungsstück in die Umkleidekabine, werden auf den in der Kabine angebrachten Monitoren automatisch passende Informationen wie verfügbare Größen, Material und Kombinierungsvorschläge angezeigt. Möglich wird dies durch den Einsatz von RFID-Technologie in den Kleidungsstücken. Die Umkleidekabinen werden für den Kunden so zu einem Portal in die digitale Welt. Eine weitere Neuerung ist die Ausstattung des Verkaufspersonals mit Tablets. Damit können die Verkäufer – sofern der Kunde zustimmt – die Kundenhistorie einsehen und passgenaue Tipps zu neuen Kollektionen geben. Die Kunden erfahren in den Filialen durch diese und weitere digitale Features ein vollständig personalisiertes Shopping-Erlebnis. Dazu investierte das Unternehmen nicht nur eine Menge an Ideen und Kreativität, sondern auch finanzielle Mittel zur Kundenansprache: Burberry verwendet im Rahmen seiner neuen Omnichannel-Strategie mehr als die Hälfte des Marketingetats für digitale Kanäle. Auch wenn das Modelabel weiterhin um jeden Prozentpunkt Marktanteil kämpfen muss, zeigt Burberrys neue Strategie die immense Tragweite von Kundenorientierung und Anpassungsfähigkeit für den Unternehmenserfolg.

## Auswirkungen der digitalen Transformation auf die Unternehmensplanung

Die Digitalisierung verändert in Höchstgeschwindigkeit alle Branchen. Das hat auch Folgen für die strategische Planung eines Unternehmens. Macht eine Planung mit weitem Zeithorizont in einem solchen dynamischen Marktumfeld überhaupt noch Sinn? Sind Fünfjahrespläne für Unternehmen noch zeitgemäß? Natürlich dürfen Unternehmen nicht gänzlich auf eine langfristige Planung verzichten. Allerdings sollte sich das Topmanagement darüber im Klaren sein, dass die Genauigkeit einer solchen Langzeitprognose immer mehr schwindet. Die Zukunft eines Unternehmens wird Tag für Tag weniger vorhersehbar und lässt sich nicht mehr linear planen. Starre Jahrespläne werden dieser neuen Realität nicht mehr gerecht. Unternehmensführer müssen daher auf der Hut sein, dass die intensive Beschäftigung mit der nächsten Planungsrunde nicht zur Kaffeesatzleserei verkommt. Denn kaum ist die Tinte auf einem mühevoll erarbeiteten Jahresplan getrocknet, ist er meist schon überholt, weil er die Dynamik des Wandels nicht mehr akkurat abbilden kann.

Da die Bedeutung einer langfristigen Planung schwindet, müssen Unternehmen die Fähigkeit entwickeln, Signale aus dem Markt lesen, interpretieren und in passende Maßnahmen umwandeln zu können. Dies bedeutet:

*Eine Realtime-Planung ersetzt langfristige Mehrjahrespläne.*

Für Chief Financial Officers und Controller ergeben sich im Rahmen der digitalen Transformation neue Chancen. Sie können z. B. mithilfe von Predictive-Analytics-Modellen als Chief Performance Officers und somit als wesentlicher Treiber der Digitalisierung agieren (wie in Kapitel 5 beschrieben). Auch in den Bereichen Vertrieb und Marketing verlieren steife Jahrespläne zunehmend an Wichtigkeit. Wochen- und Monatsziele eignen sich dort weitaus besser als Jahresziele, da sie die aktuelle Marktlage deutlich präziser wiedergeben.

Für viele Entscheider bedeutet ein solch kurzfristiges Vorgehen in der Planung und Steuerung eine immense Umstellung. Sie neigen dazu, die nun kurzfristigeren Analysen lediglich als Momentaufnahmen abzutun, die in ihren Augen im Vergleich zu den gewohnten langfristigen Planungsprozessen weniger Substanz aufweisen. Der Blick in die (ferne) Zukunft ist zwar ein nachvollziehbarer Wunsch, um unserem Sicherheitsbedürfnis Rechnung zu tragen. Allerdings betrügen sich Topmanager mit dem Festhalten an Mehrjahresplänen selbst. Sie unterliegen dem Irrglauben, hierdurch weiterhin einen unmittelbaren Einfluss auf die Zukunft zu besitzen. Sie gaukeln sich eine Kontrolle vor, die in den meisten Branchen längst nicht mehr existiert. Denn Märkte entwickeln sich nicht mehr so linear und vorhersehbar wie noch vor der Digitalisierung.

Hier liegt es im Verantwortungsbereich der Unternehmensspitze, eine agile Realtime-Planung im Mindset ihrer Mitarbeiter zu verankern. Der gesamte Planungsprozess wird dynamischer; Ziele und Maßnahmen werden zeitnah angepasst. Der frühere statische Jahresplan dient nunmehr als grober „Rahmen-Fahrplan", der dann unterjährig mit Leben in Form von Maßnahmen und Initiativen gefüllt wird. So bleibt er stets aktuell und vor allem iterativ, damit die gemachten Erfahrungen jederzeit wieder in den Prozess einfließen können. Das strategische Gerüst wird also regelmäßig mit kurzzeitigen Optimierungsschleifen gefüllt. Der Rahmen-Fahrplan enthält als langfristige Orientierungspunkte neben einer unternehmensrelevanten Vision die beiden Nordsterne „Kundenfokus" und „individuelle Unternehmenskultur". Dadurch verlieren die Mitarbeiter das Große und Ganze nicht aus dem Blick, während sie tagtäglich flexibel und schnell handeln. Das sklavische Festhalten an starren Jahresplänen wäre hier kontraproduktiv.

Daher gilt: So wie die gesamte Organisation im Offroad-Modus anpassungsfähiger wird, sollte auch die strategische Unternehmensplanung agiler werden, um die Geschwindigkeit des Wandels realistisch widerspiegeln zu können.

Unternehmen, die sich mithilfe der Offroad-Strategie für die Dynamik der Digitalisierung rüsten, haben einen entscheidenden Vorteil gegenüber dem Wettbewerb. Agil und wendig wie ein Wagen mit Allradantrieb im Gelände, kann sich das Unternehmen in Zeiten von immer kürzer werdenden Innovationszyklen frei bewegen. Falls nötig, sogar disruptiv in neuen Märkten – als

Schnellboot im Wasser oder als Helikopter in der Luft. Der ständige Wandel wird zum Normalzustand, die allzeitige Anpassungsfähigkeit zum Modus Operandi.

Das erfolgreiche Offroad-Unternehmen verschmilzt mit seiner Umgebung, d. h., es wird eins mit seinem Markt. Wie Tom Hanks, der sich als einsamer Überlebender eines Flugzeugabsturzes im Film „Cast Away" nach anfänglicher Verzweiflung schließlich an seinen neuen Aufenthaltsort assimiliert – und dadurch überlebt. Wie ein moderner Robinson Crusoe verwandelt sich der Büromensch zum widerstandsfähigen Überlebenskünstler in der Wildnis. Völlig eins geworden mit der Insel und der ihn umgebenden Natur, erlegt er mit einem selbstgeschnitzten Speer mühelos und selbstverständlich Fische im hüfthohen Wasser.

### All terrain, all the time – Fazit

Der digitale Wandel stellt alle Industrien auf den Kopf, schnell und unwiderruflich. Daher zählen folgende Punkte zu den Hauptaufgaben der Unternehmensführung, damit das Unternehmen jederzeit auf kommende Disruptionen bestmöglich vorbereitet ist:

- Die Dynamik der Märkte erfordert eine durchgängige Agilität und Flexibilität des Unternehmens.

- Nichtsdestotrotz gilt es gleichzeitig, eine perfekte Balance aus Beständigkeit und Flexibilität zu finden, um dem Wandel bestmöglich zu begegnen.

- Starre, unflexible Jahrespläne haben ausgedient. Eine Realtime-Planung löst im Rahmen der strategischen Unternehmensplanung langfristige Jahrespläne größtenteils ab.

Wenn es dem Unternehmen gelingt, den flexiblen Offroad-Modus zu aktivieren, wird es für zukünftige Marktentwicklungen gewappnet sein. All terrain, all the time – allzeit zum Wandel bereit.

# 11 Kohle durch Kultur: Wandel ist kein Selbstzweck

Im Rahmen der digitalen Transformation spielt die Unternehmenskultur eine zentrale Rolle. Es stellen sich die Fragen: Was hat Kultur mit Geldverdienen zu tun? Sind dies nicht zwei diametral gegensätzliche Konzepte? Wie korrespondiert das qualitative Wertegefüge einer Unternehmenskultur mit der quantitativen Realität der Quartalsergebnisse? Ist eine wirtschaftliche Betrachtung von Kultur überhaupt zulässig oder wird diese sofort mit dem Ausverkauf der Werte assoziiert? Korrumpiert Geld nicht zwangsläufig die Ideale – oder muss man sich Ideale auch erst einmal leisten können? Ist die Kulturausrichtung eines Unternehmens unabhängig von dessen ökonomischen Ambitionen zu sehen?

Nicht unbedingt. Kultur hatte seit jeher den originären Zweck, das Überleben einer Gemeinschaft und die Wohlfahrt einer Gesellschaft abzusichern. Nicht umsonst spricht man in der Geschichte vom Aufstieg und vom Niedergang von Kulturkreisen. Diese haben sich formiert und über ihre gemeinsamen Werte definiert. Ihr Überleben über die Zeitachse hat ihre Kultur validiert. Dabei gibt es in der Geschichte zahlreiche Beispiele für expansive, co-existenzielle oder defensive Ansätze. Rein harmoniebezogene Ausrichtungen mit wenig Konfliktbereitschaft geraten häufig ins Hintertreffen. Kulturgemeinschaften mit einer weniger durchsetzungsstarken Kultur werden von anderen vereinnahmt.

Ähnlich, wenn auch nicht gleich, verhält es sich mit Unternehmenskulturen. Firmen mit einer schwach ausgeprägten kulturellen DNA werden früher oder später verdrängt oder vereinnahmt. Andere wiederum, die auf einer starken Identität aufbauen können, setzen sich auch in für sie ungünstigen Situationen durch. Jedoch hat auch die dominante Kulturausprägung, wenn sie übertrieben wird, ihre Kehrseite.

## Kultur als Geldvernichtungsmaschine

Firmen mit einer fehlgeleiteten Unternehmenskultur katapultieren sich über kurz oder lang ins Abseits. Konflikte, Abwanderung von Leistungsträgern, Skandale oder Zusammenbrüche zeugen von einer dysfunktionalen Ausrichtung der Firmenwerte sowie des Führungsstils. Der mit Abstand häufigste Grund, warum Firmenzusammenschlüsse und -akquisitionen scheitern, sind kulturelle Unvereinbarkeiten.

Der 350 Milliarden US-Dollar teure Zusammenschluss von Time Warner und American Online (AOL) im Jahr 2000 endete in einem gigantischen Debakel, da es zum offen ausgetragenen Kultur-Clash zwischen der alten Medienkultur von Time Warner in New York / Hollywood und der progressiven Branchenausrichtung von AOL im Silicon Valley kam. Ein ähnlich desaströses Ende nahm die Verbindung der Computer-Giganten Hewlett Packard (HP) und Compaq im Jahre 2001. Die konsensorientierte Ingenieurskultur von HP hatte wenig gemein mit der auf schnellen Entscheidungen beruhenden Verkaufsmentalität von Compaq. Es kam zu erbitterten Grabenkämpfen, in deren Verlauf geschätzte 13 Milliarden US-Dollar in Marktkapitalisierung vernichtet wurden. Bei HP und Compaq konnte dank massiver Veränderungen in der Kultur- und Führungsausrichtung das Ruder noch einmal herumgerissen werden. Das Unternehmen wurde so auf einen breit getragenen Erfolgspfad gebracht.

Kultur hat, wie diese Beispiele zeigen, nicht nur mit der Generierung von monetären Werten zu tun, sondern sie hat auch einen direkten Bezug zu deren Vernichtung. Wie in Kapitel 3 erwähnt, zählt die Kultur zu den wichtigsten strategischen Differenzierungsfaktoren. Diese können sowohl in die positive als auch in die negative Richtung ausschlagen.

*Die kulturelle Ausrichtung von Unternehmen kann entweder zu unschlagbaren Wettbewerbsvorteilen oder zu gravierenden Wettbewerbsnachteilen führen.*

Neben gescheiterten Unternehmenstransaktionen können dysfunktionale Firmenkulturen auch den kompletten Niedergang von Unternehmen begünstigen.

> Beobachter führen den 691 Milliarden US-Dollar teuren Zusammenbruch der Investmentbank Lehman Brothers im September 2008 sowie das Dahinscheiden weiterer New Yorker Finanzdienstleister wie Bear Stearns und American International Group (AIG) auf die Kultivierung einer Kultur des Exzesses, die Inkaufnahme von unkalkulierbaren Risiken und den Verlust der Selbstkontrolle zurück.[172]

Den Leitsatz „Gier ist gut" propagierte einst der fiktive Unternehmensaufkäufer Gordon Gekko im Oliver-Stone-Film Wall Street von 1987. Er brachte mit dem Ausspruch den Spirit einer ganzen Branche zum Ausdruck.[173] Die unverhohlene Selbstbezogenheit inspirierte eine ganze Generation von Managern im Finanzsektor und wurde zu deren Mantra. Beim allseits propagierten „Deal Making" konnte nur eine Partei gewinnen; die Gegenseite verlor. Eine Win-win-Konstellation war nicht angedacht und wurde auch nicht in Betracht gezogen. Die Hybris und Maßlosigkeit nahm irgendwann überhand und reckte in Form von Finanzskandalen ihren hässlichen Kopf empor. Diese Unternehmen haben zwar kulturell gesehen auch den Mainstream der Blechlawine verlassen, sind aber gänzlich falsch abgebogen und anschließend den grundlegend falschen Wegweisern gefolgt. Wer so agiert, ist sich durchaus bewusst, dass seine kulturelle Ausrichtung nicht gesellschaftsfähig ist. Solche Unternehmen erfahren eine geringe Akzeptanz in der breiten Gesellschaft und werden stigmatisiert. Jedoch nehmen es ihnen ihre Kunden größtenteils nicht übel – ganz im Gegenteil. Eine Studie hat ergeben, dass Bankkunden gerade diese Attribute wertschätzen und überproportional nachfragen. Das organisationale Stigma einer Gierkultur scheint von den Banken in Kauf genommen zu werden, da für sie weniger die Gesellschaft als ihre Kunden relevant sind.

> Andere, weniger spektakuläre Fälle betreffen Technologiefirmen wie Eastman Kodak oder IBM. Im Gegensatz zur unkontrollierten Situation im Investmentbanking haben die Überkontrolle, das organisatorische

Beharrungsvermögen und eine Kultur der Risikovermeidung zur Schieflage dieser hochangesehenen Blue-Chip-Unternehmen beigetragen. Die Kultur, bloß keine überhasteten Entscheidungen zu treffen, führte bei Kodak dazu, dass das Unternehmen oft den Innovationen, dem Markt und der Konkurrenz hinterherlief. Damalige Trends wie z. B. Sofortbild, 35-mm-Kamera und VCR wurden versäumt. Der Entschluss, den bisherigen Weg zu verlassen, wurde nicht gefasst. IBM wiederum hatte dank seiner versierten Voraussicht von Marktanforderungen enormen Erfolg in den 1980er-Jahren. Die Fähigkeit, Entwicklungen zu antizipieren, kam dem Unternehmen trotz ausgereifter Marktrecherche und Strategie-Methodenbaukästen irgendwann jedoch teilweise abhanden. Die Veränderungen auf Kundenseite, z. B. die Bewegung weg von Mainframes hin zu distribuierten Computern, waren zwar bekannt, ihnen konnte seitens IBM aber organisatorisch nicht begegnet werden. Die etablierte Kultur war nicht ausreichend veränderungsfähig. Erst ein branchenfremder Manager, Louis Gerstner, brachte den nötigen Anstoß zur Neuerfindung in die Organisation hinein.

## Marktmacht und Kultur

Kommen wir noch einmal zurück auf die Einhörner, die Unicorns des Silicon Valley, mit denen wir uns bereits in Kapitel 3 beschäftigt haben. Hinter dieser mythischen Bezeichnung verbergen sich Tech-Unternehmen mit einer Marktkapitalisierung von mehr als einer Milliarde US-Dollar. Mehr als 70 Technologiefirmen werden aktuell als Unicorns klassifiziert, Tendenz steigend. Von diesen Firmen können Erfahrungswerte kultureller Natur abgeleitet werden. Sie tragen nicht nur den ungewöhnlichen Namen Unicorn, abgeleitet vom Fabelwesen Einhorn, sondern haben auch sehr spezielle Kulturwerte. Es macht durchaus Sinn, sich diese einmal näher anzuschauen – insbesondere vor der Prämisse, dass die Unternehmenskultur der nachhaltigste Wettbewerbsvorteil ist.

Tesla Inc. ist ein US-amerikanisches Unternehmen mit einem Wert von 32 Milliarden US-Dollar. Es produziert Elektroautos. Gemäß Teslas CEO Elon Musk ist der Antrieb von Tesla „The crazy dream", die Beeinflussung der Zukunft der Menschheit und eine grundsätzliche Transformation dreier

Branchen gleichzeitig: Automobil, Energie, Luft- und Raumfahrt. „The secret source", das Erfolgsgeheimnis von Tesla, ist die Fähigkeit, auf Systemebene zu denken und dabei Design, Technologie und Business in einer schlüssigen Art und Weise miteinander zu kombinieren. Zur Unternehmenskultur von Tesla zählt das Selbstbewusstsein, große Unterfangen in Angriff zu nehmen und große Risiken einzugehen. So hat Elon Musk nach eigenen Angaben selbst sein ganzes Vermögen auf eine Karte gesetzt. Er beruft sich auf die Prämissen der Physik und die Pioniere bahnbrechender Erfindungen. Er selbst nennt es „First Principle Reasoning" – die Dinge grundsätzlich infrage stellen. Um etwas Neues hervorzubringen, muss man zu den Wurzeln zurückgehen und von dort aus starten. Sonst adaptiert man letztendlich nur bestehende Lösungen und erzielt keinen Erkenntnisgewinn. Korrespondierend mit dem Thema „Fehler sind famos" (siehe Kapitel 8), sind für Tesla Misserfolge „Perlen der Weisheit". Zusätzlich sieht es das Unternehmen als wichtig an, Kritik von Mentoren und Vertrauten anzunehmen, da dies oft vernachlässigt wird.

## Kultur als Investitionskriterium

Jeder hat sicherlich schon einmal auf einer Luftmatratze übernachtet, sei es im Rahmen einer spontanen Übernachtung bei Bekannten oder bei einem feucht-fröhlichen Open-Air-Festival. Die damit verbundenen Erinnerungen sind vielleicht nicht verknüpft mit höchstem Komfort, aber zumindest unvergessliche Erlebnisse. Diese Unkompliziertheit hat sich Airbnb, ins Deutsch übersetzt: „Luftmatratze mit Frühstück", zum Firmenmotto gemacht. Das 2008 in San Francisco gegründete Start-up ist binnen kürzester Zeit zur weltweit beliebtesten Hospitality-Marke aufgestiegen. Das Einhorn aus Kalifornien, das bisher nicht börsennotiert ist, wurde vom Fortune Magazin 2016 mit 30 Milliarden US-Dollar bewertet und liegt damit 10 Milliarden über Marriot International, der weltweit größten Hotelkette – und das, ohne selbst auch nur ein einziges Hotelbett sein Eigen zu nennen. Airbnb ist ein Aushängeschild der sich schnell entwickelnden Ökonomie des Teilens – ein Geschäftsmodell, das auch Sharing Economy genannt wird. Im Zentrum der Airbnb-Kultur steht der schnelle Aufbau von Vertrauen und Legitimation, da die Nutzer ihre Zuhause Fremden zur Verfügung stellen bzw. bei Fremden übernachten. Zusätzlich wird die Authentizität und Individualität der jeweiligen Umgebung wertgeschätzt – ein Sachverhalt, der in deutlichem Kontrast zu den durchstandardisierten Hotelketten steht. Die Privatwohnungen befinden sich zumeist auf einem gleichwertigen und zum Teil höheren Ausstattungsniveau. Sie sind zumeist personalisiert, mit Aufmerksamkeit auf Details eingerichtet und wirken dadurch warm und persönlich. Die Vision der Gründer Brian Chesky, Joe Gebbia und Nathan Blecharczyk stellt demnach auch „Belonging Anywhere", also das Zugehörigkeitsgefühl oder die Sicherheit, sich überall, unabhängig vom Ort, heimisch fühlen zu können, in den Vordergrund. Ein wichtiges Merkmal ist, dass nicht nur die Mitarbeiter, sondern explizit die Gastgeber und Gäste in die Airbnb-Kultur einbezogen werden. Für diese Community ist Airbnb viel mehr als nur ein Übernachtungsangebot. Es ist ein Weg, Menschen kennenzulernen, authentische Einblicke zu gewinnen und einen offenen, häufig internationalen Lebensstil zu leben. Der Tatsache, dass dieses Ecosystem nur auf Basis einer gemeinsamen Kultur Erfolg haben kann, ist sich das Unternehmen bewusst. Im Jahre 2013 investierte PayPal- und Palantir-Mitgründer Peter A. Thiel in einer Finanzierungsrunde 150 Millionen US-Dollar in Airbnb. Die einzige Bedingung für sein Engagement: „Verbockt die Kultur nicht!".[174] Kultur ist nach seinen eigenen Angaben der Grund, warum der in Frankfurt am Main geborene Stanford-Absolvent und Silicon Valley-Multimilliardär in Airbnb investierte. Er wies ausdrücklich darauf hin, dass Unternehmen, die eine gewisse Größe erreichen, ihre Kultur häufig nicht beibehalten können. Airbnb steuert daher die Kulturentwicklung gezielt, um alle Beteiligten auf der Verantwortungskurve nach oben zu bringen."[175] Die Sharing Economy kommt bei dem Geschäftsmodell von Airbnb zur vollen Geltung.

## Digitalisierung als Nemesis dysfunktionaler Kultur

Es gibt jedoch auch eine Kehrseite der Silicon-Valley-Kultur. Das Sinnbild für diese andere Seite ist der Mobilitätsanbieter Uber, ein Online-Vermittlungsdienst für Fahrdienstleistungen, welcher in 55 Ländern verfügbar ist und mit einer Marktkapitalisierung von 69 Milliarden US-Dollar bewertet wird. Uber gilt als abschreckendes Beispiel für die Auswüchse der Unicorn-Kultur. Der Antrieb von Uber ist der Dienst am Kunden, die Schaffung von neuen Arbeitsplätzen, die Reduzierung der Umweltbelastung und die Senkung der Anzahl von Kraftfahrzeugen auf den Straßen. Um diese Mission zu realisieren, sieht sich das Unternehmen als unerschrockener Vorreiter, der täglich Widerstände überwindet und Missstände, z. B. den aktuellen Zustand des Nahverkehrs, schonungslos adressiert. Uber versucht jede Chance zur Expansion zu nutzen. Mit diesem Fokus geht eine „Tue es zuerst und frage später"-Mentalität einher. Dieser Ansatz beinhaltet, dass zuerst Tatsachen geschaffen werden und im Anschluss abgewartet wird, welche Folgen diese haben. Die Unternehmenskultur von Uber ist skandalbehaftet und wird überaus kontrovers gesehen. So führte im Juni 2017 eine Serie an kulturellen Entgleisungen, Fehlverhalten und der Vorwurf des groben Missmanagements zu einer Revolte des größten Investors Benchmark Capital und im Weiteren zum Rücktritt des Mitgründers und bis dato CEO. Im Zuge der Turbulenzen verzeichnete Uber einen Quartalsverlust von 700 Millionen US-Dollar.

*Ausgleichende Gerechtigkeit: Firmen mit einer fehlgeleiteten Unternehmenskultur geraten ins Abseits.*

Der Fall oben und die Beispiele aus dem Finanzsektor zeigen, dass die Zeit des Versteckens vorbei ist. Die Digitalisierung schafft Transparenz für jeden Mitarbeiter und die breite Öffentlichkeit. Die Richtigkeit von Führungsverhalten und Organisationskulturen wird in Echtzeit offengelegt, hinterfragt und breit diskutiert. Konnten diese sich im analogen Zeitalter noch weitgehend unbeachtet fortentwickeln, wird heute jeder Schritt, den Firmen tun, argwöhnisch beobachtet. Es kann nichts mehr einfach „unter den Teppich gekehrt" werden. Skandale verbreiten sich viral in Sekundenschnelle. Auf Basis dieses Drucks ist das Ende von Kulturen bei vielen autoritär-geprägten Unternehmen eingeläutet. Die verbesserten Möglichkeiten zur Bewertung von Unternehmen machen die Digitalisierung zur Nemesis der kulturellen Verblendung. Nemesis, in der griechischen Mythologie die Göttin der „ausgleichenden Gerechtigkeit", bestraft Selbstüberschätzung (Hybris) und handelt im Sinne von „Du bekommst, was du verdienst".

## Kultur auf dem Prüfstand – Kultur ohne Ziel ≠ Kultur

Kultur ohne Geschäftsfall ist nicht tragfähig. Kultur ist kein Selbstzweck. Die kulturelle Ausrichtung eines Unternehmens hat den Anspruch, funktional zu sein, d.h., sie muss den Unternehmenszielen zuträglich sein. Dies ist einer der Hauptunterschiede, in denen sich die Unternehmenskultur von den Werten eines Kulturkreises oder von Ländern unterscheidet. Nicht erst seit Hofstedes Kulturdimensionen[176] werden Kulturen von Nationen als gesetzt und nicht per se veränderbar angesehen. Firmenkulturen sind hingegen zweckmäßig. Sie müssen den Beweis ihrer Tauglichkeit im Unternehmensalltag und in Form von betriebswirtschaftlichen Ergebnissen erbringen. Dies wird allgemeinhin auch als ökonomische Validierung bezeichnet. Firmenkulturen, dies sich über die Zeitachse nicht bewährt haben, werden nicht unreflektiert fortgeführt. Sie werden hinterfragt, neu definiert und umgestaltet. Elemente auf struktureller oder verhaltensbezogener Ebene, die der Verankerung einer besser passenden Kultur eventuell im Wege stehen, werden aufgebrochen und angepasst. Wie oben beschrieben, können Kulturunterschiede über den Erfolg oder den Niedergang von Unternehmen oder Unternehmenstransaktionen entscheiden. Der Mehrwert von funktionalen Unternehmenswerten sowie das Zerstörungspotenzial von entsprechend dysfunktionalen Kulturströmungen lassen sich im Ergebnis messen. Wie in Kapitel 1 beschrieben, ist Unternehmenserfolg eine Sache der richtigen Geisteshaltung. Der Mittelrückfluss auf den Aufwand, der in den Auf- und Ausbau einer starken Unternehmenskultur eingebracht wird, also der „Return on Culture", ist exponentiell und mannigfaltig. Die Quantifizierung in Form eines „Hard-Dollar"-Konzepts ist nicht nur möglich, sondern auch erforderlich.

Die Indikatoren für die wirtschaftliche Leistungsfähigkeit von Unternehmenskulturen – und dies ist, wie erwähnt, deren Existenzberechtigung – sind dabei sowohl außerhalb des Unternehmens, sogenannte exogene Erklärungen, sowie innerhalb der Organisation zu finden, sogenannte endogene Erklärungen.

## Strukturelle Hebel zur Realisierung der Kulturrendite

Kultur lässt sich über strukturelle Aspekte transportieren. Dieser Ansatz folgt einer exogenen Betrachtungsweise, da die Kultur durch äußerliche Faktoren beeinflusst wird. Die Geschäftsmodelle in einer digitalen Welt funktionieren nur in Form von unternehmens- und industrieübergreifenden Kooperationsmodellen und Partnerschaften. Diese Ökosysteme[177] erfordern überragende Fähigkeiten in der effektiven und vertrauensvollen Koordination und Kooperation mit externen Partnern und zum Teil mit den Wettbewerbern (Co-petition). Auf sich allein gestellt, können Unternehmen auf neue Technologien und Geschäftsmodelle, wie z. B. Internet of Things, künstliche Intelligenz, Digital Economics und Sharing Economy, keine befriedigenden Antworten finden. Die Notwendigkeit zur Zusammenarbeit ist im Hinblick auf die Marktentwicklungen einleuchtend, die Voraussetzungen dafür müssen jedoch in der Firmenkultur angelegt sein. Die Erfahrung zeigt, dass Kooperation nicht einfach von oben verordnet werden kann. Einstellungen, wie z. B. Unternehmertum, Verantwortungsübertragung und Umsetzungsorientierung, oder auch Kontrollzwang, Mauern, Brückenbauen und Silodenken sind in der Kultur begründet. Die aktive Einbeziehung der Kunden in die Realisierung und Weiterentwicklung der Unternehmenskultur, wie von Airbnb praktiziert, erfordert eine ganzheitliche Denkweise. Diese schlägt sich in unternehmensbezogener Identifikation und Loyalität nieder, was wiederum das Engagement und die Verweildauer der Mitarbeiter und die Empfehlungsaussprache und Wiederholungskaufbereitschaft der Kunden erhöht. Zusätzlich wird der gemeinschaftliche „Kuchen" größer, den es zu verteilen gibt.

Die Robert Bosch GmbH setzt auf Kooperation und offene Systeme und beliefert die Unternehmen Tesla und Google bei ihren Fahrzeugprojekten. Durch diese Öffnung wird die Kundenstruktur von Bosch insgesamt breiter als die bisherige in der Automobilindustrie. Gleichzeitig konzentriert sich Bosch auf die bewährten Kernkompetenzen, da Hardware die Voraussetzung in der vernetzten Welt ist. Zu den bisherigen Komponenten und Systemen kommen jetzt neue Dienstleistungen hinzu, wobei die Vernetzung der Schlüssel hierfür ist. Diese Vernetzung muss nahtlos über Organisationsgrenzen hinweg gestaltet und gelebt werden. Erst die hierfür passende Firmenkultur ermöglicht die Erschließung von Geschäftspotenzialen im externen Umfeld. Sowohl neue Kundensegmente als auch neue Anwendungsmöglichkeiten für bestehende Produkte sowie selbstverstärkende, komplementäre Angebote z. B. als Dienstleistungen werden auf diese Weise zugänglich. Im Zuge des Übergangs von den existierenden Branchenstrukturen zu digitalen Geschäftsmodellen und Ökosystemen werden die Karten der Marktteilnehmer neu gemischt. Je konsequenter sich Unternehmen auf die digitale Transformationsreise begeben haben, desto besser sind ihre Marktchancen. Erfolgreiche Unternehmen sichern sich ihre dominante Position durch die Einnahme von kritischen Kontrollpunkten, durch ein überlegenes Kundenverständnis sowie Zusatzangebote und Monetarisierungsmodelle. Ein weiterer exogener Faktor: Arbeitgeberattraktivität.

Für die gezielte Gestaltung der Unternehmenskultur – sei es in Bezug auf organisatorische Agilität, unternehmerisches Denken und Handeln oder bereichsübergreifende Zusammenarbeit – bieten sich verschiedene Stellhebel an. Die zur Verfügung stehenden strukturellen, häufig auch extrinsisch genannten Stellhebel werden maßgeblich durch die Strategie beeinflusst, da die konsequente Verfolgung einer progressiven, explizit auf Innovation ausgerichteten Unternehmensstrategie („Innovationsführerschaft") die angestrebte Kulturausrichtung vorgibt.

Einen ähnlichen Effekt hat die Definition der Kernkompetenzen, da z. B. die Verankerung von organisatorischer Veränderungsfähigkeit als zentraler Schlüsselbefähigung (d. h. einzige Kernkompetenz, die wiederum neue Kernkompetenzen hervorbringen kann) eine Veränderungskultur unterstützt.

Zu den klassischen strukturellen Hebeln zählt des Weiteren die Organisationsstruktur. Je nach Ausgestaltung des Organisationsgrads werden Freiräume zur Verfügung gestellt, die bestimmte Kulturausprägungen begünstigen. Zusätzlich wirkt das Betriebsmodell kulturprägend, da hierdurch die Arbeitsflüsse, z. B. die Vereinfachung von Prozessen, Abläufen und Berechtigungsmodellen, beeinflusst werden. Technologie hat ebenfalls eine starke Auswirkung auf die Unternehmenskultur. So erlaubt die Einführung einer leistungsstarken „befähigenden" Systemlandschaft es den Mitarbeitern, die Möglichkeiten der Digitalisierung voll nutzen zu können. Eine nicht zu unterschätzende Auswirkung haben Compliance-Richtlinien, da die Institutionalisierung und die Einbettung erforderlicher rechtlicher Rahmenbedingungen die vom Unternehmen kulturell angestrebten Verhaltensweisen wie Entscheidungsfreude oder Risikobereitschaft beeinflussen kann. Ebenfalls hat die Ressourcenallokation einen Einfluss auf die Kultur, z. B. bezogen auf die Zusammenarbeit, da Ressourcen schnell zur Verfügung gestellt, Mitarbeiter bei den richtigen Aufgaben eingesetzt und schnelle wie pragmatische Unterstützung von Initiativen bereitgestellt werden können. Das Setzen von Anreizen ist ebenfalls kulturrelevant, da die Ausrichtung der Steuerung und Incentivierung maßgeblich die Verhaltensweisen der Manager und Mitarbeiter im Unternehmen prägt. Eine Berücksichtigung von Leistungsbeiträgen im Sinne einer Meritokratie, im Gegensatz zu einer Orientierung an der Seniorität, strahlt direkt auf die Kultur ab.

Neben den greifbaren strukturellen Merkmalen von Organisationen ist das „Innenleben" ein Abbild der kulturellen Ausrichtung eines Unternehmens.

## Verhaltensbezogene Hebel zur Realisierung der Kulturrendite

Kultur manifestiert sich in verhaltensbezogenen Aspekten. Dieser Ansatz folgt einer endogenen Betrachtungsweise, da die Kultur durch Faktoren innerhalb der Organisation beeinflusst wird. Die Veränderungsfähigkeit von Organisationen ist in diesem Zusammenhang von fundamentaler Wichtigkeit. Ausgehend von der Prämisse, dass Wettbewerbsvorteile über die Zeitachse erodieren, versuchen Unternehmen sich entweder ständig neu zu erfinden, oder sie werden unweigerlich irrelevant. Entgegen der landläufigen Meinung betrifft die Erosion der Wettbewerbsfaktoren auch die Kernkompetenzen eines Unternehmens. Firmen, die bereits 100 Jahre am Markt bestehen konnten, verfügen zum Teil über keine einzige ihrer ursprünglichen Kernkompetenzen. Die einzigen Konstanten sind ihre Veränderungsfähigkeit und die Unternehmenskultur, obwohl sich diese, wie beschrieben, auch anpasst.

Organisatorische Agilität, die Fähigkeit rasch zu agieren und sich vorausschauend anzupassen, stellt damit die wichtigste Eigenschaft von Unternehmen dar. In der Tat ist, von diesem Blickwinkel aus betrachtet, die organisatorische Veränderungsfähigkeit die einzige Kompetenz im Unternehmen, welche das Potenzial besitzt, weitere neue Kernkompetenzen hervorzubringen. Daher wurde sie vom Organisationstheoretiker Dr. Peter-J. Jost, Professor an der WHU Business School, als „dynamische Kernkompetenz" bezeichnet.[178]

Die organisatorische Agilität ist im digitalen Umfeld erfolgsentscheidend. Konzepte wie agile Führung und agiles Engineering sind Zeugnisse dieser Entwicklung. Kultur bietet hierfür die erforderliche Grundlage. Die empirische Untersuchung „Return-on-Change" von PwC hat ergeben, dass Firmen mit einer kulturell verankerten, normativen Veränderungsfähigkeit ihren Unternehmenserfolg um 30% im Vergleich zu Unternehmen ohne eine derartige

Kompetenz steigern können.[179] Um sich flexibel und veränderungsbezogen zu verhalten, muss aus der Überzeugung heraus agiert werden. Immer dann, wenn Befürchtungen im Zusammenhang mit einer Veränderung bestehen, ist ein agiles Verhalten notwendig. Unternehmen mit einer in der Kultur verankerten Veränderungskompetenz weisen hingegen Eigenschaften wie Mobilisierung, Geschwindigkeit, Entscheidungswille, Risikobereitschaft, Pragmatismus und Ergebnisorientierung (schnelle Marktfähigkeit) auf. Beispiele von etablierten Unternehmen wie Eastman Kodak, IBM oder Nokia zeigen, dass ein organisatorisches Beharrungsvermögen Marktchancen verringert und zu bedrohlichen Geschäftssituationen führen kann.

Ein weiterer endogener Faktor ist die Mitarbeiterzufriedenheit. Neben den strukturellen Rahmenbedingungen sind kulturell bedingte führungs- und interaktionsbezogene Aspekte erfolgskritisch. Zu den wichtigsten personenbezogenen Stellhebeln zählt die Vision. Etabliert ein Unternehmen z.B. ein inspirierendes Zielbild, so beispielsweise als Traum, kann dieses eine kulturelle Strahlkraft und identitätsstiftende Wirkung entfalten. Diese Wirkung kann durch einen gezielten Prozess des Umdenkens („Can do – let's try") unterstützt werden. Der Prozess kann z.B. Verhaltensregeln in erfolgsrelevanten Situationen einschließen, in denen sich die Unternehmenskultur in der täglichen Praxis manifestiert (sogenannte Moments-that-matter).

Zudem spielt das Führungsverhalten im kulturellen Kontext eine zentrale Rolle. Unternehmen streben die Etablierung von Verhaltensweisen in der Führung an, welche der Generierung von Ideen und dem kreativen Arbeiten förderlich sind. Kultur übt maßgeblichen Einfluss auf die Wahrnehmung von Unternehmen am Arbeitsmarkt aus. Aus kultureller Perspektive betrachtet ist es vorteilhaft, sich als Arbeitgeber zu positionieren, der ein hochinteressantes Umfeld für Vorausdenker und Junge Wilde bietet.

Ein kulturrelevanter intrinsischer Stellhebel ist die Zusammenarbeit. Hierbei ist es wichtig, dass eine Vertrauensbasis etabliert wird. Diese ermöglicht z.B. offenere Kooperationsmodelle (Open Source), die Nutzung kleinerer Partner (Start-ups, Boutiquen) oder größerer Spezialisten (Denkfabriken), die Bereitstellung einer Innovations-Plattform für den kreativen Austausch (Ideen-Inkubator, JAMs), Wissensmultiplikation und Co-creation.

## Kohle durch Kultur – Fazit

Die folgenden Erkenntnisse lassen sich aus den in diesem Kapitel beschriebenen Wirkungszusammenhängen ableiten:

- Die Themen Unternehmenswerte und Geldverdienen sind nur vermeintlich unvereinbar. Sieht man genauer hin, besteht zwischen Kommerz und Kultur kein Konflikt. Vielmehr bilden sie eine Symbiose. Sie stellen zwei Seiten derselben Medaille dar. Es gilt: Sowohl Kultur ohne Monetarisierungsmodell als auch Wirtschaften ohne Werte sind auf Dauer nicht tragfähig.

- Die Firmenkultur ist nicht Selbstzweck, sondern ein effektiver Katalysator für den Geschäftserfolg. Diese Erkenntnis schafft die Voraussetzungen, eine differenzierte, auf den Geschäftszweck ausgerichtete Unternehmenskultur zu entwickeln.

- Kultur ist jedoch nicht in jeder Konstellation ein wertvolles Gut. Sie kann auch eine kostspielige Belastung sein. Es hat sich gezeigt, dass sich Firmen mit einer dysfunktionalen Kultur über kurz oder lang ins Abseits manövrieren. Kultur kann sich zudem als wahre Geldvernichtungsmaschine entpuppen, wenn z. B. im Rahmen von Unternehmenstransaktionen kulturelle Unterschiede die Integration und Zusammenarbeit behindern.

- Die Einhörner aus dem Silicon Valley haben es vorgemacht: Kultur kann das ausschlaggebende Kriterium für milliardenschwere Investitionen sein. Die kulturbezogene Rendite, der „Return on Culture", steht für die Geldgeber außer Frage. Und die über die Kultur gewonnene Kapitalisierung hilft bei der erfolgreichen Expansion und Marktpositionierung wiederum maßgeblich.

- Kultur lässt sich über strukturelle Aspekte wie flache Hierarchien oder leistungsdifferenzierte Anreizsysteme oder über verhaltensbezogene Stellhebel wie Führung und Zusammenarbeit gestalten.

# 12 Niveauregelung – zurück auf den Highway!

*Mitarbeiter und Unternehmen im permanenten Offroad-Modus*

[180]Gestärkt, motiviert und voller neuer Ideen kehrt der Four Wheel Drive von der Geländefahrt zurück. Vollgetankt mit Inspiration geht es jetzt darum, den Offroad-Moment auf die normale Straße zu bringen. Die letzten Schlammreste putzen sich leicht von der Schuhsohle. Jetzt ist es an der Zeit, den eigenen Weg einzuschlagen. Nicht nach Lehrbuch, sondern individuell auf die eigene Situation, Branche und den Kunden angepasst.

Seit dem Ausscheren aus der Blechlawine ist viel passiert. Längst verloren geglaubte Fähigkeiten wie Mobilisierung, Flexibilität und Anpassungsfähigkeit sind nach der Rückkehr auf den Highway wieder da. Radikaler Kundenfokus, Pragmatismus und Ergebnisorientierung gehören jetzt zur DNA der Insassen.

Die Offroad-Strategie ist keine zweckgebundene Einmallösung. Sie ist vielmehr als anpassungsfähige Denkhaltung zu verstehen, mit deren „Can-do-Mentalität" die vielfältigen Herausforderungen der digitalen Zukunft angegangen und gelöst werden können. Ihre Stärke beruht auf einem multiplen Lösungsansatz, sich flexibel nach außen sowie robust und stabil nach innen immer an neue Gegebenheiten anzupassen.

Im Folgenden werden noch einmal die großen und zukünftigen Herausforderungen umrissen, die mit der Offroad-Mentalität gelöst werden können. Die neue Realität hat gezeigt, dass die Grenzen zwischen Industrien immer stärker erodieren. Es fällt beispielsweise schwerer, die Grenzen zwischen einem Telekommunikations- und Entertainment-Unternehmen oder zwischen einer Retail-Bank und dem Einzelhandel zu ziehen. Die klassischen Wertschöpfungsketten, die klar und stabil seit Jahrzehnten über den Hersteller, Zwischenhändler und schließlich über den Endverbraucher verliefen, verwischen immer mehr. Die klar definierte Infrastruktur, sauber aufgereiht wie an einer Perlenkette durch geordnete Transaktionsketten, ist Vergangenheit.

Digitalisierung ermöglicht es neuen (kleineren) Unternehmen oder Einzelpersonen, außerhalb der Wertschöpfung anzusetzen und effizientere und effektivere Produkte und Services anzubieten. Lange gewachsene Verbindungen zwischen Unternehmen weichen auf, Preise und Kosten für Waren und Services unterliegen größeren Schwankungen. Zwei Konstanten werden hier immer wichtiger: Zuverlässigkeit und Purpose (zu Deutsch: Sinn und Zweck).

## Zuverlässigkeit und Purpose zählen

Wie ist es möglich, eine relevante Rolle in der digitalen Revolution zu spielen? Wie kombiniert ein Unternehmen damit bereits vorhandene Stärken? Wie entwickelt es rasch digitalen Scharfsinn? Welches ehrgeizige Ziel, welche strategische Weitsicht brauchen Unternehmen und Mitarbeiter jetzt in ihrem permanenten Fahrtenbuch, um die Kraft auf die Straße zu bringen? Disruption bestimmt immer mehr Branchen, Industrien und Unternehmen. Etablierte Unternehmen, früher Platzhirsche und Leuchttürme der Wirtschaft, verlieren an Zugkraft.

Ohne rasche Anpassung des Geschäftsmodells an die massiv geänderten Rahmenbedingungen ist der Komplettausfall von Organisationen vorprogrammiert. „Ändert oder hinterfragt doch mal euer Geschäftsmodell!" – was sich einfach sagt, ist in der Umsetzung mitnichten einfach. Die Architektur der Wertschöpfung, das heißt, wie der Nutzen für den Kunden und strategischen Partner generiert wird, ist Aufgabe des Topmanagements.

> Bestes Beispiel sind die Energieversorgungsunternehmen, die im Wesentlichen seit 1882 das gleiche Geschäftsmodell haben: Sie erzeugen Strom, um ihn an Endverbraucher oder Geschäftskunden zu verkaufen. Heute sind die Stromversorger Teil eines technologischen Ecosystems, was eine Vielzahl neuer Chancen eröffnet. E.ON bietet jetzt nicht nur Strom an, sondern vermarktet ergänzend unter anderem „die smarte Welt von E.ON Plus": Licht- und Sicherheitssysteme, Thermostate.
> Ein derzeit immer wieder intensiv diskutiertes Beispiel ist die deutsche Automobilindustrie. Jahrzehntelang eine feste Säule des deutschen Bruttoinlandsproduktes (BIP), sucht die einstige Vorzeigeindustrie ihren

> Platz im Orchester der Zukunftsbranchen. Stand früher die „Hardware", also das Auto an sich, mit seinen technischen Raffinessen im Vordergrund, ist heute ein Umdenkprozess in Richtung Mobilität voll im Gange. Carsharing, autonomes Fahren, Elektromobilität bestimmen die Zukunft.

Was für das Industriesystem die Wertschöpfungskette war, ist im neuen System das Plattform-Business. Eine Plattform versteht sich dabei als interoperables System, das die Zusammenarbeit von verschiedenen Systemen, Techniken oder Organisationen ermöglicht. Sie schafft eine plug-and-play-technologische Basis, auf der eine breite Palette von Anbietern und Kunden nahtlos miteinander interagieren können, indem sie die gleiche Art von Hardware, Software und Services nutzen. Damit entfacht sie eine ungeahnte Skalierung und katapultiert Unternehmen in Wachstumsdimensionen, die vor Jahren unmöglich schienen.

*Im 21. Jahrhundert ist die Lieferkette nicht mehr der zentrale Aggregator des Geschäftswertes. Was ein Unternehmen besitzt, ist weniger wichtig als das, was es verbindet.*

Microsoft mit Windows, Apple mit dem mobilen Operating-System IOS, Amazon als „Everything Store" (Allesverkäufer) mit seinem Handelssystem, Facebook mit Social Media und YouTube mit Videos, Zalando als deutsche E-Commerce-Plattform. Nicht nur im B2C-, sondern auch im B2B-Geschäft tobt gerade ein Wettbewerb der Systeme.

> Unternehmen wie Siemens oder General Electric (GE) stecken zurzeit ihr Terrain ab. GE hat das Ziel, die „weltweite digitale Nr. 1 unter den Industrie-Unternehmen" zu werden. Siemens hat ähnliche Ambitionen formuliert. Die Siemens MindSphere-Plattform in Zusammenarbeit mit Microsoft soll den Industrie-Giganten mit neuen Applikationen auf Azure-Basis in die Plattform-Ära befördern. Auch die deutsche Trumpf-Gruppe, einer der weltweit größten Werkzeugmaschinenhersteller, hat mit der Plattform Axoom den Sprung in die digitale Geschäftsplattform für Industrie 4.0 gewagt.

Zurück zu unserem geländetauglichen Wagen: Es zeigt sich nun, wie aus dem schwerfälligen, langsamen Highway Truck vor unserer Offroad-Expertise ein transformierter Allzweckwagen geworden ist, umgebaut zu einer fahrenden Plattform.

Trotz oder vielleicht gerade wegen digitaler Technologien wird ein Schlüssel zum Erfolg der intensive Kundenkontakt sein. Konsumenten und Unternehmen halten eine immer intensivere Verbindung über online-basierte Services wie Social Media, Internetsuche, Chat-Funktionen, Videoberatung. An der Spitze der Branchen liegen in diesem Bereich Medien- und Telekommunikationsunternehmen. Über 80% der Firmen nutzen hier den intensiven Dialog mit ihren Kunden. Jetzt und in Zukunft wird die (Kunden-)Interaktion immer häufiger über künstliche Intelligenz gesteuert.

> Der Sportartikelhersteller Adidas zeigt, wie das schon heute aussehen kann: Eine Kundin, die auf der Adidas-Website nach Freizeitschuhen gesucht hat, wechselt danach auf die Facebook-Seite eines Musikers. Das nutzt der Sportartikler und schaltet – nur für diese Kundin sichtbar – bei Facebook Werbung für diesen Schuhtyp, den auch besagter Musiker trägt. Die Frau nimmt dies als Kaufanreiz und bezahlt den Schuh dann per Fingerabdruck auf der mobilen Internetseite bei Adidas. Fällt der Frau hinterher ein, doch noch einmal die Farbe zu ändern, ist das kein Problem. Sie ruft ihre Bestellung erneut auf und erhält sofort die Möglichkeit, eine andere Farbe zu wählen. Das intelligente System hat gelernt, dass sich Kunden häufig nach der Bestellung in Farbe, Ausstattung oder Anzahl umentscheiden. Möglich macht das die smarte Software namens „Einstein" vom Cloud-Computing-Hersteller Salesforce.
> Das schwedische Bekleidungshaus H&M und Google gehen mit der neu entwickelten App „Coded Couture" noch einen Schritt weiter. Diese erstellt anhand des Datenprofils der Nutzerin individuell an die Lebenssituation angepasste Kleidungsstücke. Dazu zeichnet die App zunächst sieben Tage lang Standorte, Wetterdaten und die körperliche Aktivität der Nutzerin auf und aggregiert diese. Mit diesen Daten wird dann ein Outfit erstellt, das am besten zum Leben der Nutzerin passt.

# Niveauregelung – zurück auf den Highway! 12

*Egal, in welcher Industrie Unternehmen operieren, sie sind Teil einer programmierbaren Welt, und Software ist der Schlüssel zur Wettbewerbsfähigkeit.*

Apropos Wettbewerbsfähigkeit. An allen Schulen sollte so schnell wie möglich Programmieren als Pflichtfach eingeführt werden. Denn eines steht fest: Wenn wir von einer digitalen Welt mit ihren vielen Möglichkeiten umgeben sind, wird Coding (also das Programmieren) bald wie Rechnen, Lesen und Schreiben zu den Grundfertigkeiten dieser Gesellschaft gehören.

## Software und Daten-Know-how als Schlüssel

Software-/Datenkompetenz wird in Zukunft eine der Schlüsselkompetenzen aller Unternehmen sein. Aus diesem Grunde ist es an der Zeit, dass sich Vorstände und Geschäftsführer endlich grundlegend mit der Materie beschäftigen und sie nicht delegieren. Entscheidungen über Software, Cloud, Plattformen etc. sind eine Topmanagement-Aufgabe. Sie werden heute und in Zukunft über den Verbleib von Unternehmen am Markt entscheiden. Ein wichtiger Grund, warum so viele Unternehmen mit sogenannten IT- oder Infrastruktur-Flickenteppichen und veralteten Systemen arbeiten, ist, dass diese in die Fachabteilungen delegiert werden und sich dann siloartig verselbstständigen.

Stattdessen muss eine einheitliche Top-down-Entscheidung gefällt werden, die für alle Unternehmensteile verbindlich ist.

Warum ist Daten-Know-how so wichtig? So gut wie alles geschieht digital – auch in Unternehmen. Jeden Tag generieren Menschen und Maschinen neue Daten. Auch die Vernetzung von Maschinen lässt die Datenflut weiter anschwellen. Das Statistische Bundesamt hat ausgerechnet: Die weltweite Datenmenge steigt sprunghaft von rund 8,6 Zettabyte im Jahr 2015 auf rund 40 Zettabyte im Jahr 2020 an. Was bedeuten 40 Zettabyte? Das sind rund 60-mal mehr Daten, als Sandkörner auf den Stränden der Erde liegen. Diese utopische Menge an Daten müssen Unternehmen zunächst sammeln, verstehen, aufbereiten und nutzen.

Bitkom fragte 706 Unternehmen ab 100 Mitarbeitern, ob deutsche Unternehmen Analysen von Daten unterschiedlichster Herkunft und Struktur zur Suche neuer Erkenntnisse nutzen. Während die Autoindustrie und Versicherungen nach eigenen Angaben zu je 21 % Daten nutzen, sind die Logistik- und die Medienbranche mit nur 2 % weit abgeschlagen. Absolut gesehen ist die Gesamtzahl derzeit noch deutlich zu gering.

*Software ist vielleicht der wichtigste Werkstoff in der digitalen Transformation. Ohne Software wird es keine innovativen Produkte und Dienstleistungen mehr geben.*

Als wir uns entschieden, den Highway zu verlassen, um uns ein Stück neu zu erfinden, haben wir spätestens bei der Abfahrt nach dem Purpose, also dem Zweck, gefragt. Warum soll ich ein Offroad-Abenteuer auf mich nehmen, an dessen Ende viele Unbekannte auf mich lauern könnten? Übertragen ins Business sollte jede Geschäftsführung die Frage stellen: „Warum verkaufen wir die Produkte so, wie wir sie verkaufen?" Reicht es in Zukunft, „nur" Produkte zu verkaufen wie viele andere Unternehmen auch? Bieten wir unseren Kunden eine Lösung, oder verharren wir immer noch im Mindset der physischen Welt? Bieten BMW, Audi, Mercedes, Porsche und die vielen anderen Autohersteller nur Hardware in Form eines Autos oder lösen sie die Mobilitätsprobleme ihrer Kunden?

Organisatorisch haben sich die Unternehmen im Offroad neu erfunden. Diese neuen Fähigkeiten ermöglichen allen Unternehmen, selbst komplexe, neue Technologien für den Geschäftserfolg nutzbar zu machen. Zwei dieser Technologien werden für jedes Unternehmen zum Zukunfts-Turbo: Cloud Computing und künstliche Intelligenz liefern die Aufladung und den Boost für das Business der nächsten Jahre.

## Ein Leben in der Wolke

Cloud Computing ist keine neue Erfindung. Schon seit 1996 bietet das Fraunhofer Institut Rechenleistung über die Cloud (Wolke) an. Einfach ausgedrückt, ist Cloud Computing die Bereitstellung von Computing-Diensten (Server, Speicher, Datenbanken, Netzwerkkomponenten, Software, Analyseoptionen und mehr) über das Internet („die Cloud"). Ähnlich wie bei Wasser und Strom, kann Rechenleistung in der Menge unlimitiert abgerufen werden. Es wird dabei nach Verbrauch bezahlt. Der riesige Vorteil liegt in der Skalierung und der flexiblen Ausweitung der Rechenleistung. Haben Unternehmen früher in eigene kostspielige, teilweise lokale Server und Rechenzentren investiert, richtet sich jetzt die Investition nach dem Rechenbedarf des Unternehmens. Die wohl bekannteste Form des Cloud Computing sind Cloud-Speicherdienste wie Google Drive, Amazon Cloud Drive, Salesforce oder Microsoft OneDrive. Bei diesen Anbietern können Privatanwender und Unternehmen Kapazitäten auf Storage Servern anmieten, um dort Daten abzulegen. Nicht zu vergessen das Urgestein Dropbox, das schon 2007 mit Cloud-Diensten auf Kundenfang ging.

Ein weiterer webbasierter Instant-Messaging-Dienst ist Slack (der Name steht für „Searchable Log of All Conversation and Knowledge"). Das 2009 in Vancouver gegründete Unternehmen ist in Deutschland noch nicht so bekannt wie seine Konkurrenten WhatsApp & Co. Slack erlaubt, Nachrichten auszutauschen, mit Einzelpersonen oder in einer Gruppe zu chatten sowie gemeinsam Dokumente zu bearbeiten. Der Clou: Andere Online-Dienste wie Dropbox, Google Drive oder GitHub lassen sich in Slack integrieren.

Das Herz der großen Silicon-Valley-Unternehmen ist mittlerweile die Cloud. Sie ermöglicht erst die schnelle Innovationsgeschwindigkeit, für die diese Unternehmen weltweit bekannt sind. 2018 und darüber hinaus werden deutsche Unternehmen ihre Zurückhaltung ablegen und massiv in ERP-Systeme in der Cloud investieren. Dazu kommt jetzt eine recht neue Technologie, und zwar die der künstlichen Intelligenz. Ein Teilgebiet davon ist Maschinelles Lernen (ML). Die Idee besteht darin, Aspekte des menschlichen Denkens auf Computer zu übertragen mit dem Ziel, ihn eigenständig Probleme lösen zu lassen.

## Künstliche Intelligenz verändert viel

„ML und Deep Learning halten Einzug in eine neue Generation von Software, die in der Lage ist zu lernen, ohne explizit programmiert werden zu müssen. Diese Anwendungen können Muster in Big Data erkennen und analysieren, die die menschlichen Fähigkeiten weit übersteigt. Die Vorteile für die Geschäftswelt sind enorm, und das Marktvolumen bis 2020 wird auf 47 Mrd. US-Dollar geschätzt.", ist auf der Website von SAP zu lesen.

> Künstliche Intelligenz half dem Newcomer Flixbus, den tradierten Fernbusmarkt aufzumischen. Das 2011 gegründete Unternehmen bietet täglich über 200.000 Verbindungen an. 170 Programmierer nutzen künstliche Intelligenz, um Kundenwünsche zu analysieren und daraus neue Strecken (auch Verbindungen, die es noch gar nicht gibt) zu suchen. Die Kombinationsmöglichkeiten sind heute schon dermaßen komplex, dass hier normale IT an ihre Grenzen stößt. Den nächsten Wachstumsschritt hat Flixbus schon im Blick: die Expansion in die USA. Obwohl der Fernbusmarkt dort mit Greyhound, Boltbus und Megabus deutlich dichter besetzt ist, könnte sich das deutsche Start-up selbst dort durchsetzen. Die technologischen Voraussetzungen bringt es allemal mit.

KI-Systeme helfen dabei, die bis 2020 erwartete Datenmenge von 40 Zettabyte zu verarbeiten und nutzbar zu machen. Es gibt schon eine ganze Reihe von ersten sinnvollen Anwendungen wie etwa die Bilderkennung. Damit der Computer in der Lage ist, treffsicher einen Hund von einer Katze zu unterscheiden, müssen rund 100.000 bis zu einer Million Bilder vom System analysiert werden. Und das in Millisekunden.

# 12 Niveauregelung – zurück auf den Highway!

**Fünf pragmatische Empfehlungen für Unternehmen**

Voraussetzung für den nutzbringenden Einsatz von KI ist eine offene Debatte darüber, wie und an welcher Stelle Menschen und Maschinen sinnvoll zusammenarbeiten können. Um die Chancen durch KI nicht zu verpassen, sind Unternehmen gut beraten, wenn sie jetzt:

1. verstehen, welchen Nutzen KI bietet,
2. für sich selber Pilotprojekte festlegen und dabei die Wirtschaftlichkeit nicht aus den Augen verlieren,
3. intern KI-Kompetenzen aufbauen, jedoch auch mit spezialisierten Drittanbietern zusammenarbeiten,
4. granulare Daten speichern, wo immer es geht – sie sind der Treibstoff für KI-Anwendungen,
5. kleine Tests schnell auf den Weg bringen – es sind keine riesigen Investitionen notwendig, aber Agilität ist eine Erfolgsvoraussetzung.[181]

Maschinelles Lernen wird 2018 zwar noch nicht seinen ganz großen Durchbruch erleben, aber auf einigen Gebieten erstmals messbaren Mehrwert für Produktion, Vertrieb, Marketing und Forschung liefern. Dazu zählt beispielsweise der Einsatz von Chatbots im Service. Damit beantworten dann Unternehmen einen Großteil ihrer Kundenanfragen automatisiert. Ein weiteres Beispiel ist die vollautomatisierte Auswahl von Personalisierungsoptionen (etwa bei der Zusammenstellung und Gestaltung von neuen Sportschuhen oder Neuwagen) durch die maschinengestützte Auswertung von Big-Data-Analysen.

Google blickt bereits auf erste erfolgreiche Anwendungen von ML. So ist es gelungen, über lernfähige Algorithmen die zur Kühlung der Server notwendige Energie um rund 40% zu senken, und zwar dauerhaft ohne Nachteile für den laufenden Betrieb. Dabei werden intelligent Wetterdaten und Umgebungstemperaturen analysiert und vorausgesagt. Diese Fähigkeit hat sich Google im Wesentlichen 2014 durch die Übernahme des damaligen Start-up Deepmind mit Firmensitz in London eingekauft. Deepmind ist spezialisiert auf die Programmierung von ML-Systemen. Großes Aufsehen hat das Unternehmen erlangt, weil es 2017 den asiatischen Weltmeister im Go mit 3:0 geschlagen hat. Das asiatische Brettspiel bietet mehr Spielkombinationen als Schach und soll mindestens ebenso komplex sein.

Gerade KI zeigt, dass lebenslanges Lernen das Gebot der Stunde ist. Schulen, Berufsschulen und Universitäten sollten schleunigst aufhören, verkrustete jahrzehntealte Lehrpläne und Wissen zu vermitteln für Fachrichtungen und Berufsbilder, die es vermutlich in fünf Jahren gar nicht mehr geben wird. Am Alltag eines Schülers hat sich im Prinzip seit über 100 Jahren nichts Wesentliches geändert. Morgens startet der Schulbetrieb, tagsüber wird neuer Stoff gepaukt, das Gelernte wird abgefragt und bis zum nächsten Tag gibt es Hausaufgaben. Dabei kommen die Inhalte überwiegend aus Schulbüchern und sind zum größten Teil auf Reproduktion angelegt. Stattdessen müsste jetzt radikal darauf gebaut werden, vernetztes Lernen zu vermitteln, um damit die Grundlagen für ein neues Lernen zu schaffen.

Maschinelles Lernen ist *die* Zukunftstechnologie, in der Unternehmen sehr schnell breites Wissen aufbauen sollten. ML hat, wie 2007 das Smartphone, das Zeug dazu, die Digitalisierung noch einmal sprunghaft auf eine neue Ebene zu heben. „Künstliche Intelligenz ist der Motor der digitalen Revolution", prophezeit auch der Netzökonom Dr. Holger Schmidt.

Nicht umsonst hat Google-CEO Sundar Pichai auf der letzten Entwicklerkonferenz in Mountain View 2017 das Motto „AI first" („Artificial Intelligence first") angekündigt: „We will move from mobile first to an AI first world", und: „In an AI-first world, we are rethinking all our products". Die Intelligenz von AI soll also in die Google-Produktwelt übertragen werden. Man darf gespannt sein – eines ist jedenfalls sicher, egal was kommt: „Wege entstehen dadurch, dass man sie geht." (Franz Kafka)

„Digital Offroad ist ein sehr unterhaltsames Management-Buch,
das mit spannenden Strategiethesen und interessanten Praxisbeispielen
die Digitalisierung für jeden greifbar macht."

Dr. Matthias Schubert
Vorsitzender der Geschäftsführung TÜV Rheinland Kraftfahrt GmbH
Executive Vice President Mobility

# Danke

An der Stelle möchten wir uns herzlich bei allen bedanken, die uns bei der Erstellung des Buches tatkräftig unterstützt haben:

Frank, Kay, Nicole Jähnichen, Nadine Oefele, Markus, Anne Rathgeber, Carolin Rauen.

Unser besonderer Dank geht dabei an Alexa, Berit und Regine. Durch eure Rückendeckung, Unterstützung und euer immer offenes Ohr habt ihr Digital Offroad erst möglich gemacht.

# Autoren

**Ulf Bosch** ist spezialisiert auf die strategische, organisatorische und kulturelle Transformation von multinationalen Firmen im Kontext der digitalen Ökonomie. Als Prokurist der PricewaterhouseCoopers (PwC) GmbH ist er für den globalen PwC Change Management Ansatz „Return-on-Change" verantwortlich, der zusammen mit der WHU Business School und der BMW AG entwickelt wurde.

**Stefan Hentschel** verantwortet als Industry Leader bei Google Germany die strategische Zusammenarbeit mit internationalen Technologie- und Industrieunternehmen. Zuvor war er als Industry Head Finance zuständig für die digitale Weiterentwicklung der deutschen Finanzbranche. Vor seiner Zeit bei Google war er bei United Internet Media Deutschland, AOL Deutschland, Gruner+Jahr und Axel Springer tätig.

**Steffen Kramer** arbeitet bei Google Germany mit deutschen Industriekonzernen an deren digitaler Transformation. Neben den Themen Digital Change und Innovationskultur liegt sein Schwerpunkt auf der Entwicklung von digitalen Marketing- und Vertriebsstrategien. Außerdem arbeitet er mit externen Partnern an kreativen Digitalkonzepten für B2B-Unternehmen.

# Stichwortverzeichnis

10x thinking 141
360-Grad-Feedback 143
#vanlife 154

**A**
Absicherungsmentalität 58
Achtsamkeitskultur 139
Agile Planning 41
Agilität 38, 175, 192, 193
Algorithmen, selbstlernende 24, 112, 205
Ambidextrie 70, 139, 175
Ambidextrous Leader 36
Amerikanischer Traum 18, 105
Analytik, prädiktive 111
Anpassungsfähigkeit 177
Anreizsystem 192
Aussagenlogik, klassische 53
Authentizität 55, 154, 160, 168, 187

**B**
Beharrungsvermögen, organisatorisches 186, 194
Bestrafungskultur 136
Betriebssystem, duales 175
Big Data 9, 112
Big-Data-Analyse 205
Bivalenzprinzip 53
Blame Game 148
Bohème Social Media 155
Bottom-up-Ansatz 53
Bürokultur, virtuelle 156

**C**
Change Agent 87
Chatbot 205

Chief Digital Officer 82
Cloud Computing 202
Co-creation 194
Confirmation Bias 136
Co-petition 191
Customer Journey 100

**D**
Deep Learning 111
Differenzierungsfaktor, strategischer 184
Digital Academy 91
Digitalfabrik 43
Digital Hub 150
Digital Lab 43
Digital Leadership 85
Digital Natives 59
Digital Nomad 156
Disrupt Me!-Tool 46
Diversität 41, 94
Diversity Management 94
DNA, kulturelle 183
„Don't shoot the messenger"-Prinzip 148
Double-deep-Mitarbeiter 93
Duale Innovation 24

**E**
Ecosystem 22, 198
Einhorn-Unternehmen 65
Employee Engagement 93
Employer Branding 149
Entrepreneurship 68
Entzug, digitaler 154
Equifinalität 109
Error Management Training 136

211

**F**
FailCon 144
Fail-fast-Prinzip 150
Failure Friday 145
Failure Nights 144
Failure Wall 147
Fake-Door-Methode 124
Fehleranalyse 148
Fehler, Definition 137
Fehlerkultur 91, 131
Fehlermanagement 142
Fehlertoleranz 133
Firmen-Facebook 90
Flexibilität, osmotische 119
FMEA-Verfahren 146
FuckUp Nights 144
Führung
— beidhändige 36, 70
— transformationale 85
Fundamental Attribution Error 136

**G**
Generation K 59
Generation Y 74
Generierungskompetenz 71
Greening-Konzept 160

**H**
Healthy Paranoia 30
Herdentrieb 52
High Reliability Organization 139
Hightech-Kreativraum 163
Homeoffice 155
Homo Oeconomicus 106
Humankapital Index 143

**I**
Identität, Unternehmens- 58, 183
Innovation Garage 43
Innovation Hub 43
Innovationsführerschaft 192
Innovationslabor 98
Innovationsstau 67
Innovator's Dilemma 34
Intelligent Failure 138
Internet of Things 23
Intrapreneur 68

**K**
Katastrophen-Szenario 46
Kernkompetenz, dynamische 40, 117, 191, 193
Komfortzone 67
Konsensorientierung 107
Kontingenzperspektive 109
Kreativraum 162
Kulturwerte 51, 58, 64, 186
Kundenanforderungen 114
Kundenethos 76
Kundenorientierung 27, 114, 180, 181, 200
Künstliche Intelligenz 203

**L**
Leadership 36
Lean-Startup-Methode 119
Lernen, lebenslanges 119, 206
Leuchtturmprojekt 178
Life Time Employment 61

**M**
Machtverlust 91
Magic 6 17
Maschinelles Lernen 203

Meritokratie 193
Millennials 59
Minimalismus-Lifestyle 155
Mitarbeiterbeurteilung 143
Mitarbeiterführung 37, 92
Mitarbeiterzufriedenheit 194
Modernisierungsstau 115
Moonshot 15, 35, 141
Moore'sches Gesetz 16

**N**
Nachhaltigkeit 58, 160, 163
Neuausrichtung 58, 114
Neuronale Netze 111
Null-Fehler-Mentalität 131, 139

**O**
Omnichannel-Strategie 179
Organisationsstruktur 192

**P**
Paranoia, gesunde 29
Perfektionsanspruch 131
Pfadabhängigkeit 107
Pinguin-Award 145
Pinocchio-Methode 126
Pipeline-Wirtschaft 23
Planung
 — agile 41
 — strategische 180
Plattform-Business 199
Plattform-Ökonomie 23
Pop-up-Store 126
Predictive Analytics 97, 180
Pretend to own-Methode 126
Pretotyping 122, 151
Prototyping 122

**R**
Rapid Prototyping 121
Realtime-Planung, agile 181
Repositionierung 174
Resilienz 77
Return on Culture 190, 195
Return on Failure 147
Reverse Pitch 47
Risikobereitschaft 35
Robo Advisor 24

**S**
Schwarmtheorie 105
Selbstgenügsamkeit-Prinzip 160
Sharing Economy 34, 188, 191
Sicherheit, psychologische 73
Silicon Valley 16
Silicon-Valley-Kultur 188
Silodenken 26
Sinnstiftung 114, 169
Skunk Works 44
Smart Creative 93
Social Media 100
Social Recruiting 93
Stand-up-Meeting 157
Start-up-Atmosphäre 48, 63
Stealth Culture 64
Subkultur 154
Survival of the fittest-Prinzip 177
Systemwechsel 115

**T**
Tag-eins-Prinzip 30
Teamerfolg, Schlüsselfaktoren 72
Teamzusammensetzung 40, 94
Thinktank 46
Tobin's Q 143
Touchpoint 99

Trail Running 112
Trial and Error 132

**U**
Unicorn 65, 186

**V**
Validierung, ökonomische 190
Veränderungsfähigkeit 192
Volition 71
Vorbildfunktion, Führungskraft 140
VUCA 39

**W**
War for Talent 59, 74
Wasserlinien-Prinzip 138
Wertekanon 52, 58, 132
Wettbewerbsdifferenzierung 50, 66
Win-win-Konstellation 185
WWOOF 163, 168

**Z**
Zielbild 50, 59, 114, 194
Zone, fehlerfreie 139

# Fußnotenverzeichnis

1. IDC MaturityScape, Unternehmen zwischen Tradition und Wandel, 2017, IDC White Paper.
2. https://www.bmbf.de
3. Stanford Facts 2012.
4. http://www.uni-mannheim.de/1/
5. https://millwardbrown.de/cat/studien/
6. Digitale Transformation, Perspektiven und Positionen 2017, Seite 5, DELLEMC; siehe hierzu auch http://blog.wiwo.de/look-at-it/2016/11/15/digitalisierung-43-prozent-der-firmen-fuerchten-ende-ihres-geschaeftsmodells-in-3-bis-5-jahren
7. Institut für Mittelstandsforschung, Mittelstandspolitik im Wandel, 2017.
8. Statistisches Bundesamt, Kleine und mittlere Unternehmen, 2015.
9. Digitale Transformation 2017, etventure, GFK und YouGov.
10. Bain & Company, b2b distribution and marketing in the digital world, 2016.
11. Süddeutsche Zeitung Online, 23.12.17, http://www.sueddeutsche.de/auto/elektroautos-bmw-sucht-die-richtige-elektrostrategie-1.3796868
12. KPMG's Global Automotive Executive Survey 2017, zum Download unter http://hub.kpmg.de/global-automotive-executive-survey-2017
13. https://www.bcgperspectives.com/content/articles/transformation_large_scale_change_growth_turning_around_successful_company/
14. http://www.esch-brand.com/wp-content/uploads/2015/12/absatzwirtschaft-l-Digitalartikel-Dezember-2015-.pdf
15. http://www.handelsblatt.com/unternehmen/management/jeff-bezos-management-tipps-uebersetzt-tag-2-ist-stillstand-gefolgt-vom-tod-/19669374.html
16. Grove, Andrew (1996).
17. http://www.manager-magazin.de/unternehmen/karriere/top-managerin-im-interview-marika-lulay-vorstand-gft-technologies-a-970972-2.html
18. https://news.sap.com/germany/warum-paranoia-gut-furs-geschaft-ist/
19. Christensen, C. (1997).
20. http://www.independent.co.uk/news/business/comment/hamish-mcrae-facebook-airbnb-uber-and-the-unstoppable-rise-of-the-content-non-generators-10227207.html
21. https://www.haufe.de/personal/hr-management/innovationsmanagement-christensen-ueber-disruptive-innovation_80_388494.html
22. https://googleblog.blogspot.de/2015/08/google-alphabet.html?m=1&utm_content=buffereec11&utm_medium=social&utm_source=twitter.com&utm_campaign=buffer
23. http://www.handelsblatt.com/technik/energie-umwelt/circular-economy/energiewende-in-deutschland-dekarbonisierung-dezentralisierung-und-digitalisierung/14793468-2.html
24. Rosing, K.; Frese, M.; Bausch, A. (2011).

25 Van Quaquebeke, N.: Paranoia as an Antecedent and Consequence of Getting Ahead in Organizations: Time-Lagged Effects Between Paranoid Cognitions, Self-Monitoring, and Changes in Span of Control, https://www.frontiersin.org/articles/10.3389/fpsyg.2016.01446/full

26 http://www.bandt.com.au/featured/how-digital-disruption-creeps-up-on-you-and-why-you-should-be-paranoid

27 http://etailment.de/news/stories/Otto.de-Wir-antizipieren-schneller-20551

28 https://www.ottogroup.com/de/dossier/Kulturwandel.php

29 http://www.stuttgarter-zeitung.de/inhalt.interview-mit-renate-pilz-ich-arbeite-noch-2017-dann-ist-es-gut.40c4e330-b924-45cd-b144-2256977f4fae.html

30 https://www.pilz.com/de-DE/company/press/messages/articles/181693

31 https://www.dub.de/newsinhalte/ceos/digitalisierung-interview-mit-hans-van-bylen-henkel-ag/

32 http://fortune.com/2014/10/10/ge-data-robotics-sensors/

33 http://www.campaignasia.com/article/healthy-paranoia-mark-patterson-on-groupm-at-10/431602

34 http://www.sueddeutsche.de/wirtschaft/familienunternehmerin-das-ist-tief-traurig-1.2710750

35 The ORBIT approach — Digitale Transformation von Marketing und Vertrieb: vom „Why?" zum „How?", Deloitte Digital & Google, 2016, https://www.thinkwithgoogle.com/intl/de-de/research-study/deloitte-studie-the-orbit-approach/

36 http://www.faz.net/aktuell/rhein-main/portrait-anke-giesen-die-erste-frau-in-der-fraport-spitze-12746836.html

37 http://www.berlinerteam.de/magazin/change-management-vuca-welt-definition-modelle-erfolgsfaktoren/

38 http://www.infront-consulting.com/relaunch/wp-content/uploads/2017/06/20170622-Infront-Capital-Studie_Digital-Innovation-Units_web.pdf

39 https://newsroom.porsche.com/de/unternehmen/porsche-unternehmen-digital-lab-berlin-innovationen-mhp-12828.html

40 http://www.komm-passion.de/agentur/dossiers/artikel/corporate-newsrooms

41 http://www.prreport.de/home/aktuell/news-public/article/11569-was-sich-mit-einem-newsroom-veraendert/

42 http://www.gartner.com/smarterwithgartner/why-cios-and-companies-should-disrupt-themselves/

43 https://www.welt.de/wirtschaft/article158452500/Deutsche-Bank-greift-sich-nun-auch-selbst-an.html

44 https://www.gruenderszene.de/allgemein/daimler-mercedes-carsten-oder-interview

45 O'Brien, J.; Cave, A. (2017).

46 Peters, T. J.; Waterman, R. H (1982).

47 Schein, E. H. (1985).

48 Weick, K. E. (1985).

49 Barney, J. B. (1986).

50  Sellers, P.: IBM exec: Culture is your company's No. 1 asset, Fortune, March 10, 2011, http://fortune.com/2011/03/10/ibm-exec-culture-is-your-companys-no-1-asset/
51  Hastings, R.: Netflix Culture Deck „Act in Netflix's Best Interest"; 2009/2001, https://www.slideshare.net/reed2001/culture-1798664
52  Penn, R. (2010).
53  Glei, J. K. (2012) in 99U: Simon Mottram: On Passion, Obsession & Why Your Brand Should Take Sides, http://99u.com/articles/7087/simon-mottram-on-passion-obsession-why-your-brand-should-take-sides.
54  Branson, R. (2015).
55  Strauss, W.; Howe, N. (2000).
56  Twenge, J. (2006).
57  Stubbings, C.; Williams, J. (2017).
58  Magee, K. (2015), Why brands should care about Generation Katniss, Campaign, May 28th, 2015; https://www.campaignlive.co.uk/article/why-brands-care-generation-katniss/1348538#XtsIEMkLMRxQchYu.99
59  Hobbes, T. (2012[1651]).
60  Hussherr, A; Donovan, A. (2013), PwC's NextGen: A global generational study. Pricewater-houseCoopers, University of Southern California, London Business School announced; https://www.pwc.com/gx/en/hr-management-services/publications/assets/pwc-nextgen.pdf
61  Lu, Y.: Silicon Valley's Youth Problem. New York Times Magazine vom 12.03.14, https://www.nytimes.com/2014/03/16/magazine/silicon-valleys-youth-problem.html
62  Wagner, R. (2006).
63  Statusstudie der diffferent Strategieagentur aus dem Jahr 2013.
64  Adler (1983).
65  http://www.manager-magazin.de/lifestyle/fitness/resilienz-so-trainieren-sie-ihre-innere-staerke-a-1098785-2.html
66  Kormann, G. (2007).
67  Kormann aaO.
68  Seligmann (2005).
69  Positiver psychologischer Fortschritt: Empirische Validierung von Interventionen, 2005.
70  Clifton Strengths Institute, Clifton Foundation and Gallup in 2015.
71  http://www.handelsblatt.com/unternehmen/management/sap-digitalchef-becher-den-digitalen-geist-des-valley-verbreiten/11910614.html
72  https://www.produktion.de/nachrichten/personen/trumpf-erweitert-gruppengeschaeftsfuehrung-365.html
73  https://www.ibm.com/de-de/blogs/think/2017/05/09/cdo/
74  James MacGregor Burns, Leadership, Harper Collins, New York 1978.
75  https://www.rochusmummert.com/downloads/news/170419_PI_RM_Digital_Leadership_FINAL.pdf
76  „Digitale Transformation und Zusammenarbeit mit Startups in Großunternehmen in Deutschland und den USA", etventure 2017.

77 „Führungskultur im Wandel", INQA 2014, https://www.inqa.de/SharedDocs/PDFs/DE/Publikationen/fuehrungskultur-im-wandel-monitor.pdf

78 https://netzoekonom.de/2016/01/19/keine-industrie-ist-vor-digitaler-disruption-gefeit/

79 „Digital Leadership: Die Zukunft der Führung in Unternehmen", DGFP 2016, https://www.dgfp.de/fileadmin/user_upload/DGFP_e.V/Medien/Publikationen/2012-2016/Digital_Leadership_Studie.pdf

80 Petry, T. (2016).

81 Überlebensstrategie „Digital Leadership", Deloitte Digital und Heads! 2015, https://www2.deloitte.com/de/de/pages/presse/contents/ueberlebensstrategie-digital-leadership.html

82 Überlebensstrategie Digital Leadership, aaO.

83 HR-Report 2015/2016, Schwerpunkt Unternehmenskultur, Hays 2016, https://www.hays.ch/documents/10192/118775/hays-studie-hr-report-2015-2016.pdf/8cf5aee3-4b99-44b5-b9a9-2ac6460005da.

84 https://leadingedgeforum.com/publication/the-emerging-double-deep-economy-2318/

85 http://www.detecon-transformationmanagement.com/new-work-zukunft-personal-innovationskultur/

86 https://www.wired.com/2012/09/mf-mary-meeker/

87 http://www.mittelbayerische.de/wirtschaft-nachrichten/das-car-girl-im-continental-vorstand-21840-art1307425.html

88 http://www.wiwo.de/erfolg/management/diversity-digitalisierung-klappt-nur-mit-gemischten-teams/19896952.html

89 https://www.mckinsey.com/business-functions/organization/our-insights/why-diversity-matters

90 http://www.zeit.de/karriere/beruf/2012-04/diversity-unternehmen

91 Die digitale Zukunft des B2B-Vertriebs, Roland Berger 2015, https://storage.googleapis.com/think-v2-emea/v2/97234_TA_15_045_TAB_01_Transforming_B2B-Sales-12_Online.pdf

92 Name ist anonymisiert.

93 The exponential CFO, BearingPoint 2016, https://www.bearingpoint.com/de-de/unser-erfolg/thought-leadership/the-exponential-cfo/

94 https://www.springerprofessional.de/controlling/rechnungswesen/verschlafen-cfos-den-digitalen-wandel-/10305824

95 http://www.campus-for-controlling.de/campus-2014/

96 https://www.zeiss.de/corporate/zeiss-corporate-newsroom/news/pressemitteilungen.html?id=Digitale-Transformation

97 https://www.cio.de/a/wie-porsche-cio-lorenz-die-digitalisierung-vorantreibt,3264522

98 https://www.linkedin.com/pulse/digital-innovation-transformation-carrie-maslen/

99 The 2016 State of Digital Transformation, Prophet 2016, https://marketing.prophet.com/acton/media/33865/altimeter--the-2016-state-of-digital-transformation

100 The 2016 State of Digital Transformation, a.a.O.

101 https://www.marketingweek.com/2017/01/11/general-electric-cmo-redefining-marketing/

102 https://www.haufe.de/marketing-vertrieb/online-marketing/digitalisierung-alle-macht-den-kunden/digitale-transformation-das-einzig-konstante-ist-der-wandel_132_306666.html

103 https://www.h-da.de/meldung-einzelansicht/news/angebote-zur-digitalen-weiterbildung-gehen-oft-an-bedarf-vorbei-studie-von-h-da-heidrick-strugg/?no_cache=1&tx_news_pi1%5Baction%5D=detail&tx_news_pi1%5Bcontroller%5D=News&cHash=ac0e116c663236e555e53cefb5e3250f

103a Whittington, R. (1993)

104 Child, J. (1972).

105 Woodward, J. (1958).

106 Lindblom, C. E. (1959).

107 Hrebiniak, L. G.; Joyce, W. F., Organizational adaptation: Strategic choice and environmental determinism. Administrative Science Quarterly, 30(3) 1985, pp. 336-349.

108 VMware, by Radius, VMware's Culture Is Built on EPIC2 Values, https://www.vmware.com/radius/vmwares-culture-built-epic2-values/

109 Kennedy, J., Zalando, We are building the AWS of the fashion world, 30.09.2015, https://www.siliconrepublic.com/enterprise/zalando-ceo-robert-gentz-we-are-building-the-aws-of-the-fashion-world

110 Kanō Jigorō, (2005).

111 SpiegelOnline, Disneys Monster-Flop, 20.03.2012, http://www.spiegel.de/kultur/kino/john-carter-beschert-disney-200-millionen-verlust-a-822463.html

112 http://www.albertosavoia.com

113 Karen E. Adolph, Whitney G. Cole, Meghana Komati, Jessie S. Garciaguirre, Daryaneh Badaly, Jesse M. Lingeman, Gladys Chan, and Rachel B. Sotsky, „How Do You Learn to Walk? Thousands of Steps and Dozens of Falls Per Day", New York University, http://psych.nyu.edu/adolph/publications/Adolph%20EtAl%20HowDoYouLearnToWalk.pdf

114 Edward D. Hess, Smart Growth: Building an Enduring Business by Managing the Risks of Growth 2010; https://www.forbes.com/sites/darden/2012/06/20/creating-an-innovation-culture-accepting-failure-is-necessary/#7aea1efd754e

115 Schmidt, E.; Rosenberg, J. (2014).

116 http://www.stuttgarter-nachrichten.de/inhalt.interview-mit-bosch-macher-dass-projekte-scheitern-gehoert-dazu.6b8add8e-b747-45ce-8787-c44805f1e910.html

117 http://www.zeit.de/zeit-wissen/2013/04/kunst-scheitern-fehler-machen/komplettansicht

118 https://www.impulse.de/management/unternehmensfuehrung/werner-kieser-interview/4193384.html

119 https://www.tagesanzeiger.ch/wirtschaft/unternehmen-und-konjunktur/Ich-hatte-sehr-viele-Misserfolge/story/17768293

120 http://www.investment-lab.de/home/im-dialog/life-science-im-gespraech-mit-unternehmensvorstaenden/prof-dr-dolores-schendel-medigene-ag.html

121 https://karriereboost.de/karrierecoach/neue-fehlerkultur-5-gruende-deine-fehler-zu-lieben/

122 http://www.cebit.de/de/news-trends/news/fuckup-nights-wenn-scheitern-zum-motivator-wird-578

123 Leadership in der digitalen Welt, boyden & EBS Business School 2017, https://www.boyden.com/media/leadership-in-der-digitalen-welt-boyden-studie-2017-1787791/leadership-in-der-digitalen-welt-boyden-studie-2017.pdf

124 https://www.brainpickings.org/2014/05/02/creativity-inc-ed-catmull-book/

125 Sitkin (1992).

126 Nikolaus Förster, Tagesgeschäft Fehlerkultur, Impulse Oktober 2017, S. 38.

127 Rita Gunther McGrath, Failure — Learn From It, Harvard Business Review, April 2011, p. 78.

128 Weick, Karl E.; Sutcliffe, Kathleen M. (2010).

129 http://presse.3mdeutschland.de/basisinformationen/William_McKnight

130 http://blogs.faz.net/netzwirtschaft-blog/2015/03/21/google-x-scheitern-gehoert-zum-system-3826/

131 https://www.humanresourcesmanager.de/news/unternehmenswert-mal-anders.html

132 http://www.zeit.de/2017/27/facebook-sheryl-sandberg-schicksalsschlaege-firmen

133 http://www.spiegel.de/wirtschaft/unternehmen/interview-wie-die-luftfahrt-aus-ihren-fehlern-lernt-a-930916.html

134 Joachim Hofer, Der kreative Zerstörer, Handelsblatt, 04.10.2017, S. 45.

135 Pfau, B. Watson (2001).

136 http://meedia.de/2016/11/16/fuck-up-night-bei-gruner-jahr-chefredakteure-sprechen-offen-ueber-ihre-niederlagen/

137 https://kress.de/news/detail/beitrag/136789-julia-jaekel-raet-fuehrungskraeften-sie-muessen-es-schaffen-eine-atmosphaere-der-veraenderung-zu-erzeugen.html

138 https://www.dub.de/newsinhalte/ceos/digitalisierung-interview-mit-volkmar-denner-robert-bosch-gmbh-teil-3/

139 https://karriereboost.de/karrierecoach/neue-fehlerkultur-5-gruende-deine-fehler-zu-lieben/

140 http://www.tata.com/article/inside/xqkFEPUqPbE=/TLYVr3YPkMU=

141 https://www.scrumakademie.de/product-owner/wissen/so-sieht-agile-bei-spotify-aus/

142 Birkinshaw, J.; Haas, M., Increase Your Return On Failure, Harvard Business Review, May 2016, p. 90.

143 http://www.zeit.de/karriere/beruf/2016-08/fehlerkultur-unternehmen-fehler-umgang-mitarbeiter-fuehrungskaft

144 https://www.saatkorn.com/allianz-chro-finckh-zur-hr-failure-night/

145 https://www.welt.de/wirtschaft/article156681633/Siemens-will-schneller-und-billiger-scheitern.html

146 Giambelluca, T., Mean annual Rainfall State of Hawaii, Department of Geology, University of Hawai'i Manoa, http://rainfall.geography.hawaii.edu/rainfall.html

147 The Wizard of Oz (1939), Metro-Goldwyn-Mayer.

148 8 Mile (2002), Universal Pictures.

149 Monroe, R., #Vanlife, the Bohemian Social-Media Movement. American Chronicles, The New Yorker, April 24th, 2017 Issue. https://www.newyorker.com/magazine/2017/04/24/vanlife-the-bohemian-social-media-movement

150  Hesse, J. (2017), Fast take on Talent Innovation: The Millennial Workforce, Pricewaterhouse-Coopers, https://www.pwc.com/us/en/people-management/assets/pwc-fast-takes-the-millennial-workforce.pdf

151  Weiler-Reynolds, B. (2018), 100 Top Companies with Remote Jobs in 2018, FlexJobs, Jan 15th, 2018, https://www.flexjobs.com/blog/post/100-top-companies-with-remote-jobs-in-2018/

152  The Way we work, https://www.taxjar.com/jobs/

153  Spence, S., The Artist in Isolation, Sunday Today, The Sunday Star-Bulletin, September 23rd, 1979, http://artprintshawaii.com/page/1979-the-artist-in-isolation/#/page/1979-the-artist-in-isolation/

154  People With Money, https://en.mediamass.net/people/jack-johnson/highest-paid.html

155  Rolling Stone Magazine, Jack Johnson: Rock's Mellowest Superstar, February 20th, 2008.

156  Nakanishi, D., World's 1st solar mobile studio and 250 artists empower youth. Kickstarter, Mana Maoli (MM) Non-Profit Collective 2017, https://www.kickstarter.com/projects/manamele/worlds-1st-solar-mobile-studio-and-250-artists-emp

157  Porges, S., 6 things you didn't know about Airstream trailers. Forbes Magazine 2013, https://www.forbes.com/sites/sethporges/2013/05/29/6-things-you-didnt-know-about-airstream-trailers/#2a897e2850f1

158  https://www.airstream.com/history/

159  Moss, E., What It's Like Working On An Organic Farm, National Geographic Magazine Campus Voices The University of the South January 27th, 2015, http://theplate.nationalgeographic.com/2015/01/27/working-on-an-organic-farm/

160  Wianecki, S., Ono Organic, Nō Ka 'Oi Maui Magazine, https://mauimagazine.net/ono-organic/

161  Keraghosian, G., For daring drivers only: The world's 10 scariest roads, New York Post, April 9th, 2015, https://nypost.com/2015/04/09/for-daring-drivers-only-the-worlds-10-scariest-roads/

162  Perkins M. C. (2006).

163  Sinek S., How great leaders inspire action, TEDx talk, https://www.ted.com/talks/simon_sinek_how_great_leaders_inspire_action#t-4734

164  https://netzoekonom.de/2015/12/01/die-bevorzugten-geschaeftsmodelle-fuer-das-digitale-zeitalter-offenheit-und-plattformen/

165  „Digital Leadership — An interview with Manish Choksi", Capgemini Consulting, October 2012, https://www.capgemini.com/consulting/resources/digital-leadership-an-interview-with-manish-choksi-head-of-strategy-and-chief-information-officer-of/

166  https://news.samsung.com/global/innovation-feature-part-3-samsung-nurturing-innovation-spirits

167  http://stateofinnovation.com/samsung-21st-century-innovator

168  John P. Kotter, Die Kraft der zwei Systeme, Harvard Business Manager, Dezember 2012.

169  https://www.computerwoche.de/a/die-transformation-der-mitarbeiter,3330763

170  https://www.cio.co.uk/cio-interviews/ge-digital-ceo-william-ruh-how-unite-digital-with-physical-3640380/

171  https://www.statementretail.com/blog/2016/10/how-burberrys-retail-has-been-transformed-by-digital-modern-stores-social-media-online-content

172  Slosar, J. R. (2009).

173 Wall Street (1987), 20th Century Fox.
174 Chesky, B. J., Don't Fuck Up the Culture, Medium 2013, https://medium.com/@bchesky/dont-fuck-up-the-culture-597cde9ee9d4
175 Clune, B., How Airbnb is Building its Culture Through Belonging, Culture Amp Pty Ltd. 2016, www.cultureamp.com/insights/2016/7/27/how-airbnb-is-building-its-culture-through-belonging
176 Hofstede, G. H. (1984).
177 Moore, J. F. (1993).
178 Lohmann, T.; Bosch, U.; Jost, P.-J.; Zschoche, M.; Stephany, U., Return-on-Change (RoC), Organisatorische Veränderungsfähigkeit als Kernkompetenz und Werttreiber führender Unternehmen − Finanzwirtschaftliche Perspektive, PwC, WHU Business School, BMW AG, October 2012, pp. 1-26, https://www.pwc-wissen.de/pwc/de/shop/publikationen/Return-on-Change+-+2012+Strategie/?card=13152
179 Lohnmann et al, aaO.
180 Mit einer Niveauregelung wird die Bodenfreiheit eines Fahrzeuges trotz unterschiedlicher Beladungszustände automatisch konstant gehalten oder manuell an den jeweiligen Einsatzzweck angepasst.
181 McKinsey, Studie: Smartening up with Artificial Intelligence, 2017, https://www.mckinsey.com/industries/semiconductors/our-insights/smartening-up-with-artificial-intelligence

# Literaturverzeichnis

Adler, A.: Heilen und bilden: Ein Buch der Erziehungskunst für Ärzte und Pädagogen, Fischer, 2. Auflage 1983.

Barney, J. B., Organizational Culture: Can it be a Source of sustained Competitive Advantage? Academy of Management Review, Vol. 11, pp. 656–665, 1986.

Branson, R.: The Virgin way: Everything I know about leadership, 2015.

Child, J., Organizational structure, environment and performance: The role of strategic choice, Sociology, 6(1) 1972, pp. 1–22.

Christensen, C.: The Innovator's Dilemma, Boston 1997.

Grove, Andrew S.: Only the paranoid survive, London 1996.

Hobbes, T.: Leviathan, Clarendon Edition of the Works of Thomas Hobbes, edited by Noel Malcolm, Oxford University Press 2012 [1651].

Hofstede, G. H., Culture's consequences: International differences in work-related values. Newbury Park, CA: Sage 1984.

Hrebiniak, L. G.; Joyce, W. F., Organizational adaptation: Strategic choice and environmental determinism. Administrative Science Quarterly, 30(3) 1985, pp. 336–349.

James MacGregor Burns, Leadership, Harper Collins, New York 1978.

Kanō Jigorō, Mind Over Muscle: Writings from the Founder of Judo, Kodansha International 2005.

Kormann, G., Resilienz – Was Kinder stärkt und in ihrer Entwicklung unterstützt. In: Plieninger M. u. Schumacher E. (Hrsg.), Auf den Anfang kommt es an – Bildung und Erziehung im Kindergarten und im Übergang zur Grundschule. Gmünder Hochschulreihe Nr. 27, S. 37 – 56, Springer 2007.

Lindblom, C. E., The science of muddling through with a purpose, Public Administration Review, 19(2) 1959, pp. 79–88.

Moore, J. F. (1993), Predators and prey: a new ecology of competition. Harvard Business Review 1993, 71 (May-June), pp. 75–86.

O'Brien, J.; Cave, A: The Power of Purpose: Inspire teams, engage customers, transform business, Pearson Business 2017.

Penn, R.: It's All About the Bike: the Pursuit of Happiness on Two Wheels, Bloomsbury 2010.

Perkins M. C., Surviving Paradise, Quidnunc Press 2006.

Peters, T. J.; Waterman, R. H.: In Search of Excellence, Harper and Row 1982.

Petry, T. (Hrsg.), Digital Leadership: Erfolgreiches Führen in Zeiten der Digital Economy, Haufe 2016.

Pfau, B. Watson, Wyatt's Human Capital Index: Human Capital As a lead Indicator of Shareholder Value", Watson Wyatt Worldwide Publication 2001.

Rosing, K.; Frese, M.; Bausch, A.: Explaining the heterogeneity of the leadership-innovation relationship: Ambidextrous leadership. The Leadership Quarterly, 2011, 22(5), p. 956–974.

Schein, E. H.: Organizational Culture and Leadership: a dynamic view, Jossey-Bass Publishers 1985.

Schmidt, E.; Rosenberg, J., How Google Works, Grand Central Publishing, New York 2014.

Seligmann, M.; Der Glücks-Faktor: Warum Optimisten länger leben, Bastei-Lübbe 2005.

Sitkin, Sim B., Learning Through Failure: The Strategy of Small Losses, Department of Management 1992.

Slosar, J. R., The culture of excess: How America lost self-control and why we need to redefine success, Santa Barbara, CA: Praeger 2009.

Strauss, W.; Howe, N., Millennials Rising: The Next Great Generation, Vintage Books 2000.

Stubbings, C.; Williams, J. (2017), Workforce of the future, The competing forces shaping 2030, PricewaterhouseCoopers 2017; https://www.pwc.com/gx/en/services/people-organisation/workforce-of-the-future/workforce-of-the-future-the-competing-forces-shaping-2030-pwc.pdf

Twenge, J., Generation Me: Why Today's Young Americans Are More Confident, Assertive, Entitled – and More Miserable Than Ever Before, Atria Paperback 2006.

Wagner, R.: 12 – The Elements of Great Managing, Gallup Press 2006.

Weick, K. E.: The Significance of Corporate Culture. In PJ. Frost and Associates (Eds.), Organizational Culture, pp. 381–390, Sage 1985.

Weick, K. E.; Sutcliffe, Kathleen M. (Hrsg.), Das Unerwartete managen. Wie Unternehmen aus Extremsituationen lernen. 2. Auflage, Schäffer-Poeschel 2010.

Whittington, R., What is strategy – and does it matter?, London: Routledge 1993.

Woodward, J., Management and Technology, London: Her Majesty's Stationery Office 1958.

# Firmenverzeichnis

| | |
|---|---|
| 3M | 79 |
| Accenture | 20 |
| Adidas | 200 |
| Adobe | 100 |
| AIG | 184 |
| Airbnb | 34, 187, 190 |
| Airstream | 161 |
| Alibaba | 172 |
| Allianz | 45, 74, 149 |
| Alphabet | 35, 93, 140, 145 |
| Amazon | 16, 30, 90, 122, 134, 202 |
| American Online (AOL) | 184 |
| Apple | 22, 29, 110, 126, 132, 168, 199 |
| Asian Paints | 173 |
| Axoom | 199 |
| Azure | 199 |
| Bear Stearns | 184 |
| BMW | 21, 42, 122, 202 |
| Boltbus | 203 |
| Burberry | 178 |
| Carl Benz | 15 |
| Carl Zeiss | 98 |
| Coca-Cola | 160 |
| Compaq | 184 |
| Continental AG | 93 |
| Daimler | 20, 42, 71, 122 |
| Deepmind | 204 |
| Deutsche Telekom | 20 |
| Deutsche Bank | 48 |
| Disney | 121 |
| E.ON | 20, 36, 198 |
| Eastman Kodak | 185, 193 |
| eBay | 18 |
| Facebook | 16, 23, 29, 62, 141, 199 |
| Fitbit | 157 |
| Flixbus | 203 |
| Ford | 69, 94 |
| General Electric | 15, 40, 178, 199 |
| GFT Technologies | 32 |
| Gillette | 119 |
| Google | 16, 18, 21, 29, 35, 72, 95, 123, 140, 145, 151, 190, 200, 204 |
| Gore | 138 |
| Gothaer Versicherungen | 47 |
| Greyhound | 203 |
| Group M | 40 |
| Gruner + Jahr | 145 |
| H&M | 200 |
| Hewlett Packard | 184 |
| IBM | 15, 16, 110, 185, 193 |
| Innocent | 160 |
| Intel | 31 |
| Jack und Kim Johnson Ohana Stiftung | 161 |
| Karl Lagerfeld | 57 |
| Kieser Training | 134 |
| Kindle | 157 |
| Klöckner | 89 |
| Lehman Brothers | 184 |
| LG | 110 |
| M.M.Warburg | 24 |
| Mana Foods | 154 |
| Mana Mele | 161, 162 |
| Marketo | 33 |
| Marriot International | 187 |
| McDonald's | 123 |
| Medigene | 134 |
| Megabus | 203 |
| Mercedes-Benz | 48 |
| Microsoft | 18, 199, 202 |

225

| | | | |
|---|---:|---|---:|
| MindSphere | 199 | SNCF | 127 |
| MLP | 98 | Sony Music | 18 |
| Napster | 18 | Spotify | 19, 147, 157 |
| Netflix | 54 | Synaptics | 110 |
| Niki Lauda | 57 | TaxJar | 156 |
| Nokia | 18, 35, 193 | Tecent | 23 |
| Nordzucker | 141 | TEDx | 168 |
| ONO Organic Farms | 163 | Tesla | 17, 21, 56, 186 |
| Otto | 38 | thyssenkrupp | 43, 93 |
| Palantir | 17, 187 | Time Warner | 184 |
| PayPal | 17 | Tokio Marine Holdings | 177 |
| Pepsi | 121 | Trans World Airlines | 57 |
| Pilz | 38 | Trumpf | 82, 199 |
| Pixar | 137 | Uber | 34 |
| Porsche | 99, 202 | Virgin Atlantic | 57 |
| Rapha Racing | 55 | Vivienne Westwood | 57 |
| RatePay | 73 | VMware | 114 |
| Robert Bosch | 132 | Volkswagen | 122 |
| RWE | 36 | WhatsApp | 62, 202 |
| Samsung | 99, 122, 174 | Wilkinson | 119 |
| SAP | 20, 33, 82, 203 | WWOOF | 168, 163 |
| Schöffel | 142 | YouTube | 35, 199 |
| Siemens | 13, 45, 122, 150, 199 | Zalando | 114, 199 |
| Siemens & Halske | 13 | Zappos | 76 |
| Slack | 202 | | |

**Haufe.**

Ihr Feedback ist uns wichtig!
Bitte nehmen Sie sich eine Minute Zeit

www.haufe.de/feedback-buch

# HAUFE.

# KLEINE VERÄNDERUNG – GROßE WIRKUNG

185 Seiten
Buch: € 24,95 [D]
eBook: € 21,99 [D]

Workhacks sind minimalinvasive Eingriffe in bestehende Arbeitsabläufe und können sofort umgesetzt werden – ohne vorherige Analysen und unternehmensweite Change-Prozesse. Die Zusammenarbeit in Teams wird verbessert und eingefahrene Routinen werden aufgebrochen.

**Jetzt bestellen!**
**www.haufe.de/fachbuch**
(Bestellung versandkostenfrei),
0800/50 50 445 (Anruf kostenlos)
oder in Ihrer Buchhandlung